Kohlhammer

Andreas H. Karsten
Stefan Voßschmidt (Hrsg.)

Resilienz und Pandemie

Handlungsempfehlungen anhand von
Erfahrungen mit COVID-19

Verlag W. Kohlhammer

Dieses Werk einschließlich aller seiner Teile ist urheberrechtlich geschützt. Jede Verwendung außerhalb der engen Grenzen des Urheberrechts ist ohne Zustimmung des Verlags unzulässig und strafbar. Das gilt insbesondere für Vervielfältigungen, Übersetzungen, Mikroverfilmungen und für die Einspeicherung und Verarbeitung in elektronischen Systemen.

Die Wiedergabe von Warenbezeichnungen, Handelsnamen und sonstigen Kennzeichen in diesem Buch berechtigt nicht zu der Annahme, dass diese von jedermann frei benutzt werden dürfen. Vielmehr kann es sich auch dann um eingetragene Warenzeichen oder sonstige geschützte Kennzeichen handeln, wenn sie nicht eigens als solche gekennzeichnet sind.

Es konnten nicht alle Rechtsinhaber von Abbildungen ermittelt werden. Sollte dem Verlag gegenüber der Nachweis der Rechtsinhaberschaft geführt werden, wird das branchenübliche Honorar nachträglich gezahlt.

1. Auflage 2022

Alle Rechte vorbehalten
© W. Kohlhammer GmbH, Stuttgart
Gesamtherstellung: W. Kohlhammer GmbH, Stuttgart

Print:
ISBN 978-3-17-039930-3

E-Book-Formate:
pdf: ISBN 978-3-17-039932-7
epub: ISBN 978-3-17-039933-4

Für den Inhalt abgedruckter oder verlinkter Websites ist ausschließlich der jeweilige Betreiber verantwortlich. Die W. Kohlhammer GmbH hat keinen Einfluss auf die verknüpften Seiten und übernimmt hierfür keinerlei Haftung.

Vorwort

Die COVID-19-Pandemie hat die Welt innerhalb von wenigen Monaten grundlegend verändert. Langfristig am bedeutsamsten könnte die Erkenntnis über die eigene Verletzbarkeit sein. Anders als bei Hochwassern, Chemieunfällen oder bei Krankheiten wie AIDS ist nicht eine begrenzte, fest definierbare Personengruppe gefährdet, sondern jede Person, die Kontakt zu anderen Menschen hat.

Im November 2019 wurden erste Erkrankungen durch diesen bisher unbekannten, aber nicht vollkommen untypischen Virus im chinesischen Wuhan bekannt. Schon die ersten Erkrankungen und die Gegenmaßnahmen der chinesischen Regierung hatten schnell Auswirkungen auf die deutsche Wirtschaft, da die Region Wuhan wichtige Zuliefererfirmen für deutsche Unternehmen beherbergt. Weshalb die Meldungen sowohl von der WHO wie auch von Verantwortlichen in Deutschland in den nächsten Wochen nicht ernst genommen wurden, lässt sich zurzeit nicht mit Bestimmtheit sagen. An der Früherkennung lag es vermutlich nicht, schon eher an mangelhaften Prognosen.

Die Entwicklung der COVID-19-Pandemie in den unterschiedlichen Staaten Europas zeigt einen ähnlichen Verlauf: erste Welle im Frühling 2020, zweite Welle zum Jahreswechsel und die dritte Welle im Frühling und Frühsommer 2021. Unterschiede gab es aber im Ausmaß bezogen auf die unterschiedlichen Bereiche der Gesellschaft – besonders drastisch sichtbar in den Ereignissen in Bergamo während der ersten Welle.

Die Erkenntnis aus diesem Buch lässt sich kurz zusammenfassen: Es gibt nicht »die Expertin/den Experten« für diese Pandemie. Zwar haben wir seit Beginn der Pandemie bisher sehr viel gelernt und mehr und mehr Entscheidungen können auf Grundlage wissenschaftlicher Erkenntnisse getroffen werden (zumindest was virologische, epidemiologische und kurzfristig medizinische Aspekte betrifft), aber noch immer müssen Entscheidungen mit immensen Auswirkungen auf unser Leben auf Grundlage ungenügender bzw. gar keiner Erkenntnisse getroffen werden. Diese Tatsache ist das Einfallstor für Verschwörungstheoretiker:innen, Populist:innen und Staatsverneiner:innen.

Nur wenigen Staaten gelang es bisher, vor die Lage zu kommen. Viele Entscheider:innen reagieren auf die Entwicklung, z. B. die auftretenden Virus-Mutationen, als dass sie agierend die Gesellschaft so aufstellen, dass diese den sich ändernden Herausforderungen resilient gegenübersteht. Jeder Bereich unserer Gesellschaft muss sich laufend an die sich ständig verändernde Gefahrenlage

Vorwort

anpassen. Trial-and-Error ist ein wichtiges Instrument der Gefahrenabwehr geworden. Fehler und Fehleinschätzungen einzugestehen, ist zu einem wichtigen Bestandteil der Krisenkommunikation geworden. Nur wer dabei das Vertrauen der Menschen nicht verliert, wird erfolgreich die COVID-19-Pandemie eindämmen können. Verliert eine Mehrheit der Bevölkerung das Vertrauen in die Entscheider:innen, wird die Deutungshoheit von Populist:innen, Querdenker:innen, Verschwörungstheoretiker:innen usw. erobert.

In diesem Buch möchten wir nach gut einem Jahr COVID-19-Pandemie in Deutschland (Stand Herbst 2021) erste Erkenntnisse aus ausgewählten Bereichen unserer Gesellschaft darstellen – wohlwissend, dass wir weder alle Aspekte betrachten, noch bei auch nur einem Aspekt ein abschließendes Urteil liefern können. Bewusst haben wir diesmal den Bereich Gesundheit ausgespart. Die Erkenntnisse aus diesem Bereich würden den Rahmen sprengen und sollen anderen Fachbüchern überlassen werden.

Entsprechend dem Konzept unseres Buches »Resilienz und Kritische Infrastrukturen« versuchen wir durch die Betrachtung einzelner Aspekte, Hinweise für eine Gesamtstrategie zu gewinnen. Gleichzeitig soll wiederum der Spagat zwischen Wissenschaft und Gefahrenabwehr gewagt werden. Dieses Buch soll einen weiteren Baustein in der Bewusstseinsbildung liefern, dass auch Deutschland von essenziellen Krisen getroffen werden kann – wir sind nicht unverwundbar – und dass es einer gesamtgesellschaftlichen Anstrengung bedarf, um die Herausforderung durch COVID-19 zu meistern und eine resilientere Gesellschaft mit einem resilienteren Staat aufzubauen. Wir hoffen, dass dieses Buch eine Hilfe zur Eindämmung des COVID-19-Virus im speziellen und zur Schaffung einer resilienteren Gesellschaft im Allgemeinen darstellen wird.

Andreas H. Karsten und Stefan Voßschmidt,
Hamburg und Bottrop im Januar 2022

Inhalt

Vorwort 5

Einleitung 13

A Grundlagen

1 Recht und Resilienz in einer Pandemie 19
    1.1 Supranationales Recht am Beispiel des Gesundheitsrechtes 19
    1.2 Auswirkungen der Pandemie auf die europäische Zusammenarbeit 21
    1.3 Nationale Einschränkungen und rechtliche Anpassungen 22
    1.4 Gewährleistungsstaat 25
    1.5 Abschließende Betrachtung 28

2 Staatliche Maßnahmen 30
    2.1 Maßnahmen europäischer Staaten im Vergleich 30
    2.2 Maßnahmen in Deutschland 35

B Auswirkungen der COVID-19-Pandemie auf ausgewählte Bereiche

1 PSNV in der Pandemie – Überlegungen zur Resilienz von Betroffenen und Einsatzkräften 39
    1.1 Resilienzstärkende Faktoren 41
    1.2 PSNV-B 42
    1.3 PSNV-E 44
    1.4 Herausforderungen für die PSNV-Kräfte 48

2 Wie wirkte sich die Krise auf die Gesellschaft aus? 50
    2.1 Von #flattenthecurve bis #mütend – von Stimmungs- und anderen Kurven 50
    2.2 Das große R – Resilienz und Krisenkompetenz 52
    2.3 Über Lobbying, Macht und Aufmerksamkeit 54

Inhalt

    2.4 Daten, Drosten und Deutungshoheiten 56
    2.5 Fazit 58

3 Rechtliche Veränderungen während der Pandemie **60**
    3.1 Corona-Lage und grundgesetzliche und ethische Wertungen ... 60
    3.2 Diskussion verfassungsrechtlicher Fragestellungen im Hinblick auf die Gesamtlage 62
    3.3 Änderungen im Infektionsschutzgesetz (IfSG) 64
    3.4 Amtshilfe der Bundeswehr 73
    3.5 Gesundheit als Kritische Infrastruktur (KRITIS) 74

4 Aufgaben und Herausforderungen der polizeilichen Gefahrenabwehr in einer Pandemielage **76**
    4.1 Problemstellungen im Innen- und Außenverhältnis 76
    4.2 Spannungsfeld: Umgang mit Bürgerinnen und Bürgern 79
    4.3 Mögliche Auswirkungen auf die Kriminalitätslage 82
    4.4 Ausbildung und Fortbildung 84
    4.5 Fazit 85

5 Kritische Infrastrukturen in der COVID-19-Pandemie – Herausforderungen, Handlungsbedarfe und Lösungsansätze **87**
    5.1 Einleitung 87
    5.2 Staatliche Maßnahmen im Kontext Kritischer Infrastrukturen in der COVID-19-Pandemie 87
    5.3 Herausforderungen für Kritische Infrastrukturen und systemrelevante Einrichtungen 88
    5.4 Erkenntnisse und Handlungsbedarfe im Kontext Kritischer Infrastrukturen 92
    5.5 Zukunftsfähige Lösungsansätze – ein Ausblick 95

6 Innere Sicherheit **98**
    6.1 Moduswechsel 98
    6.2 Ableitungen für die innere Sicherheit 103

7 Sicherheitspolitische Aspekte von Seuchen und Pandemien **105**
    7.1 Vorbemerkung 105
    7.2 Sicherheitspolitische Ausgangslage 105
    7.3 Sicherheitspolitische Implikationen 106

Inhalt

    7.4 Seuchen als Faktoren Hybrider Bedrohungen 107
    7.5 Folgerungen 107

8 Klimawandel **109**
    8.1 Doppelte Risiken: Corona und »Julihochwasser« 2021 in Westdeutschland 109
    8.2 Deutsche Anpassungsstrategie: Ziel Resilienz 112
    8.3 Klimawandel, Flüchtlingskrise, Corona: Risikokaskaden und Risikowahrnehmung 113
    8.4 Klimawandel und Bevölkerungsschutz 115

C Steigerung der Resilienz während der Pandemie in Deutschland – ausgewählte Beispiele

1 Community Resilience in Krisen und Katastrophen – Nachbarschaftliches Sozialkapital als Bewältigungsressource **121**
    1.1 Einleitung 121
    1.2 Community Resilience 122
    1.3 Lokaler Zusammenhalt und nachbarschaftliche Unterstützungsbereitschaft 125
    1.4 Ausblick 127

2 Herausforderungen des Krisenmanagements für öffentliche Verwaltungen **130**
    2.1 Einleitung 130
    2.2 Rückblick auf die Krisenbewältigung in der Flüchtlingslage 2015/16: Erkenntnisse aus dem Forschungsprojekt SiKoMi 130
    2.3 Zur Diskussion gestellt: Herausforderungen öffentlicher Verwaltungen als Krisenakteure 131
    2.4 Wahrnehmung des Krisenmanagements von Kommunalverwaltungen während COVID-19 135
    2.5 Fazit 137

Inhalt

3 Strategien, Stolpersteine und Situationsbewusstsein deutscher Unternehmen **138**
    3.1 Wirtschaftssituation und Auswirkungen von COVID-19 138
    3.2 Resilienz und Innovation 141
    3.3 Gesellschaft und Wertschöpfung im Umbruch 146

4 Aus- und Fortbildung **149**
    4.1 Voraussetzungen und Herausforderungen für digitale Aus- und Fortbildung 149
    4.2 Vielfältige Online-Angebote 151
    4.3 Digitale Möglichkeiten für praktische Aus- und Fortbildung sowie Übungen 154
    4.4 Einbindung und Ausbildung von Bevölkerung und Freiwilligen 158
    4.5 Evaluierung als wesentlicher Bestandteil stetiger Verbesserung 160
    4.6 Zusammenfassung und Fazit 162

D Hilfe durch Künstliche Intelligenz

1 KI-gestützte Lagebilder in der Pandemiebekämpfung – Möglichkeiten und Grenzen in einer digitalisierten Gesellschaft **167**
    1.1 Einleitung 167
    1.2 Lagebilder und Entscheidungsfindung 168
    1.3 Künstliche Intelligenz und Bevölkerungsschutz 170
    1.4 Unterstützung der Entscheidungsfindung durch KI 171
    1.5 Zukunftsorientierte Betrachtung der Erstellung und Anwendung digitaler Lagebilder 173
    1.6 Diskussion und Ausblick 174

2 Visualisierung der COVID-19-Inzidenzen und Behandlungskapazitäten mit CoronaVis **176**
    2.1 Entstehung von CoronaVis 177
    2.2 Zielgruppen- und Anforderungsanalyse 178
    2.3 Zentrale Aufgaben 179
    2.4 Daten 180
    2.5 Das CoronaVis-System 180
    2.6 Analyseszenarien 183
    2.7 Fazit 185

Inhalt

E Vorbereitung auf die nächste Pandemie

1 Allgemeine Erkenntnisse 189

2 Evaluation des Krisenmanagements während der COVID-19-Pandemie 193

3 Krisenfrüherkennung, Krisen verstehen und Prognosen 195

4 Krisenreaktion und in der Krise leiten 197

5 In der Krise leiten und Beenden einer Krise 199

6 Was sollten Sie morgen tun? 201

Fazit 203

Literatur- und Quellenverzeichnis 207

Autorinnen und Autoren 221

Einleitung

Die COVID-19-Pandemie hat wie in einem Brennglas die Defizite aufgezeigt, die behoben werden müssen, damit Deutschland ein resilienter Staat (Gesellschaft und Behörden) werden kann. Die festgestellten Defizite wirken sich auch in anderen Großschadenlagen aus. In den folgenden Abschnitten dieses Buches stellen Expertinnen und Experten ihrer Fachgebiete die Auswirkungen der COVID-19-Pandemie und der staatlichen Gegenmaßnahmen auf ihren Expertise-Bereich vor. Zisgen diskutiert die Auswirkungen gesamtgesellschaftlich. Sie skizziert die großen Strömungen und Veränderungen von dem »eventmäßigen« Beginn bis zur »apathischen« Hinnahme der Pandemie bzw. der aggressiven Verdrängung. Tackenberg et al. richten ihren Blick auf den gesellschaftlichen Mikrokosmos, die Nachbarschaft. Nur der lokale Zusammenhalt und die Hilfe im Umkreis der Menschen wird eine resiliente Gesellschaft sicherstellen können. Voßschmidt betrachtet ein gesellschaftliches Problem, dass vordergründig von der COVID-19-Pandemie profitiert hat: der Klimawandel. In seinem Beitrag wird aber deutlich, dass beide Krisen nur zwei Aspekte eines Grundproblems ist: unser Umgang mit der Natur und unser mangelndes Augenmerk für die Gefahr des »Aufschaukelns« verschiedener Risiken in der Form sich gegenseitig negativ beeinflussender Kaskaden. Die resiliente Gesellschaft zeichnet sich durch Resilienz auch in diesen Situationen aus. Während der Coronapandemie kam es zur Sommerhochwasserkatastrophe, beides musste gleichzeitig bewältigt werden. Wesentliches leisteten hier Spontanhelfende, für den deutschen Bevölkerungsschutz immer noch eine »neue« Ressource.

Eine Pandemie betrifft definitionsgemäß nicht nur einen Staat, sondern die gesamte Menschheit. Obwohl eine »Weltregierung« fehlt, die die Pandemie bekämpfen könnte, zeigen Vogt und Voßschmidt Möglichkeiten und Grenzen internationaler Organisationen und des vielfältigen zwischenstaatlichen Vertragswesens auf. Voßschmidt betrachtet darüberhinausgehend die deutschen rechtlichen Regelungen, die das Verhältnis zwischen Bund und Länder festlegen. Gerade letzteres stand in den Monaten der Pandemie immer wieder in der öffentlichen Diskussion.

Im Bereich des Wirtschaftslebens wurde schnell deutlich, dass nicht nur die Betriebe der Kritischen Infrastrukturen entsprechend der KRITIS-Strategie des Bundes für ein halbwegs »ordentliches« Leben notwendig sind. Der Begriff »systemrelevant« wurde von der Bankenkrise in das Alltagsleben übertragen. In einer Veröffentlichung des Bundesministeriums für Arbeit und Soziales vom 30.03.2020 werden 20 Bereiche als systemrelevant aufgelistet. Darunter finden sich viele Kritische Infrastrukturen

Einleitung

(allerdings nicht die Kultur) und solche, die bisher als nicht kritisch galten wie Einzelhandel, Schulen und Kindergärten. Stock et al. betrachten die Maßnahmen des Staates und die dadurch entstandenen Herausforderungen für eine normgebende Behörde. Rosenberg et al. betrachten die Situation von der anderen Seite, der Privatwirtschaft. Sie zeigen auf, wie manche Entwicklungen, die vorher eher schleppend vorangetrieben wurden, nun im Lichte der Krise manchmal »hemdsärmlich« umgesetzt wurden. Sie zeigen aber auch die dadurch neu entstandenen Risiken auf.

Eine wesentliche Aufgabe des Staates besonders in Krisen ist die Garantie der öffentlichen Sicherheit und Ordnung. Brodala zeigt die Auswirkungen auf die innere Sicherheit auf. Die BOS müssen sowohl die Pandemie bekämpfen als auch die eigene Funktion sicherstellen, um auch die weiteren Gefahren für die öffentliche Sicherheit und Ordnung bekämpfen zu können. Im Mittelpunkt dieser Daseinsvorsorge stehen die kommunalen Verwaltungen, denen sich Schulte et al. in ihrem Beitrag widmen.

Das zweite wichtige Standbein – aus Sicht der Bevölkerung vielleicht das wichtigere – bilden die Polizeien des Bundes und der Länder. Bernstein beschreibt sowohl neuartige Aufgaben aufgrund der Pandemie als auch Herausforderungen, die sich die Polizeien stellen mussten. Ein bisheriger Randbereich, die Psychosoziale Notfallversorgung gewann immens an Bedeutung und wurde vor extreme neue Herausforderungen gestellt, wie Tutt in seinem Beitrag aufzeigen kann. Freudenberg betrachtet die Folgen der COVID-19-Pandemie für die deutschen Sicherheitspolitik. Dabei ordnet er die Erkenntnisse in die Diskussion über Hybride Bedrohungen ein.

Welche Möglichkeiten zur Bewältigung einer Pandemie die moderne IT-Technologie bietet, schildern Sonntag et al. und Jentner et al. in ihren Beiträgen. Beide Wissenschaftsgruppen zeigen, dass die Wissenschaft in Deutschland im weltweiten Vergleich mithalten kann und besonders, dass sie sich nicht in ihren Elfenbeintürmen verschließt, sondern sehr schnell praxisgerechte Unterstützungstools entwickeln kann.

Abschließend versucht Karsten einen Weg aufzuzeigen, einen resilienteren Staat aus den Erfahrungen der COVID-19-Pandemie zu entwickeln. Schlüssel dazu sind ein Allgefahren-Ansatz der Betrachtung und der Wandel von einer Aufgaben- zu einer Fähigkeitsfokussierung bei allen Krisenbewältigungsbehörden. Dies erfordert ein zeitnahes Umdenken in einigen Bereichen. Denn Risiken können schon morgen wieder eintreten. Bis zu ihrem Eintreten erschien die Gleichzeitigkeit von zwei Langzeitlagen: Corona und Hochwasser im Westen nicht planungsrelevant zu sein. Nach diesen Erfahrungen sollte ein wirklicher Allgefahrenansatz zum Ziel eines integrierten Allgefahrenmanagements und damit zu einer möglichst weitgehenden

Einleitung

Resilienz führen. Gerade moderne Gesellschaften erwarten zu Recht, dass der Staat auf Risiken und Katastrophen möglichst gut vorbereitet ist.

Das Ziel, eine resiliente Gesellschaft aufzubauen und zu erhalten, weist dem Bevölkerungsschutz eine (neue) Aufgabe zu, nämlich die Querschnittsbetrachtung von Risiken und Gefahren und die Identifizierung notwendiger Kooperationspartner:innen für einen situationsangemessenen und lösungsorientierten Umgang mit diesen Risiken und Gefahren. Wenn sich die deutsche Gesellschaft zu einer wirklich resilienten Gesellschaft, resilient auch gegenüber neuen Risiken und Gefahren, entwickeln soll, muss diese zusätzliche Aufgabe des Bevölkerungsschutzes zeitnah und nachhaltig angegangen werden. Auch die Flutkatastrophe im Juli 2021 im Westen Deutschlands hat diese Notwendigkeit bewiesen. Hier entstehen Kosten, die gesamtgesellschaftlich getragen werden müssen. Das Risiko der Klimawandelkatastrophen steigert die Bedeutung von Bevölkerungsschutz und gesamtstaatlicher Resilienz. Gleiches gilt für den Schutz Kritischer Infrastrukturen. Auch sie sind in diesen Ansatz zu integrieren. Bevölkerungsschutz ist eine ressort- und behördenübergreifende gesamtgesellschaftliche Querschnittsaufgabe. Zentrale Elemente einer modernen, zukunftsorientierten Gefahrenschutzphilosophie sind daher auch im Hinblick auf die hier vorgenommenen strategischen Gedanken: (1) der Querschnittscharakter des Bevölkerungsschutzes, (2) der integrierte Risiko- und Krisenmanagementprozess mit seinen Methoden und Instrumenten und (3) das allem übergeordnete Ziel, Resilienz der gesamten Gesellschaft, einschließlich aller Menschen, die hier leben. Die aus Art. 2 Abs. 2 Satz 1 GG »Der Schutz des Lebens und der körperlichen Unversehrtheit« folgende Schutzpflicht des Staates umfasst auch die Verpflichtung, Leben und Gesundheit vor den Gefahren des Klimawandels zu schützen. Sie könnte auch als Aufruf zu einem umfassenden Bevölkerungsschutz verstanden werden, heißt die Herausforderung nun Klimawandel, Katastrophe oder Pandemie. Eine Pandemiestrategie ist notwendig, diese muss aber nachvollziehbar sein, um die einzelnen Personen auch erreichen zu können.

A Grundlagen

1 Recht und Resilienz in einer Pandemie

Daniela Vogt, Stefan Voßschmidt

1.1 Supranationales Recht am Beispiel des Gesundheitsrechtes

Im Völkerrecht bilden die Verträge der Weltgesundheitsorganisation (WHO), insbesondere die Internationalen Gesundheitsvorschriften (IGV), die rechtliche Grundlage für die internationale Zusammenarbeit. Darüber hinaus haben internationale Abkommen Auswirkungen, die nicht direkt zur Regelung der öffentlichen Gesundheit verabschiedet wurden. Dazu zählen arbeitsrechtliche, umwelt- und wirtschaftsrechtliche Vereinbarungen sowie Bestimmungen zum Schutz der Menschenrechte.

Die WHO ist als Sonderorganisation der Vereinten Nationen weltweit für das öffentliche Gesundheitswesen zuständig. Ihr Ziel laut WHO-Verfassung von 1946 ist es, »allen Völkern zur Erreichung des bestmöglichen Gesundheitszustandes zu verhelfen« (Kap. 1. Art. 1). Der bestmögliche Gesundheitszustand ist eines der Grundrechte jeden menschlichen Wesens (Präambel). Nach der allgemeinen Erklärung der Menschenrechte (AEMR) Art. 25 hat jeder Mensch das Recht »auf einen Lebensstandard, der Gesundheit und Wohl […] gewährleistet, ärztliche Versorgung und das Recht auf Sicherheit im Krankheitsfall.« 1966 wurden diese Menschenrechte Bestandteil des Internationalen Paktes über wirtschaftliche, soziale und kulturelle Rechte, UN-Sozialpakt (Art. 12). Der Pakt wurde 1973 von Deutschland ratifiziert. Seit ihrer Gründung hat die WHO drei völkerrechtlich verbindliche Instrumente verabschiedet. Die wichtigsten sind die Internationalen Gesundheitsvorschriften (IGV 1969, akt. Fassung 2005). Es handelt sich hierbei um völkerrechtlich verbindliche Regelungen. Jedoch wird nirgendwo überprüft, ob sie eingehalten werden. Das internationale »Gesundheitsrecht« besteht im Wesentlichen aus unverbindlichen Standardkonventionen dem Soft Law der WHO. Diese Empfehlungen, Aktionspläne, Strategien und Leitlinien sind zum Teil vertragsähnlich, begründen aber keine rechtsverbindlichen Verpflichtungen für Staaten.

Da die IGV nur die Berichterstattung von Staaten an die WHO, die innerstaatliche Umsetzung und andere individuelle Ressourcen regeln, kann die WHO lediglich die Umsetzung der IGV überwachen. Sie verfügt jedoch über keine Strukturen zur Durchsetzung ihrer Ziele und kann keine Sanktionen verhängen oder Weisungen erteilen. Die WHO kann in einer Pandemie weder Ausgangssperren oder Massenquarantänen verhängen, noch darf sie die weltweite Verteilung von Medikamenten, Impfstoffseren oder Medizinprodukten organisieren. Sie kann nur zeitlich befristete Abhilfen empfehlen, z. B. Reise- und Handelseinschränkungen, Tragen von Mund- und Nasenschutz. Einige Zuständigkeiten bei der Koordinierung beziehen sich auf die Kontrolle von Ereignissen von internationaler Bedeutung und den Informationsaustausch über Maßnahmen gesundheitspolitischer Art (Kapitel 2, Art. 2 und Art. 54, WHO-Verfassung). Gemäß Artikel 12 IGV kann die WHO Gefahren für die internationale Gesundheit zu einer ›Gesundheitlichen Notlage von internationaler Tragweite‹ (Public Health Emergency of International Concern, PHEIC) erklären, was bei der Corona Pandemie im März 2020 geschehen ist. Die nationale Anlaufstelle der WHO in Deutschland ist seit 2010 das Gemeinsame Melde- und Lagezentrum des Bundes und der Länder (GMLZ) beim Bundesamt für Bevölkerungsschutz und Katastrophenhilfe (BBK). Hier laufen die separaten Meldewege für CBRN-Gefahren zusammen; Meldungen von Infektionskrankheiten bearbeitet und koordiniert das Robert Koch-Institut (RKI).

Die COVID-19-Pandemie verdeutlicht die Gefahr leicht übertragbarer Krankheiten und die Bedeutung der Gesundheit für die menschliche Sicherheit und das menschliche Leben (vgl. Art. 1,2 GG). Trotz der eingeschränkten Befugnisse hatte und hat die WHO eine enorme symbolische Bedeutung bei internationalen Vereinbarungen, ihr Einfluss basiert auf ihrer Neutralität und Glaubwürdigkeit. Verheerend war daher die Kritik an der WHO seitens der US-amerikanischen Regierung Trumps wie auch Japans, Brasiliens und Australiens, die WHO sei zu zögerlich vorgegangen bei der Erklärung der Seuche zu einer Pandemie. Im Gegensatz zu SARS, Schweine- und Vogelgrippe habe die WHO China »geschont« – beim Ausbruch der Schweinegrippe 2009/10 war der WHO vorgeworfen worden vorschnell eine Pandemie erklärt zu haben.

Brasilien und die USA traten aus der WHO aus. Die Regierung Biden hat den Austritt, der im Juli 2021 wirksam geworden wäre, im Januar 2021 rückgängig gemacht. Der Vorwurf, die chinesische Regierung habe ihre Meldepflicht nach Art. 6ff IGV verletzt und die WHO habe sich in dieser Frage sehr stark zurückgehalten, bleibt allerdings im Raum. Auch konnten Vermutungen, das Virus habe seine ersten Opfer unter Labormitarbeiter:innen in Wuhan gefunden, nicht ganz ausgeräumt werden. Das Völkerrecht basiert wesentlich auf den Grundsätzen: Kooperation, Prävention, Solidarität und Transparenz sowie dem Verbot der Schädigung (noharm). Diese werden von den Kritikern als verletzt angesehen. Die Pandemie hat die Arbeit der WHO an ihre Grenzen gebracht: Die Belastung für die Beschäftigten ist groß und selbst bei dem Verdacht auf den Ausbruch einer Pandemie hat die

1.2 Auswirkungen der Pandemie auf die europäische Zusammenarbeit

Organisation kein Recht einzugreifen. Sie bleibt auf die Kooperationsbereitschaft der Staaten angewiesen und ist massiv unterfinanziert.

1.2 Auswirkungen der Pandemie auf die europäische Zusammenarbeit

Stärkung von Krisenvorsorge und -reaktion im Gesundheitssektor – die Gesundheitsunion

Die COVID-19-Pandemie hat sich eindeutig auf die Anwendung des EU-Rechts ausgewirkt. Viele Mitgliedstaaten haben bspw. einseitig Ausfuhrbeschränkungen für Arzneimittel, Schutzausrüstungen und andere COVID-19-relevante Produkte eingeführt; teilweise reagierte die Kommission mit Vertragsverletzungsverfahren. Die COVID-19-Pandemie verdeutlicht den Bedarf an verstärkter Koordinierung und Zusammenarbeit zur Bekämpfung von grenzüberschreitenden Gesundheitsgefahren bzw. übertragbaren Krankheiten. Die EU-Mitgliedstaaten gingen rasch zu einer gegenseitigen Unterstützung über und nahmen COVID-19-Patienten auf, entsendeten Fachkräfte oder stellten medizinische Ausrüstung bereit, obwohl alle EU-Staaten gleichzeitig von der langanhaltenden Krise betroffen waren.

Da zu Beginn der Pandemie die Hilfe nicht so schnell und reibungslos erfolgen konnte wie es optimal gewesen wäre, wurde durch die Verordnung (EU) 2021/836 vom 20. Mai 2021 das Katastrophenschutzverfahren ergänzt sowie das EU-Krisenmanagement verbessert und erweitert. Auch die deutsche EU-Ratspräsidentschaft im zweiten Halbjahr 2020 hat maßgeblich dazu beigetragen, den Aufbau des EU-Krisen- und Wissensnetzwerkes zu beschleunigen.

Mitte November 2020 schlug die Europäische Kommission ein Paket zur Schaffung einer europäischen Gesundheitsunion vor. Das Paket umfasst drei Verordnungsentwürfe zu Neugestaltung und Ausbau des geltenden Rechtsrahmens für Gesundheitssicherheit und Gesundheitskrisenmanagement. Die Mandate der wichtigsten EU-Agenturen, insbesondere des Europäischen Zentrums für die Prävention und die Kontrolle von Krankheiten (ECDC) und der Europäischen Arzneimittel-Agentur (EMA), werden aufgewertet zur Stärkung der Krisenvorsorge und -reaktion. Außerdem soll die Koordinierung in Bezug auf schwerwiegende grenzüberschreitende Gesundheitsgefahren verbessert werden, die sich sowohl auf Artikel 168 des Vertrages über die Arbeitsweise der Europäischen Union (AEUV/Gesundheit) als auch auf Artikel 114 AEUV (Binnenmarkt) stützt. Der AEUV und der Vertrag über die europäische Union (EUV) bilden den Lissabon-Vertrag. Durch den Verweis auf den

Binnenmarktartikel des Vertrags kann die EU bei Ausrufung eines Notstands auf EU-Ebene koordinierte Maßnahmen ergreifen. Die Einrichtung einer Behörde für die Krisenvorsorge und -reaktion bei gesundheitlichen Notlagen (Health Emergency Response Authority – HERA) wurde ebenfalls angestoßen.

1.3 Nationale Einschränkungen und rechtliche Anpassungen

Die Corona-Pandemie hat in der deutschen Gesellschaft zu etlichen Verwerfungen geführt. Zu erwähnen ist die Gruppe der Corona-Leugner:innen, Menschen die an der Existenz der Krankheit zweifeln und dieser Meinung mit Demonstrationen Ausdruck verleihen. Einige halten nur die Maßnahmen für unverhältnismäßig, was zu einer erheblichen Anzahl an Rechtsstreitigkeiten führt. Allein im ersten Jahr der Pandemie waren über 10.000 Klagen anhängig (Mayntz 2021, 4). Allzu oft wurde übersehen, dass es sich nicht um Fragen der Verhältnismäßigkeit im engeren Sinne handelt, sondern die Notwendigkeit bezweifelt wird – genauer die Erforderlichkeit. Die Frage ist, ob mildere Mittel den Zweck »möglichst wenige Ansteckungen« auch erreichten. Die Gerichte haben die Rechtmäßigkeit i. d. R. bei der Notbremse und der Ausgangssperre bejaht. Die Ausgangssperre wurde auch dem Bundesverfassungsgericht vorgelegt, das sie für rechtmäßig erklärte (letztmals im Dezember 2021). Auch Masken- und Testpflicht wurden von den Gerichten i. d. R. bestätigt. Bei einer Gefahr für die öffentliche Gesundheit liegt es grundsätzlich im Ermessen der jeweiligen Regierung, welche Einschränkungen und Schutzmaßnahmen ergriffen werden. Bei einer Pandemie steht nicht mehr allein die Gesundheit des Einzelnen im Mittelpunkt staatlichen Handelns, sondern der Schutz der kollektiven Gesundheit – der gesamten Bevölkerung.

In Gefahrenlagen, Katastrophenfällen und Großschadenlagen haben Bürger:innen Anspruch auf die erforderliche staatliche Hilfe. Dieser Schutzanspruch hat seinen Ursprung in Art. 2 Abs. 2 des Grundgesetzes, der das Grundrecht auf Leben und körperliche Unversehrtheit regelt, weiterhin in Art. 20 Abs. 1, dem Sozialstaatsprinzip und der Kompetenzzuordnung nach Art. 28 Abs. 2 sowie der Menschenwürde in Art. 1. Somit besteht die grundlegende Pflicht des Staates darin, seine Bürger:innen vor Katastrophen zu schützen wie auch die Gesundheit der Bevölkerung zu schützen. Nach Artikel 74 Abs. 1 Ziffer 19 sind »Maßnahmen gegen gemeingefährliche oder übertragbare Krankheiten« der konkurrierenden Gesetzgebung zugewiesen, d. h. Bund und Länder sind zuständig. Maßnahmen sind nicht

1.3 Nationale Einschränkungen und rechtliche Anpassungen

nur zur Bekämpfung einer aufgetretenen Krankheit, sondern auch zur Vorbeugung, z. B. durch Impfungen, zu treffen. Die Maßnahmen können gleichberechtigt der Gefahrenabwehr und/oder der Risikovorsorge dienen (von Münch-Kunig GG, Art 74 Rn 76). Weitere Kompetenzen hat der Bund in diesem Feld nicht. Die Handlungskompetenz liegt auf der kommunalen Ebene.

Epidemiologische Maßnahmen wie Einschränkungen der Kontakt- und Bewegungsfreiheit und die Notwendigkeit, der Virenverbreitung entgegenzuwirken, sind uralt. Sie sind keinesfalls per se Verletzungen der Grund- oder Menschenrechte, haben jedoch erhebliche gesellschaftliche, wirtschaftliche und persönliche Auswirkungen. Die Corona-Beschränkungen bedürfen immer wieder einer aktuellen Begründung und Rechtfertigung, damit die eine Demokratie charakterisierende Balance zwischen Sicherheit und Freiheit nicht aus dem Lot gerät. Alle sind Träger:innen von Grundrechten, alle haben einen Anspruch darauf, dass diese gewahrt werden; auch derjenige, der sich nicht Impfen lässt. »Grundrechte in Quarantäne«, wie Christoph Gusy polemisch formuliert (2021, 64), entsprechen nicht unserer Rechtsordnung. Sie können bei einem Notstand eingeschränkt werden, jedoch nur soweit und solange dies notwendig ist. Ziel des Staates muss es sein, täglich auf die Wiedererlangung der Freiheit in Verantwortung hinzuarbeiten. Restrisiken können nicht ausgeschlossen werden, sie bestehen in allen potenziellen Gefahrenlagen. Das akzeptable Restrisiko, von dem im Feld der Kernenergie lange gesprochen wurde, gilt auch und gerade in der Pandemie (Müller 2021, 1).

Die Coronakrise erwies sich als größere Herausforderung für Deutschland als anfangs erwartet. Zeigte sich doch, dass das Infektionsschutzgesetz (IfSG) nicht über alle notwendigen Regularien verfügt, um auf eine derartige Krise angemessen reagieren zu können. Denn während seit den 1990er Jahren in anderen kritischen Bereichen Vorsorgegesetze die Gefahrenabwehr-, die Katastrophenschutz- und die Sicherstellungsgesetze ergänzt wurden, fehlt bis heute ein Gesundheitssicherstellungsvorsorgegesetz. Der Gesetzgeber reagierte mit mehreren »Corona-Gesetzen«, u. a. einer Notstandsregelung in § 5 des Infektionsschutzgesetzes (IfSG) zur epidemischen Lage von nationaler Tragweite. Der Deutsche Bundestag kann eine epidemische Lage von nationaler Tragweite feststellen und wieder aufheben, wenn die WHO entsprechend die gesundheitliche Notlage von internationaler Tragweite einführt bzw. aufhebt und/oder die dynamische Ausbreitung einer bedrohlichen übertragbaren Krankheit über mehrere Bundesländer (nicht mehr) besteht.

Diese Vorschrift hat zu weitgehenden, grundsätzlich aber akzeptierten Einschränkungen geführt. Die epidemische Lage von nationaler Tragweite wurde erstmals im März 2020 festgestellt und gab der Bundesregierung erhebliche Befugnisse im Kampf gegen die Pandemie. Bei ihrer Einführung war die Regelung allerdings umstritten (Gärditz/Meinel 2020, 6; Erdle 2020, § 28 Rn 1; Erkens 2021, 568).

Die Generalklausel zur Seuchenbekämpfung (§ 28 IfSG Abs. 1) besagt, dass die zuständige Behörde, i. d. R. das zuständige Gesundheitsamt, die notwendigen Schutzmaßnahmen trifft. Nach der ständigen Rechtsprechung des Bundesverfassungsgerichtes muss jeder Grundrechtseingriff durch eine Befugnisnorm (Ermächtigungsgrundlage) rechtlich verankert werden. Je stärker der Grundrechtseingriff ist, umso höhere Anforderungen sind an die Ermächtigungsgrundlage, im Hinblick auf die Präzisierung des Eingriffs zu stellen. Hier erscheint § 28 IfSG als zu unbestimmt. Die Vorschrift wird ergänzt durch die am 18. November 2020 ins IfSG eingefügte Ermächtigungsnorm des § 28a. Die Vorschrift regelt in einem umfangreichen Katalog mittels Regelbeispielen, welche Schutzmaßnahmen möglich sind. Schon vorab war es herrschende Meinung in der Rechtswissenschaft, dass § 28, wenn überhaupt nur vorrübergehend als Ermächtigungsgrundlage dienen kann. Nach Monaten der Pandemie war diese Übergangsfrist abgelaufen. Allerdings enthält die neue Norm viele Ungenauigkeiten, Konkretisierungen fehlen. Durch die Wahl von Regelbeispielen bestehen für die Verwaltung nicht konkret eingegrenzte Erweiterungsspielräume (Buschmann 2021, 120-124). Nach der Subsidiaritätsregelung in § 28a Abs. 6 Satz 2 sind »soziale, gesellschaftliche und wirtschaftliche Auswirkungen auf den Einzelnen und die Allgemeinheit einzubeziehen und zu berücksichtigen, soweit dies mit dem Ziel einer wirksamen Verhinderung der Verbreitung der Coronavirus-Krankheit (COVID-19) vereinbar ist.« Diese Formulierung ist verfassungskonform auszulegen und nicht als Einschränkung der Grundrechte zu verstehen (anders Buschmann 2021, 120 und 127). Trotz der Kritik an den (neuen) Vorschriften zeigt ihre Einführung und Veränderung, dass Corona gerade keine Stunde der Exekutive begründet hat (Barczak 2021, 129 ff.).

Die zeitliche und inhaltliche Begrenzung der Corona-Notstandsregelung hat dazu geführt, dass seitens der Bundesregierung die Einführung eines Gesundheitssicherstellungsgesetzes erwogen wird. Da dieses Gesetz einen Gegenstand der konkurrierenden Gesetzgebung behandelt, wären hier umfangreiche Abstimmungsprozesse notwendig (Erkens 2021, 632). Begründet wird eine Verlängerung vor allem mit § 5 Ziffer 2, da weiterhin die »dynamische Ausbreitung der Krankheit über mehrere Länder der Bundesrepublik Deutschland droht«. Selbst wenn eine Verlängerung der Feststellung als notwendig angesehen wird, ist fraglich, ob Corona in den nächsten Jahren ganz verschwindet (Eppelsheim 2021, 8). Gerade wegen dieser erheblichen Befugniserweiterung müsste dann klargestellt werden, dass aufgrund derselben Faktenlage keine weitere Feststellung einer epidemischen Lage von nationaler Tragweite erfolgen kann.

1.4 Gewährleistungsstaat

Für erheblichen Diskussionsstoff hat die Frage nach der Einführung einer Impfpflicht gesorgt, obwohl die Regierung immer wieder betonte keine Impfpflicht, auch nicht durch die Hintertür, einzuführen (Ärzteblatt 2021a). Übersehen wird bei der Diskussion häufig, dass es diese Impfpflicht für medizinisches Personal bereits indirekt gibt. Mit dem Präventionsgesetz 2015 wurde § 23 a IfSG neu ins Infektionsschutzgesetz eingeführt. Diese Vorschrift erlaubt es bestimmten Arbeitgeber:innen erstmals, ihre Beschäftigten hinsichtlich ihres Impfstatus zu befragen und verpflichtet sie dazu, dementsprechend tätig zu werden, d. h. die gewonnenen Erkenntnisse im Arbeitsalltag zu verwerten. Die Regelung dient dem Patientenschutz und ist auf übertragbare Krankheiten beschränkt. Das kann zur Versetzung eines ungeimpften und nicht impfwilligen Beschäftigten an einen anderen Arbeitsplatz führen. Bei Bewerbungen stellt es einen Ablehnungsgrund dar. Bei § 23 a handelt es sich um eine Ausprägung des Fragerechts des Arbeitgebers/der Arbeitgeberin gegenüber den Beschäftigten.

1.4 Gewährleistungsstaat

Das System der Kritischen Infrastrukturen wird komplexer und krisenanfälliger. Die Risiken im Feld des Bevölkerungsschutzes steigen auch im Bereich Gesundheit, der elementar zu den Kritischen Infrastrukturen gehört. Menschliches oder technisches Versagen, Naturkatastrophen, Pandemien, Cyber- oder Terrorangriffe können auch in Deutschland zu einem überregionalen Stromausfall führen, der auch in Pandemiezeiten länger als 24 Stunden anhält. Bei der Katastrophe im Ahrtal fiel der Strom für Tausende wochenlang aus. Gleichzeitig bestand die Pandemielage fort. Kaskadeneffekte drohen. Städte oder Kreise stehen als untere Katastrophenschutzbehörden vor der großen Herausforderung, auf dieses Szenario zu reagieren und die Krise möglichst gut zu bewältigen. An der Technischen Universität Darmstadt wurden im Rahmen von emergentCITY die Maßnahmen der lokalen »Katastrophenschutzämter« deutscher kreisfreier Großstädte auf das Szenario Stromausfall hin untersucht. Die meisten setzen sich mit dem Szenario auseinander. Dabei stehen interne Vorbereitungen im Bereich der Ressourcenausstattung im Vordergrund. Die Zusammenarbeit des Katastrophenschutzes beschränkt sich in vielen Städten auf einen einmaligen Austausch mit wenigen weiteren lokalen Akteur:innen. Innerhalb der Verwaltung führt der Katastrophenschutz seit Jahrzehnten ein Nischendasein. Dies und die Reduktion der Aufgabe »Daseinsvorsorge« hat keine Veränderung in der Erwartung von Bevölkerung und Medien bewirkt. Bis zur Wiedervereinigung hat das Verständnis von »Daseinsvorsorge« die Lebenswirklichkeit in Deutschland tatsächlich

1 Recht und Resilienz in einer Pandemie

und im Verständnis der Bürger:innen in etwa abgebildet (Karsten et al. 2021,13). Auf die Wiedervereinigung und im Bewusstsein vieler Menschen von dieser überlagert, erfolgte eine Verstärkung der EU-Integration unter klarer Zielsetzung: Europa wollte der dynamischste und wirtschaftlich erfolgreichste Raum werden. Den Zeitgeist prägte der Neo-Liberalismus, der mit dem Schlagwort »Privat vor Staat« gut zum Ausdruck gebracht wird. Was möglich war, sollte privatisiert werden: Müllabfuhr, Bahn, Energieerzeugung, Wasserversorgung.

Der Staat wird seitdem nicht mehr als Vorsorgestaat verstanden, sondern als Gewährleistungsstaat. Der Staat erbringt die notwendigen Leistungen nicht mehr selbst, er gewährleistet vielmehr nur, dass sie von Privatunternehmen nach den Regeln der Marktwirtschaft erbracht werden. Auch natürliche Monopole, wie das deutsche Stromnetz, wurden privatisiert. Der Gewährleistungsstaat ist heute geltendes Recht, wenn auch gewisse Privatisierungen rückgängig gemacht (Wasserwerke wurden z. B. in Hamburg zurückgekauft) oder nur teilweise umgesetzt wurden. Beispielsweise wurde aus der Müllabfuhr zwar oft eine GmbH, doch diese blieb zu 100 % in kommunalem Eigentum. Das Gleiche geschah auf Bundesseite mit der Bahn. Die Lokführer:innen sind nicht mehr Beamt:innen und haben das Recht zu streiken. Davon hat ihre Gewerkschaft, die dem Beamtenbund zugehörige Gewerkschaft der Lokführer (GdL) in den letzten Jahren ausgiebig Gebrauch gemacht. Im August 2021 kam es trotz Coronalage und der Katastrophe an Ahr und Swist zu umfangreichen Streiks. Diese sollen hier nicht bewertet werden, aber die Bahn als Unternehmen der systemrelevanten Kritischen Infrastruktur hat grundsätzlich eine wichtige Aufgabe im Kokon der Daseinsvorsorge und der gesamtstaatlichen Sicherheit. Wenn es auch die vielen Zugausfälle und Verspätungen im Regelbetrieb eher verdecken, auch die Funktionsfähigkeit des öffentlichen Verkehrs ist Teil der Daseinsvorsorge, ein Teil, dessen Bedeutung gerade in Zeiten des Klimawandels nicht überschätzt werden kann. Deswegen und weil die angekündigten Streiks legal sind, scheint die Bahn Daseinsvorsorgeaufgaben nicht (mehr) übernehmen zu können. Auch Transportkapazitätsreserven sind nicht mehr vorhanden. Aber von Staatstheorie und Grundgesetz hergesehen, bleibt die Daseinsvorsorge zentrale Aufgabe des Staates, die philosophische Begründung der Notwendigkeit seiner Existenz. Der Staat muss dafür sorgen, dass sie ggf. durch Private gewährleistet ist. In der Praxis zieht der Staat sich aus dem zentralen Feld »Bahn« zurück, so dass die Risiken für die Gesamtmobilität immer weiter steigen (Deckers 2021,1). Es kann aber nicht im Sinne der Coronaprävention sein, dass sich nun sehr viele Berufspendler:innen in immer vollere Züge quetschen und entgegen der Klimawandelprävention die Menschen, die sich als ÖPNV-Benutzer umweltbewusst verhalten, »im Regen stehen zu lassen«. Eine

1.4 Gewährleistungsstaat

Aufsplitterung der Bahn und Schaffung eines Unternehmens, das nur für die Schiene zuständig ist – wie gefordert – ist hier nicht zwingend hilfreich (Bollmann 2021, 18).

Der skizzierte Veränderungsprozess betrifft auch das Gesundheitswesen. Er betont die wirtschaftliche und individuelle Freiheit und führt zu Wirtschaftlichkeitsgewinnen und zur Reduzierung von Krankenhäusern. Er setzt aber (stillschweigend) ein verstärktes Verantwortungsbewusstsein und eine verstärkte Selbstvorsorge voraus. Viele haben diese Entwicklung (noch) nicht nachvollzogen und sehen den Staat immer noch in der »Vorsorgeverantwortung«. Begrifflich bedeutet dies, dass die inhaltliche Änderung des unbestimmten Rechtsbegriffs »Daseinsvorsorge« (die Reduktion der staatlichen Verantwortung den Bürger:innen gegenüber) auch aufgrund mangelnder kommunikativer Vermittlung nicht nachvollzogen wurde, was zu Spannungen führt (Prokopf 2020, 55). Dieser Wandel bezieht sich aber auch auf andere Begriffe. Spätestens seit der Juliflut an Ahr und Swist steht die Resilienz Kritischer Infrastrukturen und damit eine Neubestimmung des Begriffs Resilienz zur Diskussion (vgl. § 1 Klimawandelgesetz). Die Notwendigkeit einer Verbesserung tritt in den Vordergrund. Katastrophen machen weder an Landesgrenzen halt, noch achten sie Zuständigkeitsregelungen, wie Corona zeigt. Der THW-Präsident Friedsam fordert die bessere Koordination ressortübergreifender Prozesse und hinsichtlich der Zusammenarbeit von Bund und Ländern Vorabfestlegungen (Friedsam 2021, S. 17,18). Vielleicht würden auch einfache Rechtsänderungen helfen. Die grandiose Improvisations- und Leistungsfähigkeit aller, die sich in den Krisenlagen einsetzten, kann durch (erweiterte) staatlich-gesetzliche Hilfen noch gesteigert werden.

Begriffe wie »Daseinsfürsorge« (Fehn/Selen 2010, 227) erwecken falsche Erwartungen. »Fürsorge« wäre zu weitgehend. Defizite in der Kommunikation zentraler Begriffe führen in Krisensituationen zu Defiziten in der Krisenkommunikation (Riecken 2014, 319). Möglicherweise liegt hier eine Ursache für die wachsende Unzufriedenheit in Deutschland nach mehr als 21 Monaten Pandemie. Die Einschränkungen werden von größeren Teilen der Bevölkerung negativ bewertet. Dabei werden leider Erfolge, z. B. der enorme Digitalisierungsgewinn, außer Acht gelassen. Die beschriebene Situation muss verbessert werden. Die EU- Kommission hat dazu Ende 2020 mit dem Vorschlag für eine Direktive zur Resilienz Kritischer Einrichtungen (»CER-Directive« ec.europa 2021) sowohl ein Review der bestehenden Regelungen als auch Vorschläge zu ihrer Überarbeitung vorgelegt. Ziele sind:

- eine größere Kohärenz in Bezug auf den Schutz Kritischer Infrastrukturen in der gesamten EU.
- die Sicherstellung fairer Wettbewerbsbedingungen für Betreiber in der gesamten EU, beginnend mit einheitlichen Berichtspflichten.

- die Absicherung, dass alle relevanten Sektoren, die kritische Dienstleistungen erbringen, in das Konzept zum Schutz Kritischer Infrastrukturen einbezogen werden und dass sektor- bzw. grenzüberschreitende Störungen wirksam bewältigt werden.
- die Einführung neuer bzw. die Justierung bestehender Mechanismen, die die Fähigkeit der Mitgliedstaaten zum Schutz nationaler Kritischer Infrastrukturen weiter verbessern.
- die Sicherstellung eines besseren Verständnisses der Risiken bzw. Bedrohungen, mit denen Kritische Infrastrukturen jetzt und in Zukunft konfrontiert werden könnten.
- Die Verbesserung des Informationsaustauschs und der Zusammenarbeit.

Dies erfordert eine Verlagerung des Schwerpunkts weg vom Schutz einzelner »Assets« hin zu einem systemischen Ansatz, der die gegenseitigen Abhängigkeiten innerhalb von Infrastrukturnetzen und über verschiedene Sektoren hinweg berücksichtigt. Physischer Schutz von Infrastrukturen bleibt wichtig, jedoch allein nicht hinreichend. Ziel ist die Stärkung der Resilienz. Eine derartige Stärkung muss nach den aktuellen Erfahrungen auch Kaskadeneffekte und multikausale Ansätze verfolgen. In der Ahrtalkatastrophe traten Hochwasser, Stromausfall, kein Trink- und Brauchwasser, keine Heizung, Verkehrsprobleme, Corona und afrikanische Schweinepest gleichzeitig auf.

1.5 Abschließende Betrachtung

Rechtlich betrachtet ist die Pandemie ein Unterfall des Katastrophennotstandes. Doch das Grundgesetz räumte dem Bund in diesem Feld keine relevanten Kompetenzen ein. Während in anderen Feldern (Ernährung, Wirtschaft, Verkehr, Post, Telekommunikation, Energie) die Sicherstellungs- und Vorsorgegesetze die Erkenntnis, dass militärische und zivile Katastrophenlagen untrennbar verwoben sein können, zu einem gesamtstaatlichen Ansatz und einem einheitlichen Krisenmanagement verbinden, fehlten im Gesundheitssektor bis 2020 entsprechende Regelungen. Dieses Manko würde ein Gesundheitsvorsorgesicherstellungsgesetz beheben und eine Überfrachtung des IfSG würde vermieden werden. Die zentralen Rechtsgrundlagen im IfSG wurden erst während der Pandemie geschaffen bzw. mit konkreten Maßnahmen unterlegt. »Epidemische Lagen von nationaler Tragweite« waren zuvor in Deutschland rechtlich unbekannt, das IfSG zielte auf bekannte Krankheiten wie Masern und Hepatitis.

1.5 Abschließende Betrachtung

Bei der möglichst strukturierten und planvollen Bewältigung von Katastrophen und Krisen stehen sich oftmals die Fürsorgepflicht des Staates und die grundrechtliche Freiheit des Einzelnen entgegen. Die Anforderungen an staatliche Stellen dürfen nicht überdehnt werden. In gewissem Umfang muss hingegen von gesunden Erwachsenen grundsätzlich erwartet werden können, dass sie Eigenvorsorge betreiben – wie es die Allgemeine Handlungsfreiheit des Art. 2 Abs. 1 verlangt. Dies wird vom Grundgesetz vorausgesetzt, aber nur in wenigen Gesetzen erwähnt (vgl. z. B. § 3 Abs. 1 Ziffer 4 LBKG/RP; § 1 Absatz 1 Satz 2 des ZSKG).

Die Grundlage des Sozialstaatsgebotes (auch: »Daseinsvorsorge«) bildet Art. 20 Abs. 1 GG. Diese Daseinsvorsorge ist eine der wichtigsten, »eine der vornehmsten Aufgaben des Staates« und umfasst, die für die menschliche Existenz notwendigen Dienstleistungen bereitzustellen. Hierzu gehört insbesondere die Versorgung mit Nahrungsmitteln, Gas, Wasser und Elektrizität/Strom – aber auch ein funktionierendes Gesundheitssystem. Gefahrenabwehr und Bevölkerungsschutz sind Hauptaufgaben jedes Staates. Ein notwendiges Element dieser Ausgabenerfüllung ist die gezielte Einholung von Informationen bei staatlichen Stellen. Diese Informationsbeschaffung dient einerseits dazu mit der Gefahr/Krise bestmöglich und situationsgerecht umgehen zu können, andererseits die Bevölkerung und ggf. Dritte, z. B. das Ausland bei einem Nuklearunfall oder einer anderen grenzüberschreitenden Katastrophe, informieren und warnen zu können.

Ziel ist die Stärkung der Resilienz, die auf allen politischen Ebenen mit Hilfe rechtlicher Regelungen erreicht werden kann, wie gezeigt wurde. Ein resilienter Staat sollte mit Rechtsänderungen und administrativen Optimierungen reagieren und sich auf weitere Risiken z. B. durch eine Stärkung des Bevölkerungsschutzes vorbereiten. Genauso erforderlich ist eine Debatte über notwendige Einschränkungen. Der auf gerichtlichen Entscheidungen beruhende Grundsatz der Verhältnismäßigkeit muss immer wieder neu vermittelt, Ausgrenzungen müssen vermieden werden. Veränderungen haben sich bereits unmerklich vollzogen. Für alle staatlichen Stellen sind mit der Dauerbelastung durch die Corona-Pandemie besondere Herausforderungen verbunden. Diese Herausforderungen werden durch weitere Ereignisse katastrophalen Ausmaßes wie die Ahrtalkatastrophe zu Coronazeiten verstärkt und können zu Kaskadeneffekten führen. In derartigen Fällen sind nicht nur einzelne Ämter, sondern die gesamte Behörde zuständig.

2 Staatliche Maßnahmen

Andreas H. Karsten

2.1 Maßnahmen europäischer Staaten im Vergleich

Noch immer ist der COVID-19-Erreger nicht ausreichend verstanden. Überlebt er in warmer Umgebung (Sommerhoffnung 2020 und 2021) schlechter als in kalter? Wenn ja, woher stammen dann die hohen Fallzahlen in den arabischen Staaten. Liegt es an deren Kultur (Nasenküsse zur Begrüßung) oder an den Wohnverhältnissen (viele Expats auf engen Raum) oder liegt es etwa an den überall verwendeten Klimaanlagen? Liegt es an dem im Alltag seit langem erprobtem Tragen von Masken im öffentlichen Raum in den Ost- und südostasiatischen Ländern, dass dort die Erkrankung schnell eingedämmt werden konnte oder an dem anderen Verständnis der dortigen Menschen zu individuellen Freiheitsrechten und der Gemeinschaft?

Langjährige und umfassende Analysen werden zukünftig unter Umständen Antworten liefern können. Auf jedem Fall ist heute schon sichtbar, dass es nicht den Corona-Experten oder die Corona-Expertin gibt. Die Erkrankung hat vielfältige, teilweise rückkoppelnde und dadurch nichtlineare Effekte in den unterschiedlichsten Bereichen: Gesundheit, Psychologie, Soziologie, Wirtschaft, Sicherheit, u. v. m. Erste Gedanken zu einigen dieser Aspekte werden Sie in diesem Buch von Expert:innen in ihrem jeweiligen Gebiet finden.

Im Rahmen dieses Abschnittes sollen die Strategien europäischer Staaten miteinander verglichen werden, da ihre klimatischen und kulturellen Eigenarten nicht zu weit auseinanderliegen. Ziel ist es, voneinander zu lernen, nicht auf andere mit dem Finger zu zeigen. Wie bereits angedeutet, bedarf es, jede Maßnahme im Kontext der jeweiligen Situation zu betrachten und genau zu überlegen, was übernommen werden kann und was im eignen Zuständigkeitsbereich anders geregelt werden muss.

Bevor auf die einzelnen Maßnahmen eingegangen wird, soll ein Blick auf die »Performance« ausgewählter Staaten in Europa geworfen werden. Dabei stellt sich die Frage, welcher Kennwert als Maß der Performance herangezogen werden soll. Dabei ist zuerst die Frage zu beantworten, welche Ziele wurden bzw. werden mit den Maßnahmen verfolgt:

- Kurzfristige Reduzierung der durch COVID-19 verstorbenen Menschen: Diese Zahl berücksichtigt nur direkt durch Corona verstorbene Menschen.

2.1 Maßnahmen europäischer Staaten im Vergleich

- Mittelfristige Reduzierung der verstorbenen Menschen: Diese Zahl berücksichtigt auch Sekundär- und Tertiär-Effekte, wie z. B. Suizide durch Vereinsamung während des Quarantäne-Regimes oder in Folge des wirtschaftlichen Ruins aufgrund der Kontaktbeschränkungen.
- Langfristige Reduzierung der verstorbenen Menschen aufgrund Veränderungen der Machtverhältnisse in der Welt.

Die Beantwortung dieser Frage hängt ganz entscheidend von der kulturellen Prägung der Menschen ab, die die Antwort geben. Steht das Individuum im Mittelpunkt aller Maßnahmen, die Familie, das Volk oder die Menschheit als gesamtes. Hier spielt die Philosophie, die Religion entscheidend in die Bekämpfungsstrategie hinein.

Ähnlich komplexe Entscheidungssituationen sind wohl nur noch bei der Bekämpfung des Klimawandels bzw. der Klimakrise anzutreffen. Bezüglich beider Problemkreise ist es schwierig, innerhalb eines Staates geschweige dann innerhalb der Weltgemeinschaft ein einheitliches Situationsbewusstsein zu erzeugen. Letzteres ist aber Grundvoraussetzung für eine konstruktive Diskussion innerhalb des Entscheidungsprozesses.

Zurzeit lässt sich mit einiger Sicherheit nur die erste Frage diskutieren. Welche mittel- und langfristigen Folgen die COVID-19-Pandemie zeigen wird, werden die Historiker der Zukunft beurteilen müssen. Wird die Reduzierung der durch COVID-19 verstorbenen Menschen gewählt, muss die Frage beantwortet werden, welcher Messwert gibt am ehesten Auskunft über die Zielerreichung.

So ist die Zahl der nachgewiesenen Fälle (Spalte 2 in Tabelle 1) abhängig von der Zahl der Infizierten, aber auch von der Qualität des Test-Regimes der jeweiligen Staaten. Die Zahl der Toten, die mit oder durch den COVID-19-Virus verstarben (Spalte 3 in Tabelle 1), ist u. a. abhängig vom Gesundheitssystem sowie der Quantität und Qualität der Obduktionen. Eine bessere Vergleichbarkeit erhält man, wenn man die Übermortalität (Spalte 4 in Tabelle 1) betrachtet. Hier ist darauf hinzuweisen, dass diese Zahl zumindest zum Zeitpunkt der ersten Wellen den Entscheider:innen nicht vorlag. Weshalb Hilfsgrößen herangezogen werden mussten. Die Einhaltung irgendeines R-Wertes oder Inzidenzwertes ist kein Wert an sich. Der Schutz von Menschenleben ist der Wert.

Nach mehr als einem Jahr nach dem Ausbruch der Pandemie liegen erste Untersuchungsergebnisse vor (siehe Tabelle 1). Somit kann versucht werden, die Wirksamkeit der in den verschiedenen Staaten getroffenen Maßnahmen zu beurteilen, um für die Zukunft zu lernen.

2 Staatliche Maßnahmen

Tabelle 1: *Erste Untersuchungsergebnisse zu COVID-19-Erkrankungen, Stand: Juli 2021(Quellen: data4life 2021; RKI 2021 a; Karlinsky/Kobak 2021)*

Staat	nachgewiesene Fälle pro 100.000 Einwohner (EW)	COVID-19 bezogene Tote pro 100.000 EW	Übermortalität pro 100.000 EW
Belgien	2.758,6	22,0	140
Dänemark	5.517,2	44,0	−10
Deutschland	4.536,7	110,3	50
Frankreich	9.124,6	166,2	110
Griechenland	4.672,9	121,5	70
Italien	7.352,4	215,9	210
Kroatien	9.125,0	207,5	70
Niederlande	10.685,7	101,7	110
Österreich	7.415,7	120,2	110
Polen	7.672,0	199,2	310
Portugal	9.437,9	168,9	180
Spanien	9.493,70	172,2	190
Tschechien	15.644,9	284,1	320

Die hier betrachteten Staaten lassen sich grob in fünf Gruppen einteilen:
1. Abnahme der Mortalität: Dänemark,
2. Übermortalität 50 bis 70: Deutschland, Griechenland, Kroatien,
3. Übermortalität um die 100: Frankreich, Niederlande, Österreich, Schweiz,
4. Übermortalität von 150 bis 200: Belgien, Portugal, Spanien, UK,
5. Übermortalität über 200: Italien, Polen, Tschechien.

Die Maßnahmen zur Eindämmung der COVID-19-Pandemie lassen sich nach deren Art in Gruppen einteilen:
- Öffentlichkeitsaufklärung,
- Risikoanalysen:
    - Virologie,
    - Epidemiologie,
    - Psychologie,
    - Soziologie,

2.1 Maßnahmen europäischer Staaten im Vergleich

- Wirtschaftswissenschaften,
- …
- Aktivierung von Notfallsystemen:
  - Einrichtung zusätzlicher Intensive Care Units,
  - Verschiebung/Absage nicht COVID-19 bedingter Behandlungen,
  - Inbetriebnahme von Notkrankenhäusern,
  - Inbetriebnahmen von Nottest- und Impfzentren,
- Interministerielle und interstaatliche Abstimmung,
- Social Distancing:
  - Kontaktverbote (Indoor und Outdoor, …),
  - Schließung öffentlicher Einrichtungen (Theater, Kinos, Sportarenen, Fitness-Studios, Hotels, Restaurants und Cafés, nicht-systemrelevante Geschäfte, Kirchen, Synagogen, Moscheen, …),
  - Schließung von Bildungseinrichtungen (Kindergärten, Schulen, Universitäten, …),
  - Maßnahmen für besondere, »vulnerable« Personengruppen (Pflegebedürftige, Alte, Kranke, …),
  - Maßnahmen am Arbeitsplatz (Homeoffice, Ausdünnen der Belegschaft, Kontaktminimierung, …),
  - Ausgangsverbote,
  - Schließung bzw. Reduzierung öffentlicher Verkehrssysteme,
- Hygienemaßnahmen:
  - Maskenpflicht,
  - Desinfektion,
  - Luftfilterung/Lüftungsvorschriften,
- Kontaktverfolgung und Quarantäne:
  - Quarantäne für Erkrankte und Kontaktpersonen,
  - Kontaktverfolgung,
- Reiseverkehr:
  - Reiseverbote innerhalb Deutschlands,
  - Einreiseverbot nach Deutschland,
  - Grenz-Screening,
  - Reisehinweise,
  - Rücktransport von deutschen Staatsbürgern.

2 Staatliche Maßnahmen

Die Staaten in Europa wandten unterschiedliche Maßnahmen zu unterschiedlichen Zeiten des Pandemieverlaufs und in unterschiedlicher Länge an (siehe Tabelle 2):

Tabelle 2: *Unterschiedliche Maßnahmen gegen die Pandemie in Europa (Quelle: ECML COVID 2021)*

Staat	Social Distancing	Internationale Reisen	Nationale Reisen	Hygienemaßnahmen	Krisenmanagement/ Krisenkommunikation	Quarantäne
Belgien	05/2020	07/2020		05/2020	02/2020	03/2020
Dänemark	03/2020	03/2020	04/2020	01/2020	01/2020	02/2020
Deutschland	08/2020	05/2021		06/2021	04/2021	06/2020
Frankreich	10/2020	06/2020		05/2020	01/2020	01/2020
Griechenland	02/2020	03/2021		06/2021	05/2020	02/2021
Italien	06/2020	02/2020		06/2020	02/2020	06/2020
Kroatien	03/2020	05/2020		02/2020	01/2020	02/2020
Niederlande	03/2020	04/2020	10/2020	07/2020	01/2020	03/2020
Österreich	03/2020	01/2020		06/2021	05/2021	03/2021
Polen	03/2020	06/2020		08/2020	01/2020	03/2020
Portugal	03/2020			10/2020	01/2020	01/2020
Spanien	03/2020	01/2020	12/2020	01/2020	01/2020	01/2020
Tschech. R.	08/2020	07/2020		07/2020	01/2020	04/2020

Werden die dokumentierten Maßnahmen der unterschiedlichen Staaten näher angeschaut, so fällt auf, dass die dänische Gesundheitsbehörde sehr umfangreich und kontinuierlich ihre Bevölkerung informiert hat. Dies könnte der Schlüssel für die sehr erfolgreichen Anti-Corona-Maßnahmen Dänemarks sein. Zu berücksichtigen ist allerdings noch das Verhältnis Bürger:in – Staat. Wenn der Staat die Deutungshoheit über die Geschehnisse hat und die Bürger:innen ihm vertrauen, ist eine staatliche Krisenbewältigung erfolgsversprechender als wenn dies nicht der Fall ist. Wird dann noch schnell reagiert und bilden Worst Case Betrachtungen und nicht Hoffnung die Grundlage der Entscheidung, kann es – wie im Fall Dänemarks – gelingen, vor die Lage zu kommen.

2.2 Maßnahmen in Deutschland

Im Februar 2021 veröffentlichte das RND aus Sicht der Autoren die zehn größten Fehler der deutschen Corona-Politik (Decker et al, 3):
1. Alltags- und Hygienemasken wurden zu spät eingesetzt.
2. Es wurden keine Konzepte für Pflegeheime erstellt.
3. Die Nachverfolgung infizierter und von Kontaktpersonen durch App, Gesundheitsämter, Massentests scheiterte.
4. Das Risiko durch Reiserückkehrer wurde unterschätzt.
5. Die Krisenkommunikation erschien insgesamt als »flatterhaft«.
6. Die sich ständig wiederholenden Ministerpräsidentenkonferenzen bildeten nach Außen den Eindruck einer »ergebnislosen Kakofonie«.
7. Im Oktober 2020 wurde der harte Lockdown versäumt.
8. Hinsichtlich der Schulen (Maskenpflicht, Schulschließungen, Luftfilter, Quarantäneregelungen etc.) herrschte Planlosigkeit vor.
9. Wirtschaftshilfen wurden verschleppt.
10. Der Impfstoff wurde zu zögerlich bestellt, zugleich aber im Dezember die Hoffnung auf den Impfstoff zu hoch geschraubt.

Die oben angeführte Kritik von Decker et al. kann zusammengefasst werden zu:
1. Keine oder fehlerhafte Prognose,
2. zu keiner Zeit waren die verantwortlichen Entscheider:innen vor der Lage,
3. mangelhafte Krisenkommunikation und
4. Verlust der Deutungshoheit und des Vertrauens.

Inwieweit diese Kritik berechtigt ist, kann derzeit nicht abschließend beurteilt werden. Erst ein Vergleich mit anderen Strategien (Vorgehen anderer Staaten) und deren Erfolge bzw. Misserfolge wird in den nächsten Jahren zeigen, welche Regierung sich wie geschlagen hat.

Die COVID-19-Pandemie hat wie in einem Brennglas die Defizite aufgezeigt, die behoben werden müssen, damit Deutschland ein resilienter Staat (Gesellschaft und Behörden) werden kann. In den folgenden Abschnitten dieses Buches stellen Expertinnen und Experten ihrer Fachgebiete die Auswirkungen der COVID-19-Pandemie und der staatlichen Gegenmaßnahmen auf ihren Expertise-Bereich vor.

B Auswirkungen der COVID-19-Pandemie auf ausgewählte Bereiche

1 PSNV in der Pandemie – Überlegungen zur Resilienz von Betroffenen und Einsatzkräften

Lars Tutt

In diesem Beitrag sollen besondere Belastungsfaktoren, die sich aus einer pandemischen Lage ergeben, beleuchtet werden, um hierauf aufbauend Maßnahmen abzuleiten, die in Einsatzsituationen unterstützend wirken. Die Ausarbeitung betrachtet die Pandemie dabei als eine Rahmenbedingung und nicht als Einsatzindikation. Vielmehr wird die Veränderung von Einsatzsituationen durch die Pandemie dargestellt, um Ansätze aufzuzeigen, unter diesen veränderten Rahmenbedingungen eine Verarbeitung potenziell belastender Lagen ohne längerfristige Beeinträchtigung zu ermöglichen und Resilienz zu fördern. Dabei wird zwischen dem Bereich der Psychosozialen Notfallversorgung für Einsatzkräfte (PSNV-E) und dem für Betroffene (PSNV-B) unterschieden. Der Beitrag ist geeignet, um PSNV-Kräfte auf Einsätze in einer Pandemie vorzubereiten, wendet sich aber ebenso an Führungskräfte der BOS, um Anregungen für gezielte Maßnahmen der Prävention vor Belastungsfolgestörungen in Einsatzteams aufzuzeigen. Ein zusätzlicher Aspekt ist die Beleuchtung der besonderen Belastungsfaktoren für PSNV-Teams in einer Pandemielage.

Resilienz wird in diesem Zusammenhang als die Fähigkeit einer Person verstanden, in einer belastenden Situation oder nach einem belastenden Ereignis ein neues seelisches Gleichgewicht zu erlangen, das den veränderten Bedingungen Rechnung trägt. Dies folgt weniger einem technischen Resilienzansatz, der die Wiederherstellung des Zustands vor einer Belastung anstrebt, sondern vielmehr einem Resilienzverständnis, welches auf Anpassungsfähigkeit und Lernen unter Nutzung der persönlichen Ressourcen setzt (Schneiderbauer 2016, 22). Die so verstandene Widerstandsfähigkeit eines Individuums wird dabei nicht als unveränderlich betrachtet, sondern als eine Größe, die – zumindest in Teilaspekten – beeinflussbar ist. Erst aus dieser Perspektive erscheinen Maßnahmen zur Stärkung der Resilienz sinnvoll.

Die Erfahrung in der Arbeit der PSNV/Notfallseelsorge zeigt, dass die Bewältigungsfähigkeit von drei Faktoren abhängt. Dies sind die persönlichen Voraussetzungen einer Person (Gorzka 2018, 33 f.), die aktuellen Rahmenbedingungen und schließlich die Art des belastenden Ereignisses. Resilienz ist demnach nicht nur personengebunden höchst individuell, sondern auch in zweifacher Hinsicht situativ zu bewerten. Zum einen hängt die Bewertung von der Art des potenziell belastenden Ereignisses ab. Zum anderen kann ein gleichartiges, potenziell belastendes, Ereignis an einem Tag von einer konkreten Person gut bewältigt werden, während die Verarbeitung des gleichen Ereignisses dieselbe Person zu einem anderen Zeitpunkt vor eine erhebliche Herausforderung stellt. Ein Einsatz, der unter normalen Bedingungen ohne psychische Folgen bliebe, kann daher in der Pandemie belastend wirken.

Bild 1: *Die Bewältigungsfähigkeit des Menschen (Bild: Lars Tutt)*

Die beschriebene Basisannahme der drei Einflussfaktoren ist von konzeptioneller Bedeutung, um hieran anknüpfend Überlegungen zu Unterstützungsangeboten und Präventionsmaßnahmen anzustellen. Während biographisch-individuelle Voraussetzungen nicht oder kaum veränderbar sind, können Rahmenbedingungen kurzfristig gestaltet werden und bieten daher einen wichtigen Ansatzpunkt für präventives Handeln. Individuell-biographische Aspekte entziehen sich zudem einer pauschalen Risikoanalyse, während die Betrachtung der pandemiebedingten besonderen Rahmenbedingungen aufschlussreich für die Abschätzung des Risikos sein kann. Folglich wird diese im Weiteren im Fokus stehen.

1.1 Resilienzstärkende Faktoren

Individuelle Resilienz ist, wie dargestellt, das Resultat von persönlichen und situativen Faktoren. Als wesentliche Aspekte werden hierbei Handhabbarkeit, Verstehbarkeit und Sinnhaftigkeit eines Geschehens angeführt (DGUV 2020, 12), die auf dem Modell der Salutogenese von Antonovsky fußen. Der Vorteil des Rückgriffs auf den salutogenetischen Ansatz liegt darin, dass er Gesundheit als ein Kontinuum versteht, auf dem sich Menschen mit ihrem aktuellen Befinden einordnen können. Eine definierte »krank/gesund-Schwelle« existiert aus dieser Perspektive nicht. Gerade im Zusammenhang mit Überlegungen zu Belastungsreaktionen scheint dieses Kontinuum besonders geeignet, da viele Reaktionen zunächst eine normale, hilfreiche Antwort des Körpers auf ein Geschehen sind und erst bei bleibender Beeinträchtigung als problematisch anzusehen sind.

- **Handhabbarkeit** bedeutet in diesem Kontext, das Gefühl der Beherrschbarkeit einer Lage zu empfinden. Neben objektiv vorhandenen nützlichen Fertigkeiten und dem Beherrschen von Techniken umfasst die Dimension auch den subjektiven Abgleich von Anforderungen, die die Lage stellt, und vorhandenen eigenen Ressourcen. Das Zutrauen zu eigenen Fähigkeiten ist dabei ebenso bedeutend wie die objektiv vorhandenen Fähigkeiten.
- **Verstehbarkeit** bezieht sich auf die Ist-Situation und ist umso ausgeprägter, je klarer einem Betroffenen kausale Zusammenhänge erscheinen, die zu der Lage geführt haben, und je informierter und orientierter eine Person in einer Lage ist.
- **Sinnhaftigkeit** nimmt die Zukunft in den Blick und ergibt sich aus den Erwartungen an die weitere Entwicklung einer Situation und an eine positive Perspektive. Insofern trägt auch das Vertrauen in den Erfolg getroffener Maßnahmen zur Sinnstiftung bei.

Die Dimensionen Handhabbarkeit, Verstehbarkeit und Sinnhaftigkeit unterstreichen, dass die subjektive Interpretation eines Geschehens von erheblicher Bedeutung für das Ausmaß der Belastung ist. So setzt die Handlungsfähigkeit eine Einschätzung der eigenen Kräfte voraus, die Verstehbarkeit fußt auf der individuellen Informationsbewertung und die Sinnhaftigkeit knüpft an subjektive Erwartungen und Hoffnungen. Dies steht durchaus in einem Spannungsverhältnis zur Definition einer Posttraumatischen Belastungsstörung durch die Weltgesundheitsorganisation, die von einem Ereignis »mit außergewöhnlicher Bedrohung oder katastrophenartigem

Ausmaß, die bei fast jedem eine tiefe Verzweiflung hervorrufen würde« (ICD 10, F 43.1) spricht, was eine intersubjektive Überprüfbarkeit des Maßstabs unterstellt.

Bild 2: *Stärkende Faktoren*
(Bild: Lars Tutt)

1.2 PSNV-B

Mit Blick auf die Bevölkerung bringt die Corona-Pandemie neue Belastungsfaktoren mit sich und erschwert zugleich die Nutzung bewährter Verarbeitungsmechanismen. Die Pandemie verändert die Rahmenbedingungen des gesellschaftlichen Zusammenlebens, der Kommunikation und der Freizeitmöglichkeiten umfassend. Gravierend ist dabei, dass die Mehrheit der hiervon Betroffenen keinerlei Einfluss auf die Art und den Umfang der Veränderung hat. Zudem liegt es in der Natur einer Pandemie, dass die Gefahr nur schwer greifbar ist, weil sich der Krankheitserreger der Wahrnehmung durch riechen, schmecken oder sehen im Alltag entzieht. Ob und in welcher Weise diese veränderten Bedingungen psychische Wirkung entfalten, ist pauschal kaum zu beurteilen und in hohem Maße situations- und personenabhängig. Die nachfolgenden Überlegungen zur Psychosozialen Notfallversorgung sind dementsprechend in weiten Teilen nicht als allgemeingültig zu betrachten, sondern sollen die Sensibilität für eine mögliche Veränderung der Voraussetzungen und des Handlungsrahmens der PSNV beschreiben.

PSNV-Einsatzkräfte müssen vor dem beschriebenen Hintergrund davon ausgehen, vermehrt auf Personen zu treffen, deren Vorbelastungsniveau pandemiebedingt erhöht ist. Verhaltensregeln, verordnete Beschränkungen und die aufgezwungene Veränderung der Lebens- und Arbeitsweise reduziert das Selbstwirksamkeitserleben. Kommt nun noch ein belastendes Ereignis hinzu, welches sich einer Kontrolle durch die Betroffenen entzieht, so verstärkt sich dieser Aspekt. PSNV-Kräfte sollten daher großen Wert auf die Förderung der Handlungs- und Ent-

1.2 PSNV-B

scheidungsfähigkeit der Betroffenen legen. Das Zulassen von Betreuung, die Wahl des Betreuungsortes oder die Auswahl des Kommunikationsmediums sind hierbei erste Entscheidungen, die Betroffene treffen können. Hilfreich kann auch sein, auf zukünftig anstehende Entscheidungen hinzuweisen und diese »gedanklich vorwegzunehmen«, wenn der Entscheidungsspielraum aktuell begrenzt ist, weil beispielsweise ein verstorbener Angehöriger oder eine Angehörige von der Polizei beschlagnahmt wurde.

Zudem ist es wesentlich, umfassend über das Geschehen aufzuklären, um Verstehen zu fördern. Dies gilt für polizeiliche und rettungsdienstliche Maßnahmen, aber auch für den Einsatz der PSNV selbst. Gerade in einer Pandemielage, die aufgrund von Komplexität und wissenschaftlichem Erkenntnisfortschritt mit informationsbezogener Unsicherheit verbunden ist, muss auf umfassende und verlässliche Information großer Wert gelegt werden. Für PSNV-Einsatzkräfte ergibt sich hieraus die Notwendigkeit einer intensiveren Informationsbeschaffung in der Einsatzvorbereitung, um gesicherte Information zu allen relevanten Fragestellungen an Betroffene geben zu können.

Gerade bei Todesfällen infolge einer Infektion stellt sich in einer Pandemielage häufig die Frage der Schuld. Dies betrifft in besonderer Weise Personen, die befürchten, eine Infektion in ihr Umfeld getragen zu haben, aber auch Personen, die sich fragen, ob sie durch striktere Beachtung von Verhaltens- und Hygieneregeln einen Einfluss auf das Geschehen gehabt hätten. In Situationen der Ohnmacht gegenüber einem Ereignis liegt es nahe, nach dem eigenen Beitrag zu fragen, um subjektiv Einfluss und Kontrolle zurückzugewinnen. Aufgabe der PSNV ist es hier, Schuldgefühle ernst zu nehmen und gleichzeitig die beschriebenen Wirkmechanismen zu erläutern.

Entlastend wirkt häufig der Einsatz von Ritualen. Dies gilt nicht nur für die Notfallseelsorge, die hier über ein umfangreiches Repertoire kirchlicher Rituale verfügt, sondern auch für andere Kräfte der Krisenintervention. Vielfach sind solche Rituale mit Nähe (beispielsweise zu Verstorbenen) und Gemeinschaft verbunden. Eine Pandemie schränkt die Möglichkeiten zum Einsatz solcher Rituale ein, weshalb sich Einsatzkräfte hierauf einstellen müssen, indem sie beispielsweise Ersatzhandlungen kreieren, die sich an Bewährtes anlehnen. Der Einsatz von Fotos und persönlichen Gegenständen kann beispielsweise an die Stelle des Kontakts zu Verstorbenen treten. Solche neuen Formen sind allerdings intensiv einzuüben, um nicht improvisiert zu wirken.

Gerade in größeren Schadenlagen haben sich Gruppeninterventionen bewährt, die aus Betroffenen eine Schicksalsgemeinschaft formen, in der sich die Beteiligten gegenseitig stützen und Erfahrungen austauschen können. Auch in der Pandemie sind solche Formen von Gruppeninterventionen prinzipiell möglich, wie entsprechende Angebote nach der Amokfahrt vom 1. Dezember 2020 in Trier zeigen. Besondere Herausforderungen können bei der Unterbringung von Betroffenen und bei der Suche nach geeigneten Räumen entstehen. Gerade bei dynamischen Pandemiegeschehen steht der hierdurch verlängerte Planungsvorlauf im Widerspruch zur nötigen Flexibilität in der Umsetzung. Wichtig ist daher, ständig mit den geltenden Regelungen zum Infektionsschutz vertraut zu sein und bei Betroffenen Erwartungen in diesem Rahmen zu steuern.

Im Einsatz gehört es zu den Aufgaben der PSNV, Betroffene zu Aktivitäten anzuregen, die Entspannung ermöglichen. Die zentrale Herausforderung für PSNV-Einsätze in der Pandemie besteht in der Beschränkung von Kontakt- und Freizeitmöglichkeiten. Wesentliche Elemente, die gewöhnlich der Entspannung dienen – wie Fitness- und Sporteinrichtungen, Kino und Restaurantbesuche – sind nicht verfügbar. Auch Orte der Gemeinschaft und der Sinnstiftung wie Kirchen sind nur begrenzt zugänglich. Denkbar ist, in einer Betreuungssituation gemeinsam mit Betroffenen nach möglichen alternativen Aktivitäten und Orten zu suchen. Weder die Kreativität noch die Veränderungsbereitschaft von Betroffenen dürfte in solchen Situationen besonders ausgeprägt sein. Insofern kann es sinnvoll sein, dass die PSNV ihr Hilfeleistungsnetzwerk über die bisherigen Strukturen hinaus auf Anbieter aus dem Freizeitsegment ausdehnt und so für einzelne Betroffene individuelle Angebote vermitteln kann. Denkbar ist beispielsweise den exklusiven Zugang zu einem Fitnessstudio zu ermöglichen.

Die dargestellten Maßnahmen der PSNV-B setzen mit dem Notfallereignis ein. Wenn zu einem solchen Notfallereignis eine Dauerlage – wie eine Pandemie hinzukommt, erscheinen auch primär-präventive Maßnahmen der PSNV erwägenswert. Teil der Krisenkommunikation in einer Pandemie sollte die Aufklärung über psychische Folgen und besondere Belastungen für Betroffene sein. Die Ausgestaltung soll an dieser Stelle nicht thematisiert werden. Ziel solcher psychoedukativer Maßnahmen müsste es sein, mögliche Belastungsfaktoren aufzuzeigen und Belastungsfolgen zu normalisieren, um so das Belastungsniveau insgesamt zu senken. Wissen um Belastungen und deren Wirkung befördert die Resilienz und verbessert damit die Ausgangssituation für Maßnahmen der PSNV in Akutlagen während einer Pandemie.

1.3 PSNV-E

Einsatzkräfte sind von der Pandemie in besonderer Weise betroffen. Dies gilt nicht nur mit Blick auf erhöhte Risiken für die eigene Gesundheit, die sich aus Einsätzen

1.3 PSNV-E

ergeben, sondern aus vielfältigen Faktoren. Solche sollen anhand der Kategorien »Risiken aus persönlichen Voraussetzungen«, »Risiken aus der Einsatztätigkeit« und »Risiken aus dem Umgang mit einem Einsatzgeschehen« systematisiert werden, um darauf aufbauend organisatorische und inhaltliche Maßnahmen zur PSNV unter den Bedingungen der Pandemie darzulegen.

Risiken aus persönlichen Faktoren ergeben sich zunächst aus Alter, Geschlecht, Lebensumständen und Gewohnheiten. Sie sind insofern in vielen Punkten unabhängig vom Pandemiegeschehen. Allerdings können sich auch Aspekte der Lebensumstände unter den Bedingungen einer Pandemie zu Belastungsfaktoren entwickeln, die unter normalen Bedingungen ohne Einfluss geblieben wären. Exemplarisch kann hier genannt werden, dass eine Einsatzkraft in häuslicher Gemeinschaft mit einer Person lebt, die zur Risikogruppe gehört und damit die Sorge, eine Infektion in das persönliche Umfeld zu tragen, verstärkt wird. Auch ist denkbar, dass Freizeitaktivitäten, die für Ausgleich und Entspannung sorgen, unmöglich werden, weil Fitnessstudios und Vereinssportangebote eingeschränkt oder gar nicht verfügbar sind.

Ein Risiko, welches sich in einer Pandemie aus der Arbeitssituation ergibt, ist die steigende Arbeitsbelastung durch zusätzliche Hygienemaßnahmen und durch den Ausfall von Personal, welches sich in häuslicher Isolation befindet oder erkrankt ist. Solcher Zeitdruck kann stressverstärkend wirken und die Selbstfürsorge leidet vielfach unter nicht eingehaltenen Pausen und Ernährungsformen, bei denen der Schnelligkeit Vorrang vor der Gesundheit gegeben wird. Zudem kann auch die Sorge vor einer Infektion von Kolleginnen und Kollegen (insbesondere solchen mit relevanten Vorerkrankungen) belastungsfördernd wirken (Petzold 2020, 417). Auf das Einhalten von Pausen und andere Aspekte der Selbstsorge sollten Führungskräfte daher verstärkt hinweisen und sich ihrer Vorbildfunktion bewusst sein.

Aus dem Einsatz selbst ergeben sich besondere Belastungen durch das erhöhte Infektionsrisiko der Einsatzkräfte. Auch können sich Einsatzkräfte mit der Wut von Bürger:innen über die Gesundheitspolitik und den Bevölkerungsschutz konfrontiert sehen (Petzold 2020, 418). Erschwerte Arbeitsbedingungen durch verstärkte Schutzmaßnahmen und veränderte Abläufe können dazu beitragen, dass Einsatzkräfte Handlungssicherheit einbüßen. Strikte Handlungsanweisungen und Schutzmaßnahmen schränken zudem das spontane, situative Handeln ein und können so das Selbstwirksamkeitsgefühl beeinträchtigen. Bei der Festlegung von organisationsinternen Regelungen sollten daher Beteiligungsmöglichkeiten für Einsatzkräfte angeboten werden, um das Erleben von Einfluss auf das Vorgehen im Einsatz zu stärken.

Hilfreich ist in einer verunsichernden Situation klare Kommunikation. Dies betrifft die Erläuterung von Verfahrensweisen ebenso wie die Information über erkranktes Personal, aber auch das Klarstellen von Gerüchten und Falschinformationen. In diesem Zusammenhang kann ein Social-Media-Monitoring ein hilfreiches Instrument zum frühzeitigen Erkennen von Gerüchten und Fakenews sein, denen mit Informationen zu begegnen ist. Auch mit Blick auf die Stimmungslage in der Bevölkerung kann das Instrument genutzt werden, um Einsatzrisiken abschätzen zu können.

Ein weiterer Risikofaktor im Einsatz ergibt sich daraus, dass – insbesondere in ehrenamtlich geprägten Einheiten des Bevölkerungsschutzes – die Übungsdienste zur Kontaktbeschränkung reduziert oder eingestellt werden müssen. Die pandemiebedingt veränderten Routinen können daher nur teilweise eingeübt werden, worunter die Handlungssicherheit leidet. Der Einsatz von Online-Schulungen kann hier nur bedingt Abhilfe schaffen, wenn es um das Training praktischer Fähigkeiten geht. Zu überlegen ist daher, ob Online-Schulungen dadurch unterstützt werden können, dass Einsatzkräften einzeln der Zugang zu Ausrüstung und Gerät zu Übungszwecken gewährt werden kann.

Nach einem Einsatz kann die Sorge um ein erhöhtes Gesundheitsrisiko für die eigene Familie zur Belastung werden. Auch ist – insbesondere zu Beginn einer Pandemie mit einem weitgehend unbekannten und schwer einschätzbaren Krankheitserreger – die Sorge vor Stigmatisierung eine potenzielle Belastungsquelle. In die oben angesprochene klare Kommunikation ist das persönliche Umfeld der Einsatzkräfte daher im Rahmen der Möglichkeiten einzubeziehen. Dies kann über Newsletter und Online-Formate erfolgen. Neben dem inhaltlichen Nutzen kann es auch als Ausdruck von Wertschätzung und Fürsorge gegenüber Einsatzkräften und dem Umfeld, welches ihre Einsatztätigkeit mitträgt, verstanden werden.

Belastend wirken kann zudem die empfundene Ohnmacht angesichts der Ausbreitung eines Krankheitserregers. Dem sollte kommunikativ eine Betonung von Erfolgen im Umgang mit der jeweiligen Lage und von erfolgreichen Einsätzen entgegengesetzt werden, denn Resilienz speist sich unter anderem aus dem Bewusstsein, in Krisen bestehen zu können. Positive Einsatzerfahrungen leisten hierzu einen wichtigen Beitrag (Gorzka 2018, 37). Demgegenüber reduziert das Fokussieren auf Misserfolge und Fehler die Widerstandsfähigkeit. Die Reflektion von Einsätzen im Kollegenkreis kann hier zu einer positiven Neubewertung eines Einsatzgeschehens beitragen und so stabilisierend wirken. Tatsächlich aufgetretene Probleme oder Fehler können dabei analysiert und Strategien zur Vermeidung gemeinsam erarbeitet werden.

Ein zentrales Problem kann die fehlende psychosoziale Unterstützung nach einem Einsatz sein, weil entweder betroffene Einsatzkräfte selbst zusätzliche Kontakte

1.3 PSNV-E

vermeiden wollen oder weil Interventionsformen in der Gruppe aus Gründen des Infektionsschutzes von der Leitung einer Bevölkerungsschutzeinheit vermieden werden und dieser Prämisse auch Einsatznachbereitungen untergeordnet werden.

Vor diesem Hintergrund ist ein mehrstufiges psychosoziales Unterstützungssystem zu etablieren, welches zur Kontaktreduzierung verstärkt Kräfte aus der eigenen Organisation nutzt und erst in den weiterführenden Stufen externe PSNV-Kräfte einbezieht:

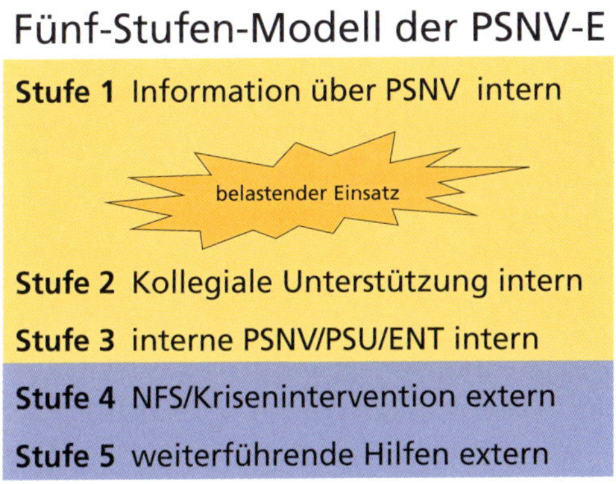

Fünf-Stufen-Modell der PSNV-E

- **Stufe 1** Information über PSNV intern

  belastender Einsatz

- **Stufe 2** Kollegiale Unterstützung intern
- **Stufe 3** interne PSNV/PSU/ENT intern
- **Stufe 4** NFS/Krisenintervention extern
- **Stufe 5** weiterführende Hilfen extern

Bild 3: *Das Fünf-Stufen Modell der PSNV-E (Bild: Lars Tutt)*

Die erste Stufe ist dabei die verstärkte Information über die Verfügbarkeit von PSNV-Ressourcen. Dies kann durch den Aushang von Kontaktmöglichkeiten zu psychosozialen Ansprechpartner:innen oder durch die regelmäßige Thematisierung bei Dienstübergaben geschehen. Solch einfach zu etablierende primäre Präventionsarbeit entfaltet bereits positive Wirkung, da schon die wahrgenommene, potenziell verfügbare psychosoziale Unterstützung Belastungen zu senken hilft (Schäfer 2020, 36). Zusätzlich kann die besondere Belastungssituation von Einsatzkräften bei Dienstbesprechungen und Fortbildungen als regelmäßiger Besprechungspunkt aufgenommen werden. Dies ist zum einen als Signal zu verstehen, welche Bedeutung dem Thema beigemessen wird, aber auch als Appell an die Selbstfürsorge und Achtsamkeit.

Die zweite Stufe ist die kollegiale Unterstützung. Hierbei geht es nicht um eine Intervention im Sinne der PSNV, sondern um eine erhöhte Sensibilität für die psychische Gesundheit der Kolleginnen und Kollegen. Hilfreich kann hierfür sein, eine Routine zu entwickeln, die sicherstellt, dass keine Einsatzkraft ohne einen kurzen einsatznachbereitenden Gesprächskontakt zu mindestens einer weiteren Einsatzkraft aus dem Einsatz entlassen wird. Notfalls kann ein solcher Kontakt auch

1 PSNV in der Pandemie

telefonisch erfolgen. Positiv wirkt hierbei, dass Personen füreinander sorgen, die ein tiefes Verständnis für die Arbeitssituation des jeweiligen Gegenübers mitbringen.

Bestimmte Einsatzlagen bergen aus dem Einsatzgeschehen heraus ein erhöhtes Risiko für Belastungen. Regelmäßig sind dies Einsätze mit Kindern, Einsätze mit erhöhter Komplexität, Einsätze, in denen das Geschehen für Betroffene nicht klar nachvollziehbar ist, oder Einsätze, die mit Komplikationen im Ablauf verbunden sind (Tutt 2019, 299). In diesen Fällen sollten als dritte Stufe PSNV-Fachkräfte aus den eigenen Reihen der Hilfsorganisationen und der Feuerwehren (PSU/ENT) als Peers hinzugezogen werden, um bei der Einordnung und Normalisierung von Belastungsreaktionen zu unterstützen. Dies ist die dritte Stufe der psychosozialen Präventionsarbeit.

Auf der vierten Stufe kommen externe PSNV-Kräfte mit der Befähigung zur Begleitung von Einsatzkräften zum Zuge. Diese sind einzusetzen, wenn interne Einsatznachsorgeteams nicht verfügbar sind oder aus Gründen der Fachlichkeit ergänzt werden sollen. Diese PSNV-Kräfte können neben Einzel- und Gruppeninterventionen auch die Ermittlung weiterführender Betreuungsbedarfe übernehmen.

Solche weiterführenden Hilfen – beispielsweise in Form von therapeutisch-medizinischer Begleitung – stellen die fünfte Stufe der psychosozialen Unterstützung dar. Bereits im Vorfeld einer Inanspruchnahme solcher Leistungen sollten Kontakte zu örtlichen Therapeuten und Trauma-Ambulanzen gepflegt werden, um im Bedarfsfall den zeitnahen Zugang zu ermöglichen.

1.4 Herausforderungen für die PSNV-Kräfte

Die Resilienz der PSNV-Systeme soll abschließend thematisiert werden, da in diesem Bereich einige Sonderfaktoren zu beachten sind. So ist die Mitwirkung in der PSNV an ein höheres Mindestalter geknüpft als in anderen Bereich des Bevölkerungsschutzes. Durch die höhere Zahl lebenserfahrener Personen sind unter den PSNV-Kräften Vorerkrankungen oder gesundheitliche Risikofaktoren wahrscheinlicher. Notwendig ist eine Bestandsaufnahme relevanter Gesundheitsdaten, um die Einsatzfähigkeit der Einheiten realistisch abschätzen zu können. Eine weitere Besonderheit liegt darin, dass Einsätze unter Infektionsschutz kein Bestandteil der Ausbildung von PSNV-Kräften sind (Gemeinsame Qualitätsstandards 2013). Da ein wesentlicher Teil der PSNV-Kräfte nicht aus den klassischen Hilfsorganisationen stammt, sondern beispielsweise der Notfallseelsorge angehört, existiert auch keine Vorbildung mit Blick auf den Infektionsschutz. Dies kann zu einem reduzierten Sicherheitsempfinden im

1.4 Herausforderungen für die PSNV-Kräfte

Einsatz und damit zu erhöhter Belastung führen. Dem ist durch entsprechende Schulungen zu begegnen, die unter den Bedingungen einer Pandemie mit erhöhtem Aufwand zu realisieren sein werden.

Für alle PSNV-Kräfte ergeben sich Beschränkungen hinsichtlich der Handlungsmöglichkeiten, so dass alternative Betreuungsformen erarbeitet und erprobt werden müssen. Dies betrifft beispielsweise den Ersatz von persönlichen Begegnungen durch die Begleitung über Onlinemedien oder Telefon. Da die Einsatzkräfte auf den Umgang mit diesen Medien hin nicht ausgebildet sind, besteht auch hier das Risiko des Verlusts an Handlungssicherheit. Zudem sollten die Erwartungen an Einsatzabläufe und Einsatzerfolge realistisch an die veränderten Gegebenheiten angepasst werden, um Frustration vorzubeugen (Tutt 2020, 369). Veränderte Betreuungsbedingungen und Einsatzabläufe sind zudem durch verstärkte Einsatznachbesprechungen und Supervisionsangebote zu begleiten, um Erfahrungen zu verarbeiten und Lernen zu ermöglichen.

2 Wie wirkte sich die Krise auf die Gesellschaft aus?

Julia Zisgen

Wie sich eine Pandemie auswirkt – oder ob eine Krankheit überhaupt pandemisch wird – hängt von verschiedensten Faktoren ab. Das Gesundheitswesen und die Strukturen von Politik und Verwaltung sind dabei am offensichtlichsten. Allerdings spielen auch die Gesellschaften eine große Rolle, in der sich Krankheitserreger verbreiten. Daher lohnt es sich, die gesellschaftlichen Reaktionen auf das Coronavirus genauer zu betrachten.

2.1 Von #flattenthecurve bis #mütend – von Stimmungs- und anderen Kurven

Wer sich an die ersten Wochen der Pandemie erinnert, also an das Frühjahr 2020, dem wird möglicherweise zuerst die große Solidarität einfallen: Das (inzwischen wieder etwas in Verruf geratene) Klatschen von den Balkonen, um dem medizinischen Personal Respekt zu zollen, die Nachbarschaftshilfegruppen bei Facebook, bei denen Einkaufshilfe für ältere und vorerkrankte Menschen organisiert werden sollten, das Nähen und Verkaufen oder sogar Verschenken von Stoffmasken, um nur einige Beispiele zu nennen.

Gerade auch online machten Appelle wie die Hashtags #flattenthecurve oder #stayathome die Runde und wurden auch von offiziellen Stellen verwendet, um Maßnahmen zu kommunizieren. Beschäftigte in Kliniken, Behörden und anderen systemrelevanten Berufen teilten Bilder von sich und Plakaten auf denen stand: »Wir bleiben für euch da, bleibt ihr für uns zu Hause!« und Leute zeigten Fotos von ihren Drinks, jetzt »Quarantinis« genannt. Es kann also durchaus sein, dass sich die Zeitzeug:innen irgendwann, wenn etwas mehr Zeit vergangen ist, einmal an diese erste Zeit der Pandemie auch nostalgisch erinnern: Man fühlte sich mit allen anderen verbunden, die gerade in der gleichen seltsamen, beunruhigenden, aber wahrscheinlich zeitlich begrenzten Situation waren – dies vor allem nicht nur in einer Stadt oder nur in Deutschland, sondern tatsächlich weltweit. Noch waren in den allermeisten Ländern nicht viele Menschen gestorben, noch war der nahe Sommer ein glaubhaftes Ziel, dass danach alles überstanden wäre.

2.1 Von #flattenthecurve bis #mütend

Die Tatsache, dass das soziale Leben fast ausschließlich online stattfand, tat ihr Übriges dazu. Das machte es noch einfacher, auch mittels Memes und entsprechenden Hashtags Stimmungen einzufangen, die gerade universell fast alle bewegten. Jeder konnte sich mit der Langeweile im Lockdown identifizieren, mit Remote-Familientreffen via Zoom, mit dem fehlenden Sportangebot, aber auch mit der Überforderung im Homeoffice, wenn noch Familienpflichten dazukamen. Viele kannten auch die Verzweiflung, die Angst um ältere oder vorerkrankte Angehörige, die fehlenden sozialen Kontakte und menschliche (auch körperliche) Nähe oder dann das Umgehen mit der eigenen Infektion. Auf diese Weise verstand man Postings aus den USA auch in Großbritannien, Südafrika, Schweden oder Italien. Und Online-Phänomene wie die Seashantys, die mitten im (Nordhalbkugel-)Pandemiewinter die Runde machten, wurden entsprechend zum Hoffnungsträger und Lichtschimmer in dunklen Zeiten umgedeutet (Deutsche Welle 2021).

Es zeigt sich: Menschen sind durchaus spontan solidarisch, halten zusammen und können einiges an Ressourcen mobilisieren, wenn es darauf ankommt. Es mag geholfen haben, dass man zu Beginn der Pandemie davon ausging, das Ganze könne in einigen Wochen überstanden sein. Ob Deutschland so gut durch die erste Welle gekommen ist, gerade weil die Bevölkerung so gut mitzog? Immerhin wurden die Maßnahmen wie Social Distancing, die Einschränkung der Mobilität und das Tragen von Masken bereits stellenweise umgesetzt, ehe es eine gesetzliche Verpflichtung dazu gab (Schlosser 2021).Eine Lektion daraus ist, dass Menschen andere mitziehen können. Wenn ein Zusammengehörigkeitsgefühl entsteht und Maßnahmen verständlich formuliert und erklärt werden, kann durchaus eine kritische Masse hierfür entstehen. Allerdings kann auch das Gegenteil eintreten – verdeutlicht werden kann das mit einem weiteren Hashtag, der sich während der dritten Welle in sozialen Medien verbreitete: #mütend. Die zunehmende Pandemie-Müdigkeit verband sich mit Frustration über unzureichende politische Maßnahmen der Eindämmung und mit der Angst vor unkontrolliert steigenden Zahlen. Und so wie sich positive Gefühle schnell viral verbreiten, können auch negative Emotionen online weitergegeben werden. Auch an diesem Punkt zeigt sich, was eine ganz grundsätzliche Frage unserer modernen Gesellschaft ist: Der Umgang mit sozialen Medien, die Verarbeitung und Bewertung von Informationen und die Kompetenz, Quellen einzuordnen. Und, wenn es um Kompetenzen gehen soll: Welche davon braucht es, um Krisen zu überstehen, und wie haben sich diese während der Corona-Pandemie gezeigt?

2 Wie wirkte sich die Krise auf die Gesellschaft aus?

2.2 Das große R – Resilienz und Krisenkompetenz

Eine weitere Erinnerung, die wohl die meisten an das Frühjahr 2020 haben dürften, ist die Sache mit dem Klopapier. Tatsächlich zeigten sich vielerorts leere Supermarktregale, wobei vor allem Toiletten- und sonstiges Hygienepapier, Desinfektionsmittel, Seife und haltbare Lebensmittel wie Nudeln und Konserven nahezu oder komplett ausverkauft waren. Und das, obwohl es nie eine wirkliche Knappheit dieser Produkte gegeben hatte (Weyh 2020). Es handelte sich also rein um einen psychologischen Effekt und zeigte den Umgang mit einer als unsicher empfundenen Situation.

Eine weitere Bewältigungsstrategie dieser Krisensituation wurde ab dem Sommer 2020 immer deutlicher: Das Aufkommen von Verschwörungsmythen rund um das Coronavirus. Diese beschränkten sich jedoch schnell nicht mehr nur auf soziale Medien oder Messengergruppen, sondern gipfelten in so genannten Hygienedemos, bei denen sich Gruppierungen wie »Querdenker« besonders hervortaten. Bemerkenswert waren die einzelnen Bevölkerungsgruppen, die hier vertreten waren: Zu Gegnern konkreter Maßnahmen und Kritikern z. B. von ausbleibenden Corona-Hilfen gesellten sich Personen aus dem alternativmedizinisch-esoterischen Spektrum, aber auch Reichsbürger:innen, Rechtsextreme und Verschwörungsgläubige. Entsprechend groß war auch das Spektrum der Themen und Forderungen: Von der Abschaffung der Coronamaßnahmen insgesamt oder nur speziell z. B. der Maskenpflicht, besserer Unterstützung von Selbstständigen, Ablehnung der Impfung bzw. der (damals gar nicht zur Diskussion stehenden) Impfpflicht bis hin zur Wiederherstellung der wie auch immer verstandenen Freiheit und Demokratie, Absetzung der Regierung und die Forderung eines Friedensvertrages für Deutschland. Daran kann man bereits erkennen, dass es nicht allen Teilnehmer:innen wirklich um Corona ging oder darum, sich konstruktiv an dem Aushandeln einer möglichst grundgesetzverträglichen Pandemiebekämpfung zu beteiligen. Viel eher erschien es, dass hier ein allgemeines Unbehagen und vor allem große Unsicherheiten ausgedrückt wurden. So ist der Glaube an Verschwörungsmythen häufig eine Bewältigungsstrategie, die Individuen in einer als unsicher empfundenen Situation Halt geben und Erklärungen anbieten kann (Landeszentrale für politische Bildung/lpb BW o. A.). Ganz grundsätzlich werden dadurch zwei Fragen aufgeworfen: Warum wurde der Regierung und z. T. auch den Expert:innen ein so geringes Vertrauen entgegengebracht? Und was können wir tun, um als Gesellschaft für zukünftige Krisen besser gerüstet zu sein?

Zu der ersten Frage: Die Frage nach dem gegenseitigen Vertrauen ist um einiges vielschichtiger, als sie hier behandelt werden kann. Und gleichzeitig dürfte sie eine

2.2 Das große R – Resilienz und Krisenkompetenz

der zentralsten Erkenntnisse dieser Pandemie sein. Denn: Jede Maßnahme, die von der Regierung angeordnet wird, und jede Handlungsempfehlung von Expert:innen lebt von dem den jeweiligen Institutionen entgegengebrachten Vertrauen. Wer der Regierung nicht vertraut, wird Maßnahmen kritisch gegenüberstehen. Und wer glaubt, dass ausgewiesene Expert:innen eben doch einseitig beeinflusst oder gleich gekauft wurden, der wird sich anderen Wissensquellen zuwenden.

Außerdem ist das Vertrauen in die eigenen Mitmenschen ein weiterer Knackpunkt: Halten sich die anderen auch an die Regeln (insbesondere, wenn gerade keine staatliche Stelle wie die Polizei oder das Ordnungsamt hinschaut) oder ist man gefühlt der »einzige Dumme«? Anders gesagt: Kann man auf eine gewisse intrinsische Motivation seiner Mitbürger:innen vertrauen, sich ebenfalls solidarisch zu verhalten? Dies beeinflusst dann häufig, wie man selbst bereit ist, sich an Regeln und Maßnahmen zu halten. Und da dem Vertrauen innerhalb einer Gesellschaft nicht nur, aber besonders während Krisen, eine wichtige Rolle als Kitt des Zusammenhalts zukommt und so zu einer besseren Krisenbewältigung führen kann, sollte dieses Thema nicht aus dem Blick genommen werden.

Zu der zweiten Frage: Schon vor Corona war bekannt, dass Deutschland allgemein recht schlecht auf Katastrophen und Krisen jeglicher Art vorbereitet ist. Dies gilt gar nicht mal für das System des Bevölkerungsschutzes insgesamt, sondern eher für die chronische Unterfinanzierung der entsprechenden Strukturen und auch für ein fehlendes Bewusstsein für die Themen der (Eigen-)Vorsorge in der Bevölkerung. Dazu hat natürlich auch das Privileg beigetragen, dass Deutschland (zum Glück!) verhältnismäßig wenig von Katastrophen jeglicher Art heimgesucht wird. Extremwetterereignisse sind in aller Regel lokal und zeitlich begrenzt, politisch stabil sind Deutschland und seine Nachbarn seit Jahrzehnten, und der Klimawandel ist zwar bereits merkbar, aber offenbar noch nicht ausreichend im Bewusstsein aller angekommen. Darüber hinaus verstand man unter Infektionskrankheiten bisher eher solche harmlosen Dinge wie Erkältungen oder die weniger harmlose Grippe, gegen die es aber wirksame Impfstoffe gibt. Gerade dank Impfungen haben viele andere Krankheiten ihren Schrecken verloren und sind inzwischen kaum noch im Bewusstsein der Deutschen. Auch das dürfte zur Entstehung eines impfkritischen Milieus beigetragen haben. Epidemien suchten in der jüngeren Vergangenheit gefühlt nur andere Länder heim, und wenn Krankheiten tatsächlich einmal wieder näher an Europa heranrückten, wie beispielsweise die Schweinegrippe, sind diese dann doch glimpflich verlaufen. Da ist es nur menschlich, dass man als Einzelner für diese Themen kein besonderes Bewusstsein hat und auch keine Veranlassung sieht, spezielle Vorkehrungen zu treffen.

Eine der großen Erkenntnisse aus der Pandemie sollte daher auch sein, dass zum einen der Staat wieder verstärkt die Krisenprävention und -vorbereitung sowie die Stärkung der Resilienz der Bevölkerung in den Blick nehmen, aber gleichzeitig auch die Bürger:innen zu mehr Eigenvorsorge befähigen muss. Das bedeutet nicht, sie damit alleine zu lassen, im Gegenteil. Aber eine Folge aus einer umfassenden Krisenpräventions- und Resilienzstrategie dürfte sein, dass sich Bürger:innen dadurch besser gerüstet fühlen und so die nächsten Krisen gemeinsam vertrauensvoller bewältigen können.

Bei diesen Themen sollte übrigens auch der in Deutschland übliche abschätzige Blick über die Grenzen reflektiert werden: Man kann und sollte auch davon lernen, was andere Staaten anders und besser gemacht haben. Vielleicht hat hier auch die verhältnismäßig gute Bewältigung der Ersten Welle den Blick für effizientere Strategien etwas getrübt, zumal in den Ländern des globalen Südens oder in Asien. Nicht nur Inseln und Diktaturen haben die Pandemie gut bewältigt, daher sollte dieses Argument bei der anschließenden Manöverkritik am besten eingemottet werden.

2.3 Über Lobbying, Macht und Aufmerksamkeit

Alleine schon, dass sie in diesem Beitrag ein weiteres Mal auftauchen, zeigt: Die laute Minderheit der Maximalopposition aus Querdenkern, Masken- und Regierungsgegner:innen bekam Aufmerksamkeit. Soziologisch ist eine intensive Betrachtung gerechtfertigt, da die Bewegung für einige Besonderheiten dieser Pandemie steht. Beispielsweise auch für den Effekt, dass oft einfach Lautstärke ausreicht, um einer Äußerung Aufmerksamkeit durch den Anschein einer legitimen Meinung zu geben.

Fatal war dieser Reflex in der Pandemie aus dem Grund, dass nach Umfragen immer eine Mehrheit in der Bevölkerung die bestehenden Maßnahmen als angemessen bzw. ausreichend betrachtete oder sogar härtere Maßnahmen befürwortete (z. B. Brandt 2021 und ARD-DeutschlandTREND August 2020). Dennoch wurden diese härteren Maßnahmen stellenweise nur zögerlich ergriffen und oft auch nicht in dem Ausmaß, der von Expert:innen für eine schnelle und effektive Eindämmung der Infektionen nötig gewesen wäre. Offenbar (die genauen Beweggründe wären noch zu erforschen) hat die Politik auch stark in Richtung der Querdenker geschaut und eine Verfestigung dieses Protestmilieus über die Pandemie heraus gefürchtet – ähnlich den Gelbwesten in Frankreich. Ob diese Zögerlichkeit auch für das bereits beschriebene schwindende Vertrauen in die Politik (vgl. statista 2021) gesorgt hat? Fakt ist, dass jeder Grundrechtseingriff sehr genau abgewogen

2.3 Über Lobbying, Macht und Aufmerksamkeit

werden muss. Und Fakt ist auch, dass jeder Rechtsstaat eine lebendige Zivilgesellschaft braucht, die genau darauf achtet und protestiert, wenn Grundrechte ihrer Meinung nach unverhältnismäßig eingeschränkt werden. Jedoch sollte man sich kritisch fragen, ob man wirklich denjenigen zuhören möchte, die Politiker:innen in Häftlingskleidung zeigen, die mit Galgenmodellen auf den Demos auftauchen und den Reichstag stürmen und die Antisemit:innen, Verschwörungsgläubigen und Antidemokrat:innen eine Plattform geben.

Gleichzeitig wurde einmal mehr deutlich, dass bestimmte Gruppen weiterhin wenig ernsthafte Aufmerksamkeit bekamen: Kinder, Jugendliche und Familien. Bei diesem Thema, wie auch in Sachen Impfpriorisierung, hat sich gezeigt, dass eine wirkliche Gerechtigkeit wohl umso schwieriger wird, je mehr Ausnahmetatbestände in eine Regelung eingeführt werden. Dennoch zeigt eine Krise immer wieder auf, wie die gesellschaftlichen Machtverhältnisse ausgebildet sind und wer eine Lobby hat.

In einer Pandemie spielen allerdings immer unterschiedliche und teilweise gegenläufige Aspekte eine Rolle: Wie werden Freiheitsrechte gegenüber Grundrechtseingriffen abgewogen? Wer ist im Falle einer Ansteckung besonders gefährdet? Wer aber hat aufgrund seiner Lebensumstände (Beruf, Wohnsituation etc.) ein besonders hohes Risiko, sich anzustecken? Während es in Deutschland gute Gründe gab, ältere und gesundheitlich vorbelastete Menschen z. B. mit frühestmöglichen Impfungen besonders zu schützen, wurden andererseits Menschen in prekären Arbeitssituationen oder auch Kinder und Jugendliche eher weniger vor Infektionen geschützt. Auch sorgte es für Unmut, dass die Rettungspakte für die großen Unternehmen schnell und öffentlichkeitswirksam geschnürt waren, dass aber viele Selbstständige und kleinere Firmen noch nach Monaten auf die zugesagten Novemberhilfen warteten oder dafür erst gar nicht in Frage kamen (RND 2021). Güterabwägungen, insbesondere wenn ethische Erwägungen ins Spiel kommen, sind immer schwierig. Es hätte auch in dieser Pandemie keine vollkommen zufriedenstellende Patentlösung gegeben, weder für die Maßnahmen insgesamt noch für die Impfpriorisierung. Und je mehr Einzelfälle man versucht zu regeln, desto eher steigt bei den dadurch Hintenangestellten der Frust – sie wären ja selbst bestimmt genauso berechtigt gewesen!

Als Gesamtgesellschaft müssen wir uns aber trotzdem die Frage stellen, wie wir Aufmerksamkeit verteilen und wessen Problemen wir diese Aufmerksamkeit widmen. Müssen es wirklich immer die sein, die am lautesten schreien? Oder die eine große politische Lobby haben und sich daher aus der gesellschaftlichen Solidarität gefühlt etwas zurückziehen können? Sollten wir wirklich ausgerechnet den Künstler:innen zuhören, die durch ihre Engagements im öffentlich-rechtlichen Rundfunk gut abgesichert und in aller Regel weiterhin ihrer Arbeit nachgehen konnten? Oder sind vielleicht eher diejenigen relevant, für die das nicht zutraf? Sollten vielleicht den

2 Wie wirkte sich die Krise auf die Gesellschaft aus?

Sonntagsreden, dass Kinder unsere Zukunft sind, Taten folgen? Immerhin ist die Weigerung, Luftfilter für Schulen anzuschaffen, nur konsequent in einem Land, dass nicht mal flächendeckend Seife in Schultoiletten bereitzustellen vermag.

Diese Themen sind alle nicht neu und viele Gruppen haben schon vor der Pandemie auf Missstände hingewiesen. Aber wenn es stimmt, dass Krisen wie im Brennglas zeigen, wo die Schwachstellen liegen, sollten doch zumindest jetzt einige gesellschaftliche Debatten angestoßen werden. Einige davon werden sicherlich länger andauern und grundsätzliche Fragen des gesellschaftlichen Zusammenlebens berühren, andere sind schneller zu beantworten: Nicht alle Promis sind auch Vorbilder, und nicht jeder, der laut schreit, hat gleichzeitig auch Recht.

2.4 Daten, Drosten und Deutungshoheiten

Die Zeit mit Corona war in gewissem Sinne wissenschaftliches Arbeiten in Echtzeit auf der großen Bühne. Was sonst in erster Linie vor Fachpublikum und in einem längeren Prozess stattfindet, musste ab dem Frühjahr 2020 in Zeitraffer unter genauester Beobachtung der Öffentlichkeit durchgeführt werden. Welches Virus löst diese Erkrankung aus? Wie können Betroffene behandelt werden? Wodurch erhöht, wodurch senkt sich die Sterblichkeit? Und natürlich auch: Wie überträgt sich das Virus und wie können wir eine Infektion möglichst effizient verhindern?

Die Verhaltensempfehlungen und politischen Maßnahmen wurden mit der Zeit immer konkreter: Social Distancing und Handhygiene, die von Beginn an propagiert wurden, blieben weiter wichtig, allerdings kam die Erkenntnis der aerosolgebundenen Übertragung dazu, weswegen nach einigen Monaten verstärkt das Lüften von Innenräumen empfohlen wurde. Das Thema Masken stellte einen Sonderfall dar und war auch die polarisierendste Maßnahme. Zum einen, weil auch renommierte Expert:innen zu Beginn der Pandemie die Wirksamkeit kritisch bewerteten. Dies vor allem, da Masken insgesamt knapp waren und dem medizinischen Personal vorbehalten sein sollten. Außerdem, da Laien bei Masken gewisse Hygieneregeln beachten müssen und befürchtet wurde, dass es durch zu lange Tragedauern und zu seltenes Wechseln zu einer Vermehrung von Krankheitserregern auf der Maske selbst kommen kann. Mit der Zeit wurde aber deutlicher, dass sogar selbstgenähte Stoffmasken eine gewisse Schutzwirkung haben.

Allerdings ist die Maske eben auch eine – mehr oder weniger stark empfundene – direkte körperliche Einschränkung: Der etwas größere Atemwiderstand wird manchmal als unangenehm empfunden, Unterhaltungen können durch nicht sichtbare Mimik erschwert werden und ganz allgemein fühlt sich nicht jeder wohl mit einem so

2.4 Daten, Drosten und Deutungshoheiten

sichtbaren »Accessoire«. Für andere wiederum war genau die Sichtbarkeit der Maske ein Symbol der Solidarität, schützt sie in erster Linie nicht die Träger:innen, sondern die Mitmenschen. In vielen bunten Farben und Mustern, mit politischen Slogans versehen oder in Regenbogenfarben, wurden sie schnell auch zum Ausdruck der Persönlichkeit und des eigenen Geschmacks und Stils – vielleicht gerade in Zeiten wichtig, wo man seltener unter Leute ging und sich auch weniger durch ein schönes Make-Up schmücken konnte. Abgesehen von dieser emotionalen Komponente wurde an dieser Frage aber deutlich, dass der wissenschaftliche Erkenntnisweg auch gut erklärt werden muss. Für Laien kann es missverständlich sein, wenn zunächst Aussagen getroffen werden, dass Masken vielleicht sogar kontraproduktiv sind, zwei Monate später aber überall Masken getragen werden müssen, weil sie jetzt plötzlich doch schützen. Dass genau dieser Prozess jedoch dazu führt, dass am Ende bessere und validere Ergebnisse herauskommen, ist nicht immer intuitiv klar.

Gerade im Hinblick auf Herausforderungen wie den Klimawandel sollten auch diese Punkte nach der Pandemie weiterhin diskutiert werden: Wie kann das Verständnis für Wissenschaft und wissenschaftliche Prozesse gestärkt werden? Wie lesen und verstehen wir Daten und Grafiken? Und, der moderne Klassiker: Wie bewerten wir Informationen?

Verschwörungsmythen wurden hier bereits erwähnt. Ein weiteres Thema während der Pandemie waren die (Schein-)Expert:innen, die zwar einen Doktortitel hatten und möglicherweise sogar selbst Ärzt:innen waren, aber eben ihr Fachgebiet nicht unbedingt in relevanten Disziplinen hatten. Man muss sicherlich nicht zwingend Virolog:in oder Lungenspezialist:in sein, um sich fundiert zum Coronavirus zu äußern. Allerdings ist schon auffällig, dass eine gewisse andere Agenda hinter manchen Einlassungen stand. Da waren dann Bücher zu vermarkten oder Spenden einzuwerben. Als Kontrast dazu lässt sich aber zumindest vermerken, dass die seriösen Wissenschaftlerinnen und Wissenschaftler wie Christian Drosten, Sandra Ciesek, Karl Lauterbach oder Viola Priesemann ebenfalls präsent waren und eine breite Plattform bekamen – ersterer sogar mit fast popstarhafter Verehrung.

So oder so – ein Bedürfnis nach Expert:innen, die eine bisher unbekannte und mit vielen Unsicherheiten behaftete Situation erklären und einordnen und Verhaltenstipps geben, zeigt sich gerade in Krisensituationen, und Menschen werden dafür sorgen, dass dieses Bedürfnis gestillt wird. Die verantwortlichen Akteur:innen in den Bundes- und Landesregierungen müssen also entsprechende Informationsangebote machen – verständlich aufbereitet, transparent und aktuell –, um die jeweiligen Maßnahmen zu erklären und ein Gegengewicht zu Desinformation und Verschwörungsmythen zu bilden.

2.5 Fazit

Es gibt wenige Aspekte, die hier wirklich ganz alleine für sich stehen. Ganz allgemein hat die Coronakrise viel eher Themen in der Gesellschaft aufgezeigt, bei denen es grundsätzlich Diskussionsbedarf gibt (und auch schon vorher gegeben hat). Insgesamt werden viele Analysen das Fazit ziehen, dass die Resilienz in der Gesellschaft gestärkt werden müsse. Doch was bedeutet das?

Die Politik muss konkrete Lehren aus der Pandemie ziehen: Ein besser organisiertes Krisenmanagement mit klaren Zuständigkeiten gehört ebenso dazu wie Transparenz bei Maßnahmen und eine gut durchdachte Krisenkommunikation. Wünschenswert wäre hier eine Aufarbeitung der Pandemie auch und gerade dann, wenn alles wieder »normal« geworden ist und jeder wieder zum Alltag zurückgekehrt ist.

Da viele Fachleute davon ausgehen, dass es zahlreiche Erreger gibt, die eine neue Pandemie auslösen könnten, sollte dringend auch hierfür eine Strategie erarbeitet werden – so wie die asiatischen Länder aus der Sars-1-Pandemie gelernt haben und daher auf viele Aspekte besser vorbereitet waren. Allgemeine Erkenntnisse und Forschungsergebnisse gibt es bereits und wird es in den kommenden Monaten und Jahren ausreichend geben, um eine gute Strategie zu erarbeiten. Dabei sollte auch kritisch geprüft werden, inwiefern direkt eine (europaweite) Niedriginzidenzstrategie angestrebt werden sollte, um viele der (auch gesellschaftlichen) Fragen gar nicht erst so drängend werden lassen und monatelange zwangsläufig unbefriedigende Abwägungen zwischen Freiheitsrechten und dem Gesundheitsschutz zu vermeiden.

Grundsätzlich ist jedoch der Umgang mit Krisen immer nur ein Indikator dafür, wie insgesamt Gesellschaft gelebt wird und welche Werte vorherrschend sind. Eine Gesellschaft, die solidarisch ist (und zwar nicht nur gegenüber Familie, engen Freunden und Nachbarn, sondern auch gegenüber Fremden und der Allgemeinheit), wird sich wahrscheinlich leichter tun, eine Krise gemeinsam zu bewältigen und sogar eher Kraft aus dem Zusammenhalt zu ziehen.

Insgesamt hat die Corona-Pandemie möglicherweise sogar einen Anstoß gegeben, um noch einmal verstärkt über bestimmte übergreifende Themen zu diskutieren. Wie gehen wir mit Risiken um? Wie halten wir es mit der Solidarität und dem gesellschaftlichen Zusammenhalt? Wie können wir uns auf Unsicherheiten und zukünftige Krisen vorbereiten? Was sind wir gegebenenfalls bereit, dafür zu investieren? Oder auch die grundsätzlichen Themen zu Medienkompetenz und Informationsbewertung, die seit einigen Jahren überall drängend sind, aber gerade in Stresssituationen noch einmal ganz besonders aufkommen.

2.5 Fazit

Sprüche aus dem Themenkreis »Krisen als Chancen« mag wohl niemand mehr ernsthaft lesen. Aber vielleicht hat uns die Pandemie für viele Bereiche in unserem gesellschaftlichen Zusammenleben die Möglichkeit gegeben, einmal mit einem anderen Blickwinkel zu diskutieren und zu neuen Lösungen zu kommen?

3 Rechtliche Veränderungen während der Pandemie

Stefan Voßschmidt

Während der Coronapandemie waren die rechtlichen Änderungen mit Ausnahme der Schaffung der »epidemischen Lage« eher marginal. Einschränkend für die Menschen waren die Corona-Auflagen. Wesentlich tiefgreifender waren aber grundsätzliche elementare Überlegungen zum Wert des Lebens und zu ethischen Fragestellungen. Deshalb soll mit diesen begonnen werden.

3.1 Corona-Lage und grundgesetzliche und ethische Wertungen

Die Corona-Pandemie hat neben Rechtsänderungen vor allem im Infektionsschutzgesetz auch zu ethischen Diskussionen zentraler Fragestellungen geführt. Besonders aktuell war im Frühjahr 2020 die Diskussion über zu wenige Betten in Intensivstationen und die Frage der Priorisierung – im Fachterminus »Triage«. Seitdem ist die Diskussion in Fachkreise verlagert. Nach Art. 1 und 2 des Grundgesetzes haben der Schutz der Menschenwürde und des Lebens und der Gesundheit Verfassungsrang. Kernaufgabe des Staates ist der Schutz von Menschenleben. Für das Verhältnis Staat – Bevölkerung ist das Vertrauen in die Erfüllung dieser Aufgaben durch den Staat entscheidend. Schon dem Keim des Zweifels und allen Versuchen, hier Misstrauen zu säen, muss entschieden entgegengetreten werden.

Deutschland hat Jahrzehnte lang fast ausschließlich den Bereich der individuellen Gesundheit betrachtet und hier viel Positives erreicht. Dabei wurden immer ein sehr gut funktionierendes Gesundheitssystem und freie Kapazitäten vorausgesetzt. Bergamo im März 2020 hat aber deutlich gemacht, dass sich auch ganz andere Fragen stellen, wenn sogar ein sehr gutes Gesundheitssystem an seine Grenzen stößt. Der Mangel an Ressourcen dort war offenkundig. Es gab z. B. zu wenig Intensivbetten. Mit den Medienberichten aus Norditalien stand auch in Deutschland die Frage nach der Verteilung zu knapper lebensrettender Ressourcen im Raum. Seit Februar 2020 tut Deutschland alles, um einen derartigen Mangel zu vermeiden. Die Fragen richten sich vor allem auf zwei Bereiche: Die Verwaltung knapper Ressourcen und die Änderung rechtlicher Bestimmungen.

3.1 Corona-Lage und grundgesetzliche und ethische Wertungen

Die Bilder von Bergamo (März 2020):
Besonders ins Bewusstsein gebrannt hat sich das Foto des Militärkonvois mit sechzig Toten. Insgesamt 4.500 Menschen starben in den ersten Pandemiewochen in der Region Bergamo in Italien im Jahre 2021 über 100.000 (Ärzteblatt Italien).

Wie in solchen Fällen zu verfahren ist, ist gesetzlich nicht geregelt. Es ist von der zentralen Feststellung des Bundesverfassungsgerichtes auszugehen. »Der Schutz der Bevölkerung vor dem Risiko der Erkrankung ist in der Sozialstaatlichen Ordnung des Grundgesetzes eine Kernaufgabe des Staates« (BVerfGE 123, 186, 242). Denn es stellte sich die Frage: Kann Corona auch das deutsche Gesundheitswesen in eine derartige Mangellage bringen, dass wir mit Triage-Entscheidungen real rechnen müssen. Das bedeutet: Aufgrund zu geringer Kapazitäten sind nicht alle zu retten, die bei Vorhandensein des medizinischen Gerätes zu retten wären. Vor Bergamo waren derartige Überlegungen in Deutschland auf Fachkreise und die Bereiche Kriegsmedizin und eventuell »Massenanfall von Verletzten (MANV)« reduziert worden. Trotz der Erfahrungen mit den Attentaten in Paris (Bataclan 2015) und Berlin (Breitscheidplatz 2016) hat eine intensive Diskussion nicht stattgefunden. Aber derartige Situationen gibt es – wie Anfang Mai 2021 in Indien, wo die Menschen sterben, weil es einfach keinen Sauerstoff gab. Würde eine gleichartige Mangelsituation unsere Rechtsordnung in Deutschland außer Kraft setzen? Die Stunde der überrechtlichen Not scheint hier über dem Gesetz zu stehen. Zur Stabilisierung des Rechtsstaates werden nun teilweise gesetzliche Regelungen gefordert, teilweise werden Empfehlungen von Fachverbänden verbindliche Vorgabefunktion zugebilligt. Auch der Rückgriff auf allgemeine Rechtssätze ist möglich. Demgegenüber hat die Lösung, die individuelle eigenverantwortliche Entscheidung des zuständigen Arztes, nach den Vorgaben des Grundgesetzes, der Rechtsprechung und den Hinweisen der Fachverbände als die richtige Lösung anzusehen, bislang wenig Zuspruch gefunden. Doch ist das der richtige Weg? Zu gewissen Aufgaben gehören Entscheidungen (fallen sie auch noch so schwer) und das Übernehmen der Verantwortung für diese Entscheidung. Wenn auch die Notwendigkeit gesetzlicher Regelungen nicht gesehen wird, sollten derartig wichtige Fragen im Bundestag diskutiert werden. Für eine gesamtstaatliche Resilienz ist ein leistungsfähiges Gesundheitssystem ein besonders gewichtiger Faktor. Schon bei der Akzeptanz der deutschen Staatsgründung 1870/71 durch die Bevölkerung waren die Etablierung von Gesundheitsschutz und Infektionsschutz wichtige Bindeglieder.

Bei einer Krisenbewältigung besteht der gerichtlich kontrollierte Primat der Exekutive. Das bedeutet, dass das Recht, gerade das Verfassungsrecht, die Krise nicht als pararechtliche Ausnahme, sondern als rechtlich regulierbare Normalität sehen muss (Kersten/Rixen 2021, 14 f). Das Grundgesetz definiert einen Verfassungsstaat für den die Würde des Menschen in ihrer Vielschichtigkeit Grund und Grenze politischer Herrschaft ist. Der Verfassungsstaat des Grundgesetzes ist Freiheit, Sicherheit und Solidarität gleichermaßen verpflichtet, ist Leistungs- und Rechtsstaat zugleich, ist ein »Sozialer Rechtsstaat« nach Art. 28 Abs. 1 Satz 1, Art. 20 Abs. 1 des Grundgesetzes. Das macht Abwägungen notwendig, es gilt der Verhältnismäßigkeitsgrundsatz. Das Denken und Handeln am Leitfaden der Verhältnismäßigkeit kann Härten bei der Bewältigung der Corona Krise nicht vermeiden, aber es kann helfen, die pandemiebedingten Härten halbwegs gerecht und human zu verteilen (Kersten/Rixen 2021, 18 f). Daher ist intellektuelle Risikoabschätzung geboten. Notwendig um Risiken abschätzen zu können, ist eine begriffliche Klarheit. Was heißt Triage?

Triage leitet sich aus dem französischen Wort »trier« ab. Dies bedeutet aussortieren. Triage bedeutet eine Aussortierung. Der Begriff stammt aus der Kriegsmedizin. Nach Gefechten musste bei zu knappen Ressourcen entschieden werden, welche Verwundeten behandelt werden und welche nicht. Das Internetlexikon Wikipedia definiert Triage wie folgt: »deutsche Bezeichnung auch Sichtung oder Einteilung, […] nicht gesetzlich geregeltes oder methodisch spezifiziertes Verfahren zur Priorisierung medizinischer Hilfeleistung bei unzureichenden Ressourcen, zum Beispiel aufgrund einer unerwartet hohen Anzahl von Patienten. Falls es unmöglich ist, allen, die Hilfe benötigen sofort zu helfen, besteht ohne strukturierte Triage, die Gefahr einer politisch oder ideologisch motivierten unethischen Selektion« (Wikipedia: Triage). Es muss entschieden werden, wer behandelt wird und wer nicht. Somit stellt sich die ethische Frage, ob Überlegungen aus der Kriegsmedizin, möglichst viele zu retten, auf die COVID-19-Lage übertragen werden können, oder ob hier ausschließlich individualmedizinische Grundsätze gelten (Voßschmidt 2022).

3.2 Diskussion verfassungsrechtlicher Fragestellungen im Hinblick auf die Gesamtlage

Leider ist der Satz »Not kennt kein Gebot« auch in der juristisch angehauchten Diskussion nicht ausgestorben (Spieth/Hellermann 2020, 1405). Doch dieser Satz passt nicht zur Verfassung der Bundesrepublik Deutschland, nicht zum Grundgesetz, als freiheitliche Werteordnung. Gerade dieses bewährte Fundament der Rechtsordnung enthält auch Festlegungen und Aussagen zu Not- und Notstandssituationen, wenngleich es keinen vollständig ausformulierten Text einer Notstandsver-

3.2 Diskussion verfassungsrechtlicher Fragestellungen

fassung, eine Art Grundgesetz 2.0, gibt. Beim Inkrafttreten des Grundgesetzes 1949 waren Vorbehalte der Alliierten deutlich: Die äußere Sicherheit und die Reaktion auf einen irgendwie gearteten Staatsnotstand waren den Alliierten vorbehalten. Koreakrieg und Wehrverfassung sowie die »Notstandsgesetzgebung« von 1968 führten hier zu Veränderungen, uneingeschränkte Souveränität erhielt Deutschland mit dem Zwei-plus-Vier-Vertrag im Zuge der Wiedervereinigung 1990.

Unmittelbar nach der Wiedervereinigung und in den 90er Jahren erschienen Katastrophen und Krisen unrealistisch. Der Anschlag auf die Twin-Towers am 11. September 2001 und spätestens die Annexion der Krim zeigten aber, dass die Welt nicht absolut friedlich (geworden) ist. Trotz der ca. 50 Millionen Toten, die die spanische Grippe 1918/19 forderte, trotz Asiatischer Grippe 1957 mit ca. zwei Millionen Toten weltweit (Wikipedia: Asiatische Grippe), der Hongkong-Grippe 1968-1970 mit weltweit zwischen 750.000 und zwei Millionen Toten (Wikipedia: Honkong-Grippe) trotz Vogelgrippe im September 2004, SARS 2002 oder bekannten Ebolaausbrüchen und vielen anderen Krankheitsrisiken: Noch im Januar 2020 wurde das Risiko einer Pandemie in Deutschland als sehr klein und unbeachtlich eingestuft. Dabei hatte damals die Pandemie Wuhan schon im Würgegriff. Erst mit den dramatischen Bildern aus Bergamo begann in Deutschland ein Bewusstseinswandel. Aber nach der erfolgreichen Bewältigung der ersten Welle befand sich Deutschland seit dem 1. November 2020 bis zum Sommer 2021 im zweiten Lockdown. Nach den Sommerurlauben stiegen die Indizes, viele Menschen befürchten einen weiteren Lockdown nach der Bundestagswahl.

Auch andere Risiken steigen. Das gilt z. B. für Risiken, die aus dem Engagement in Afghanistan resultieren. Deutschland war 20 Jahre in Afghanistan involviert, die Bundeswehr unterstützt die Regierung in Bamako/Mali. Wie ist das Verhältnis zu Russland einzuordnen? Erste Bewertungen sehen Deutschland bereits in einem hybriden Krieg. In einem Kommentar vertritt Markus Wehner (2021,1) die Ansicht, dass Russland 2021 bereits heute einen hybriden Krieg gegen die liberalen Demokratien führe. Dies beweise die Summe der Einzelattacken: Krim-Annexion, Ostukraine-Konflikt, sonstige Cyber-Angriffe auf die Ukraine und die baltischen Staaten, Bundestagshack, Tiergartenmord, Nawalny-Vergiftung, Skripal-Vergiftung beides durch das Nervengift Nowitschok. In diese Lage fällt COVID-19. Die Pandemielage ist von der Gesamtlage nicht zu trennen. Änderungsnotwendigkeiten im Hinblick auf COVID-19 werden diskutiert, es entwickelt sich aber kein Handlungsdruck.

Die anhaltende Pandemie mit dem Erreger SARS CoV 2 führte zu einem hochdynamischen epidemiologischen Infektionsgeschehen in Deutschland. Ein beispielloser »Lockdown« des öffentlichen Lebens wurde eingeleitet, um die Verbreitungsgeschwindigkeit des Virus zu senken. In dieser Konsequenz wurden ab dem

3   Rechtliche Veränderungen während der Pandemie

16.03.2020 deutschlandweit alle Schulen und Ausbildungsstätten geschlossen. Lehre konnte nur noch digital stattfinden. Damit wirkte die Pandemie wie ein Brennglas und legte Hemmnisse in der Digitaltransformation der Bildung offen: Für viele Kinder, Jugendliche und Erwachsene wurde das Bildungsangebot fast gegen Null heruntergefahren. Auch die Bundesakademie für Bevölkerungsschutz und Zivile Verteidigung (BABZ) des BBK stellte ihren Lehrbetrieb monatelang nahezu vollständig ein und konnte dann auch wegen der Katastrophe im Ahrtal nicht schnell wieder hochfahren. In der COVID-19-Lage wurde auch dort die digitale Aus-, Fort- und Weiterbildung forciert, über die Ausbildung hinaus sind Plattformen zum Austausch von Erfahrungen, Best Practice und Expertenwissen etabliert worden. Informationsgeber (Expert:innen und Dozent:innen) standen bereit. Der hohe Bedarf wurde beispielsweise gespiegelt in BBK-RKI Webinaren mit mehreren Hunderten Anmeldungen. Viele Träger:innen der Erwachsenenbildung wie Hochschulen, Landesfeuerwehrschulen nutzten den »Shut Down«, um die Transformation ihrer Lehre in digitale Angebote zu forcieren.

3.3   Änderungen im Infektionsschutzgesetz (IfSG)

Festlegungen scheinen in Stein gemeißelt und werden dann doch in Frage gestellt. War eineinhalb Jahre die Inzidenz das Maß aller Dinge und die Rechtfertigung für das Inkrafttreten von Einschränkungen (»flatten the curve«), sollen ab Ende August 2021 auch Inzidenzwerte von 35, 50 oder 100 nicht mehr ausschlaggebend sein. Am 23. August 2021 beauftragte das Coronakabinett den Bundesgesundheitsminister, zügig eine Alternative zur Sieben-Tage-Inzidenz zu entwickeln. Denn, da weniger Menschen ins Krankenhaus müssen, zeichne sich eine Überforderung des Gesundheitssystems trotz Inzidenz in dieser Höhe – deutschlandweit am 3.9.2020: 80 – (RKI 2020 a) nicht ab. Die Gesetzgebung steht daher unter Zeitdruck. Ab einer Grenze von 50 sah das Infektionsschutzgesetz seit 2020 Einschränkungen des öffentlichen Lebens vor (Becker 2021,1). In der Diskussion ist der Hospitalisierungsindex nun weiterer zentraler Maßstab. Hospitalisierungsindex meint die Zahl der zur Behandlung aufgenommenen COVID-19-Patient:innen pro 100.000 Einwohner:innen innerhalb von sieben Tagen (Spahn 2021, 1). Am Freitag den 10. September 2021 hat daher der Bundesrat ein neues Infektionsschutzgesetz beschlossen. Es sieht unter anderem vor, dass sich die Schutzmaßnahmen in der Corona-Pandemie künftig vor allem an der Zahl der Menschen orientieren, die wegen der Infektion im Krankenhaus behandelt werden müssen. Das Gesetz regelt auch die Pflicht der Beschäftigten, Auskunft über ihren Impfstatus geben zu müssen (Bundesrat 2021, 1).

3.3 Änderungen im Infektionsschutzgesetz (IfSG)

a) Konkrete Änderungen am Infektionsschutzgesetz (IfSG)

Dies nur als Beispiel. Seit März 2020 wurde das IfSG immer wieder geändert (Buzer 2021) Die Änderungen werden am Besten in einer Tabelle deutlich chronologisch absteigend sortiert nach dem Inkrafttreten der Änderungen:

Tabelle 3: *Übersicht zu den Änderungen des IfSG (Stand: Januar 2022)*

(verkündet)	Änderungen	durch folgende Änderungsgesetze und/oder -verordnungen geändert
01.01.2024	(noch nicht in Kraft)	Artikel 46 Gesetz zur Regelung des Sozialen Entschädigungsrechts vom 12. Dezember 2019 (BGBl. I S. 2652)
12.12.2021	§ 2, § 5, § 20, § 20 a (neu), § 20 b (neu), § 22, § 28 a, § 28 b, § 56, § 73	Artikel 1 Gesetz zur Stärkung der Impfprävention gegen COVID-19 und zur Änderung weiterer Vorschriften im Zusammenhang mit der COVID-19-Pandemie vom 10. Dezember 2021 (BGBl. I S. 5162
24.11.2021	§ 5, § 22, § 28, § 28 a, § 28 b, § 28 c, § 36, § 56, § 57, § 73, § 74, § 75a	Artikel 1 Gesetz zur Änderung des Infektionsschutzgesetzes und weiterer Gesetze anlässlich der Aufhebung der Feststellung der epidemischen Lage von nationaler Tragweite vom 22. November 2021 (BGBl. I S. 4906)
01.11.2021		Artikel 1 Masernschutzgesetz vom 10. Februar 2020 (BGBl. I S. 148)
01.10.2021		Artikel 4 Gesetz zur Aktualisierung der Strukturreform des Gebührenrechts des Bundes vom 18. Juli 2016 (BGBl. I S. 1666)
15.09.2021	§ 28 a, § 36, § 73	Artikel 12 Aufbauhilfegesetz 2021 (AufbhG 2021) vom 10. September 2021 (BGBl. I S. 4147)
10.08.2021	§ 4	Artikel 6 Viertes Gesetz zur Änderung des Lebensmittel- und Futtermittelgesetzbuches sowie anderer Vorschriften vom 27. Juli 2021 (BGBl. I S. 3274)
23.07.2021	§ 36	Artikel 9 Gesetz zur Vereinheitlichung des Stiftungsrechts und zur Änderung des IfSG vom 16. Juli 2021 (BGBl. I S. 2947)
01.06.2021	§ 5, § 5 b (neu), § 22, § 25, § 28 c, § 36, § 74, § 75 a (neu), Anlage (neu)	Artikel 1 Zweites Gesetz zur Änderung des Infektionsschutzgesetzes und weiterer Gesetze vom 28. Mai 2021 (BGBl. I S. 1174)

3 Rechtliche Veränderungen während der Pandemie

Tabelle 3: *Übersicht zu den Änderungen des IfSG (Stand: Januar 2022) – Fortsetzung*

(verkündet)	Änderungen	durch folgende Änderungsgesetze und/oder -verordnungen geändert
04.05.2021 (31.05.2021)	§ 28b	Artikel 1 Zweites Gesetz zur Änderung des IfSG und weiterer Gesetze vom 28. Mai 2021 (BGBl. I S. 1174)
23.04.2021 (31.05.2021)	§ 56	Artikel 1 Zweites Gesetz zur Änderung des IfSG und weiterer Gesetze vom 28. Mai 2021 (BGBl. I S. 1174)
27.12.2020 (31.05.2021)	§ 60, § 66	Artikel 1 Zweites Gesetz zur Änderung des IfSG und weiterer Gesetze vom 28. Mai 2021 (BGBl. I S. 1174)
08.05.2021	§ 28c	Artikel 6 Gesetz zur Verbesserung des Schutzes von Gerichtsvollziehern vor Gewalt sowie zur Änderung weiterer zwangsvollstreckungsrechtlicher Vorschriften und zur Änderung des IfSG vom 7. Mai 2021 (BGBl. I S. 850)
23.04.2021 (07.05.2021)	§ 77	Artikel 6 Gesetz zur Verbesserung des Schutzes von Gerichtsvollziehern vor Gewalt sowie zur Änderung weiterer zwangsvollstreckungsrechtlicher Vorschriften und zur Änderung des IfSG vom 7. Mai 2021 (BGBl. I S. 850)
23.04.2021	§ 28 b (neu), § 28 c (neu), § 32, § 73, § 77	Artikel 1 Viertes Gesetz zum Schutz der Bevölkerung bei einer epidemischen Lage von nationaler Tragweite vom 22. April 2021 (BGBl. I S. 802)
01.04.2021	§ 14	Artikel 1 Drittes Gesetz zum Schutz der Bevölkerung bei einer epidemischen Lage von nationaler Tragweite vom 18. November 2020 (BGBl. I S. 2397)
31.03.2021	§ 5, § 8, § 9, § 13, § 15, § 20, § 22, § 24, § 28 a, § 36, § 56, § 66, § 68, § 73, § 77	Artikel 1 Gesetz zur Fortgeltung der die epidemische Lage von nationaler Tragweite betreffenden Regelungen vom 29. März 2021 (BGBl. I S. 370)
16.12.2020 (28.12.2020)	§ 56	Artikel 4a Gesetz über eine einmalige Sonderzahlung aus Anlass der COVID-19-Pandemie an Besoldungs- und Wehrsoldempfänger vom 21. Dezember 2020 (BGBl. I S. 3136)

3.3 Änderungen im Infektionsschutzgesetz (IfSG)

Tabelle 3: *Übersicht zu den Änderungen des IfSG (Stand: Januar 2022) – Fortsetzung*

(verkündet)	Änderungen	durch folgende Änderungsgesetze und/oder -verordnungen geändert
19.11.2020	§ 2, § 4, § 5, § 7, § 8, § 9, § 10, § 11, § 13, § 14, § 15, § 16, § 20, § 24, § 28, § 28 a (neu), § 36, § 54 a, § 56, § 57, § 58, § 66, § 68, § 69, § 73, § 74, § 77	Artikel 1 Drittes Gesetz zum Schutz der Bevölkerung bei einer epidemischen Lage von nationaler Tragweite vom 18. November 2020 (BGBl. I S. 2397)
30.03.2020 (29.06.2020)	§ 56	Artikel 5 Corona-Steuerhilfegesetz vom 19. Juni 2020 (BGBl. I S. 1385)
27.06.2020	§ 18, § 38, § 40	Artikel 98 Elfte Zuständigkeitsanpassungsverordnung vom 19. Juni 2020 (BGBl. I S. 1328)
23.05.2020	§ 4, § 5, § 6, § 7, § 9, § 10, § 11, § 12, § 13, § 14, § 16, § 17, § 23 a, § 25, § 27, § 30, § 54, § 54 a (neu), § 54 b (neu), § 56, § 69, § 70, § 72, § 73, § 75	Artikel 1 Zweites Gesetz zum Schutz der Bevölkerung bei einer epidemischen Lage von nationaler Tragweite vom 19. Mai 2020 (BGBl. I S. 1018)
14.05.2020 (22.05.2020)	§ 19	Artikel 1 Zweites Gesetz zum Schutz der Bevölkerung bei einer epidemischen Lage von nationaler Tragweite vom 19. Mai 2020 (BGBl. I S. 1018)
30.03.2020	§ 56, § 57, § 58, § 66	Artikel 1 Gesetz zum Schutz der Bevölkerung bei einer epidemischen Lage von nationaler Tragweite vom 27. März 2020 (BGBl. I S. 587)
28.03.2020	Synopse gesamt oder einzeln für § 4, § 5, § 5 a (neu), § 28, § 73	Artikel 1 Gesetz zum Schutz der Bevölkerung bei einer epidemischen Lage von nationaler Tragweite vom 27. März 2020 (BGBl. I S. 587)
01.03.2020	§ 2, § 4, § 6, § 7, § 9, § 11, § 13, § 20, § 22, § 23, § 24, § 28, § 33, § 36, § 43, § 56, § 73	Artikel 1 Masernschutzgesetz vom 10. Februar 2020 (BGBl. I S. 148)

Die Gesetzesänderungen zeichnen die Veränderungen der Lage und der Bewertung der COVID-19-Pandemie nach. Die Bundesländer erlauben nun auch Bevorzugungen von Geimpften. Sie setzen auf ein »2G-Optionsmodell« – Restaurants, Sportstätten und Kultureinrichtungen können dann selbst entscheiden, nur Geimpften und Genesenen Zutritt zu gewähren. Abstands- und Maskenregelungen entfallen in diesem Fall. Geimpfte Bürger:innen haben Anspruch darauf, ihr normales Leben wieder zurückzubekommen, formulierte Niedersachsens Ministerpräsident Weil (Viele Bundesländer 2021, 1). Die Entscheidung wird an Private delegiert. Konsequenz zeigt das grün-schwarz regierte Baden-Württemberg. Bei einer zu hohen Belastung der Kliniken mit COVID-19-Patient:innen soll dort für die meisten Bereiche des öffentlichen Lebens die 2G-Regel gelten, aber nicht als freiwillige Option (Holl 2021, 1).

b) § 5 IfSG

Zentrale Vorschrift der Änderungen ist § 5 IfSG. Die Vorschrift beinhaltet Elemente des in Deutschland fehlenden Gesundheitsvorsorgegesetzes. Sie ist sehr komplex und detailliert und beherrschte anderthalb Jahre Diskussion und Praxis der Pandemiebekämpfung. Am 25. November ist die epidemische Lage ausgelaufen, Seitdem beherrscht die Frage die Diskussion, ob sie wieder eingeführt werden muss.

§ 5 Epidemische Lage von nationaler Tragweite (Auszug):

(1) Der Deutsche Bundestag kann eine epidemische Lage von nationaler Tragweite feststellen, wenn die Voraussetzungen nach Satz 6 vorliegen. Der Deutsche Bundestag hebt die Feststellung der epidemischen Lage von nationaler Tragweite wieder auf, wenn die Voraussetzungen nach Satz 6 nicht mehr vorliegen. Die Feststellung nach Satz 1 gilt als nach Satz 2 aufgehoben, sofern der Deutsche Bundestag nicht spätestens drei Monate nach der Feststellung nach Satz 1 das Fortbestehen der epidemischen Lage von nationaler Tragweite feststellt; dies gilt entsprechend, sofern der Deutsche Bundestag nicht spätestens drei Monate nach der Feststellung des Fortbestehens der epidemischen Lage von nationaler Tragweite das Fortbestehen erneut feststellt. Die Feststellung des Fortbestehens nach Satz 3 gilt als Feststellung im Sinne des Satzes 1. Die Feststellung und die Aufhebung sind im Bundesgesetzblatt bekannt zu machen. Eine epidemische Lage von nationaler Tragweite liegt vor, wenn eine ernsthafte Gefahr für die öffentliche Gesundheit in der gesamten Bundesrepublik Deutschland besteht, weil
1. die Weltgesundheitsorganisation eine gesundheitliche Notlage von internationaler Tragweite ausgerufen hat und die Einschleppung einer bedrohlichen übertragbaren Krankheit in die Bundesrepublik Deutschland droht oder
2. eine dynamische Ausbreitung einer bedrohlichen übertragbaren Krankheit über mehrere Länder in der Bundesrepublik Deutschland droht oder stattfindet.

Solange eine epidemische Lage von nationaler Tragweite festgestellt ist, unterrichtet die Bundesregierung den Deutschen Bundestag regelmäßig mündlich über die Entwicklung der epidemischen Lage von nationaler Tragweite.

(2) Das Bundesministerium für Gesundheit wird im Rahmen der epidemischen Lage von nationaler Tragweite unbeschadet der Befugnisse der Länder ermächtigt, [...]
4. durch Rechtsverordnung ohne Zustimmung des Bundesrates Maßnahmen zur Sicherstellung der Versorgung mit Arzneimitteln einschließlich Impfstoffen und Betäubungsmitteln, mit Medizinprodukten, Labordiagnostik, Hilfsmitteln, Gegenständen der persönlichen Schutzausrüstung und Produkten zur Desinfektion sowie zur Sicherstellung der Versorgung mit Wirk-, Ausgangs- und

3.3 Änderungen im Infektionsschutzgesetz (IfSG)

Hilfsstoffen, Materialien, Behältnissen und Verpackungsmaterialien, die zur Herstellung und zum Transport der zuvor genannten Produkte erforderlich sind, zu treffen und

a) Ausnahmen von den Vorschriften des Arzneimittelgesetzes, des Betäubungsmittelgesetzes, des Apothekengesetzes, des Fünften Buches Sozialgesetzbuch, des Transfusionsgesetzes, des Heilmittelwerbegesetzes sowie der auf ihrer Grundlage erlassenen Rechtsverordnungen, der medizinprodukterechtlichen Vorschriften und der die persönliche Schutzausrüstung betreffenden Vorschriften zum Arbeitsschutz, die die Herstellung, Kennzeichnung, Zulassung, klinische Prüfung, Anwendung, Verschreibung und Abgabe, Ein- und Ausfuhr, das Verbringen und die Haftung, sowie den Betrieb von Apotheken einschließlich Leitung und Personaleinsatz regeln, zuzulassen,

b) die zuständigen Behörden zu ermächtigen, im Einzelfall Ausnahmen von den in Buchstabe a genannten Vorschriften zu gestatten, insbesondere Ausnahmen von den Vorschriften zur Herstellung, Kennzeichnung, Anwendung, Verschreibung und Abgabe, zur Ein- und Ausfuhr und zum Verbringen sowie zum Betrieb von Apotheken einschließlich Leitung und Personaleinsatz zuzulassen,

c) Maßnahmen zum Bezug, zur Beschaffung, Bevorratung, Verteilung und Abgabe solcher Produkte durch den Bund zu treffen sowie Regelungen zu Melde- und Anzeigepflichten vorzusehen,

d) Regelungen zur Sicherstellung und Verwendung der genannten Produkte sowie bei enteignender Wirkung Regelungen über eine angemessene Entschädigung hierfür vorzusehen,

e) ein Verbot, diese Produkte zu verkaufen, sich anderweitig zur Überlassung zu verpflichten oder bereits eingegangene Verpflichtungen zur Überlassung zu erfüllen sowie Regelungen über eine angemessene Entschädigung hierfür vorzusehen,

f) Regelungen zum Vertrieb, zur Abgabe, Preisbildung und -gestaltung, Erstattung, Vergütung sowie für den Fall beschränkter Verfügbarkeit von Arzneimitteln einschließlich Impfstoffen zur Priorisierung der Abgabe und Anwendung der Arzneimittel oder der Nutzung der Arzneimittel durch den Bund und die Länder zu Gunsten bestimmter Personengruppen vorzusehen,

g) Maßnahmen zur Aufrechterhaltung, Umstellung, Eröffnung oder Schließung von Produktionsstätten oder einzelnen Betriebsstätten von Unternehmen, die solche Produkte produzieren sowie Regelungen über eine angemessene Entschädigung hierfür vorzusehen;

5. nach § 13 Absatz 1 des Patentgesetzes anzuordnen, dass eine Erfindung in Bezug auf eines der in Nummer 4 vor der Aufzählung genannten Produkte im Interesse der öffentlichen Wohlfahrt oder im Interesse der Sicherheit des Bundes

3 Rechtliche Veränderungen während der Pandemie

> benutzt werden soll; das Bundesministerium für Gesundheit kann eine nachgeordnete Behörde beauftragen, diese Anordnung zu treffen;
> 6. die notwendigen Anordnungen
>   a) zur Durchführung der Maßnahmen nach Nummer 4 Buchstabe a und
>   b) zur Durchführung der Maßnahmen nach Nummer 4 Buchstabe c bis g
>   zu treffen; das Bundesministerium für Gesundheit kann eine nachgeordnete Behörde beauftragen, diese Anordnung zu treffen; [...].
>
> (5) Das Grundrecht der körperlichen Unversehrtheit (Artikel 2 Absatz 2 Satz 1 des Grundgesetzes) wird im Rahmen des Absatzes 2 insoweit eingeschränkt.
>
> (6) Aufgrund einer epidemischen Lage von nationaler Tragweite kann das Bundesministerium für Gesundheit unter Heranziehung der Empfehlungen des Robert Koch-Instituts Empfehlungen abgeben, um ein koordiniertes Vorgehen innerhalb der Bundesrepublik Deutschland zu ermöglichen.
>
> (7) Das Robert Koch-Institut koordiniert im Rahmen seiner gesetzlichen Aufgaben im Fall einer epidemischen Lage von nationaler Tragweite die Zusammenarbeit zwischen den Ländern und zwischen den Ländern und dem Bund sowie weiteren beteiligten Behörden und Stellen und tauscht Informationen aus. Die Bundesregierung kann durch allgemeine Verwaltungsvorschrift mit Zustimmung des Bundesrates Näheres bestimmen. Die zuständigen Landesbehörden informieren unverzüglich die Kontaktstelle nach § 4 Absatz 1 Satz 7, wenn im Rahmen einer epidemischen Lage von nationaler Tragweite die Durchführung notwendiger Maßnahmen nach dem 5. Abschnitt nicht mehr gewährleistet ist.

Die Vorschrift gibt weitreichende Befugnisse, und ist inhaltlich ein Gesundheitsvorsorgegesetz in einem Paragrafen. Sie schafft eine Notstandsregelung für übertragbare Krankheiten, führt aber auch zu Fragen. Zunächst klärt sie die epidemische Lage. Die zentrale Bedingung der Eingriffsbefugnisse, eine »epidemische Lage von nationaler Tragweite« wird wie folgt präzisiert:

1. Entweder die WHO ruft eine Pandemie aus und die Einschleppung einer bedrohlichen übertragbaren Krankheit droht (beide Voraussetzungen kumulativ (»und«) und faktenorientiert)
2. oder eine bundesländerübergreifende Ausbreitung einer bedrohlichen übertragbaren Krankheit droht (prognoseorientiert »droht«).

In diesen Fällen ist es möglich, dass der Bundestag (wie im März 2020 geschehen) eine derartige Lage erklärt. Die Ermächtigungen sind weitgehend, aber an parlamentarische Zustimmungen gebunden. Eine derartige Vorschrift kann nicht alle Einzelheiten regeln. Sie wird durch die Corona-Verordnungen der Länder und Kommunen präzisiert. Die unterschiedlichen Regelungen führten allerdings zu Verunsicherungen der höchst mobilen Bevölkerung, obwohl sie sinnvoll sind und dem

3.3 Änderungen im Infektionsschutzgesetz (IfSG)

Grundgedanken des Föderalismus entsprechen, möglichst viel vor Ort zu regeln. Viele fragten sich: was gilt wann wo? Welche COVID-App passt. Sagt die Bundes-App (Corona-Warn-App) genug aus. Brauche ich die Luka-App usw. Wie viele Sondertatbestände muss ich auf dem Weg zur Arbeit kennen? Fragen stellen sich aber auch generell im ärztlichen Bereich und in der ärztlichen Praxis. Wie ist eine G 33-Arbeitsmedizinische-Vorsorgeuntersuchung unter Corona-Bedingungen möglich? (DGUV 2009).

Corona bedeutet: Rückkehr der Wirklichkeit. Ausgeblendetes, z. B. das Risiko sterben zu müssen, wird wieder Realität. Und doch: So schlimm Corona auch ist, die Lage hätte auch anwachsen können, z. B. bis hin zum großflächigen Ausfall der Verkehrs- oder Versorgungsinfrastruktur, weil zu viele erkrankt sind. Schnelle Veränderungen werden Normalität: Im September 2021 ist die Inzidenz als Maßstab gefallen. Dies ist sachgerecht, aber problematisch wegen der Bettenauslastung durch coronainfizierte Nichtgeimpfte. Das Risiko eines schweren Verlaufes ist bei Ungeimpften nach allgemeiner Erfahrung größer als bei Geimpften (steigende Hospitalisierungsrate). Sie benötigen mehr Ressourcen. Bei Ungeimpften soll spätestens ab dem 1. November 2021 bei einer Quarantäne der Verdienstausfall nicht mehr ausgeglichen werden. Die Regelung gilt nur für Personen, die sich grundsätzlich gegen den Virus impfen lassen können, denen die Impfung von der Ständigen Impfkommission (STIKO) empfohlen wird, weil keine medizinischen Gründe gegen eine Impfung sprechen. Denn Impfwillige können sich seit September 2021 flächendeckend zeitnah impfen lassen. Es sei unsolidarisch, dass die Solidargemeinschaft für derartige individuell verursachte Kosten aufkomme (Ungeimpfte 2021, 1, Meyer et al. 2021, 1). Es besteht allerdings die Sorge, dass dann Coronainfektionen nicht mehr gemeldet werden. Teilweise wird formuliert, die Impfgegner:innen und Ungeimpften verlängern die Pandemie unnötig (Strauß 2021, 2).

Insgesamt gesehen sind moderne Gesellschaften konstitutiv krisenanfällig. Krisen gehören zu ihrer Normalität. Sie werden umso deutlicher wahrgenommen, als Teile des menschlichen Lebens, vor allem Lebensrisiken, zuvor ausgeblendet wurden. Noch am Tag der Ahrtalkatastrophe gab es ein allgemeines Bewusstsein (auch der Anwohner:innen), dass es zu keiner Katastrophe kommen könne. Mit Sandsäcken wurden Keller abgedichtet. Dass die Flutwelle mehr als sieben Meter in Altenahr erreichte, war undenkbar, obwohl die alten Hochwassermarken genau dies anzeigten. Über einhundert Tote waren unvorstellbar. Insgesamt gab es eine Tendenz, den Tod zuvor in Nischen abzudrängen, zu denen auch das gutgemeinte Hospiz gehört. Fast im Sinne der Lehre des Philosophen Epikur, der Tod geht den Menschen nichts an. Doch nun tritt der Tod ein in unsere Gegenwart (Garces 2019, 45). Neue Realitäten entstehen. Problemlagen überschneiden sich.

So kann es dazu kommen, wie in Bayern geschehen, dass sich zwei Bereiche der Gefahrenabwehr überlagern. In Bayern tritt neben die Feststellung des Gesundheitsnotstandes nach § 5 Abs. 1 IfSG die Ausrufung des landesweiten Katastrophenfalles, verdeutlicht durch Art. 1 Abs. 1 Satz 3 BayIfSG (außer Kraft getreten zum 31.12.2020, GVBl. 2020,174). Eine langsam anwachsende Pandemie führt zu einer Katastrophenlage, die zuvor immer durch ihre kurzfristige Entstehung gekennzeichnet war. Daher wurde in der Flüchtlingskrise die Ausrufung des Katastrophenfalles allgemein abgelehnt, nur ein Landkreis hat den Katastrophenfall ausgerufen und ist dafür stark kritisiert worden. Weil er kurzfristig bis zu tausend Flüchtlinge aufnehmen sollte, hat der hessische Main-Taunus-Kreis im Oktober 2015 den Katastrophenfall ausgerufen (FAZ 2015). Das bedeutet: Langanhaltende Krisensituationen können nicht mehr ausgeblendet werden. Auch wenn die Ahrtallage Ende September 2021 an den Kreis zurückübertragen wird, bleibt es doch auch nach fast drei Monaten eine Katastrophenlage.

c) Gesundheitsvorsorge
Insgesamt ist es zentrales Ziel, die gesundheitliche Versorgung der Bevölkerung sicherzustellen. Verwaltungs-Grunddokument zu dieser Frage, wie zu allen Fragen der Notfallvorsorge und des Zivilschutzes, ist die Konzeption Zivile Verteidigung (KZV). Das Ziel der KZV ist es, eine gesamtstaatlich resiliente Gesellschaft zu schaffen, auf der Grundlage resilienter Strukturen. Diese konzeptionellen Planungen bilden das Pendant zum Weißbuch der Bundeswehr von 2016. Auf der Grundlage von Überlegungen zum Verteidigungsfall nach Art. 80a, 115a GG und Erfahrungen und konzeptionellen Grundlagen zum Massenanfall von Verletzten (MANV) wurden katastrophenmedizinische Leitlinien entwickelt, mit dem Ziel, möglichst viele Menschen zu retten. Eine Übertragbarkeit wird geprüft. Deutlich macht sich hier das Fehlen eines Gesundheitsvorsorgesicherstellungsgesetzes bemerkbar.

Es zeigt sich auch die fehlende Selbstvorsorge und das fehlende Risikobewusstsein von Bevölkerung und Medien. Als bei der Vorstellung der KZV auf die seit Bestehen der Bundesrepublik gültige Aussage verwiesen wurde, jede Person in Deutschland solle einen Notvorrat von zehn Tagen haben, erntete die zuständige Bundesoberbehörde einen Shitstorm unter dem Thema: »BBK ruft zu Hamsterkäufen auf«.

Aktuelle wirtschaftliche Überlegungen, Privatisierung der Krankenhäuser, Umwandlung in Kapitalgesellschaften mit Rendite- und Dividendenerwartungen, Konzepte z. B. in NRW zur Spezialisierung der Kliniken und Verringerung ihrer Anzahl und Betten zeigen ihre Grenzen im Hinblick auf die Erfordernisse einer Pandemiebekämpfung und möglichst vieler Intensivbetten. Ist es noch unter Resilienz subsumierbar, wenn in der alternden Gesellschaft Deutschlands z. B. in NRW während der

Corona-Pandemie im September 2021 aufgrund der Bertelsmann-Studie vom Juli 2019 Planungen laufen, Krankenhäuser und Krankenhausbetten zu reduzieren? Der Tenor der Studie lautet: In Deutschland gibt es zu viele Krankenhäuser. Eine starke Verringerung der Klinikanzahl von aktuell knapp 1.400 auf deutlich unter 600 Häuser, würde die Qualität der Versorgung für Patient:innen verbessern und bestehende Engpässe bei Ärzt:innen und Pflegepersonal mildern (Bertelsmann-Stiftung 2019). Im März 2020 kam aus Frankreich die Meldung, Corona-Patient:innen aus Alten- und Pflegeheimen werden nicht mehr in Krankenhäusern aufgenommen, da dort die Kapazitäten fehlen. Sie werden nur noch palliativ behandelt. Die deutsche Verfassung verlangt, derartige Lagen zu vermeiden. Aber auch Sanitätsmaterial hat wegen der Transportketten die Tendenz zum knappen Gut zu werden. Der Unfall eines einzigen großen Containerschiffes im Suezkanal störte im Sommer 2021 den Welthandel erheblich. Bereits das bestehende Recht ermöglicht in § 23 ZSKG die Bevorratung von Sanitätsmaterial, was auch seit 2004 geschieht. Ein Ausbau zur nationalen Reserve Gesundheitsschutz ist vorgesehen.

3.4 Amtshilfe der Bundeswehr

Die Bundeswehr musste im Zuge der Corona-Pandemie großflächig und langanhaltend Katastrophenhilfe/Amtshilfe nach Artikel 35 GG leisten. Die Verwaltungsbestimmung zur Amtshilfe § 8 des Verwaltungsverfahrensgesetzes von Bund und Ländern erhält eine neue Relevanz. So konnte unbürokratisch in vielen Fällen geholfen werden. In 405 von 412 kreisfreien Städten oder Kreisen hat die Bundewehr Amtshilfe geleistet, von Februar 2020 bis zum 21.09.2021 wurden 8.400 Amtshilfeanträge gestellt, davon 6.000 zur Unterstützung der Gesundheitsämter. Im gleichen Zeitraum waren Corona bedingt 20.000 Soldaten im Einsatz. Auch als viele Polizisten infiziert oder in Quarantäne waren (bis zu 2.000 in einem Bundesland), hat die Bundeswehr Amtshilfe geleistet. Um dies organisatorisch bewältigen zu können, wurde im März 2021 ein Amtshilfekontingent Corona aufgestellt, das im September 2021 auf 2.500 Helfende zurückgefahren werden konnte.

Tabelle 4: *Amtshilfe durch die Bundeswehr, Stand: 21.09.2021 – 10:30 Uhr (Quelle: Bundeswehr 2021)*

Bundesland	Amtshilfemaßnahmen abgeschlossen	Amtshilfemaßnahmen aktiv
Berlin	188	8
Brandenburg	66	2
Bremen	76	0
Hamburg	45	2
Hessen	388	11
Mecklenburg-Vorpommern	403	11
Niedersachsen	1060	23
Nordrhein-Westfalen	892	9
Rheinland-Pfalz	635	7
Saarland	165	7
Sachsen	639	2
Sachsen-Anhalt	279	3
Schleswig-Holstein	166	4
Thüringen	596	2

3.5 Gesundheit als Kritische Infrastruktur (KRITIS)

Der Faktor Gesundheit muss stärker als KRITIS gesehen werden. Es sollte eine Diskussion geben, ob Daseinsvorsorge und Wirtschaftlichkeit neu austariert werden müssen. Spontanhelfende leisten seit Jahren Enormes. Ihr Potenzial und ihre Leistung steigert die Resilienz. Hier ist eine strukturierte Anerkennung und Vorbereitung notwendig, damit nicht bei jedem Auftreten der Spontanhelfenden die Zuständigen überrascht sind. Forschungen dazu gibt es genug (Drews et al. 2021, 55ff). Echte Partizipation gehört zur Werteordnung des Grundgesetzes, genauso wie adäquater Umgang mit der Pandemie. Gerade Kinder und Jugendliche mussten achtzehn Monate schwere Lasten schultern. Gilt für Deutschland und die Pandemie »lessons learned«?

Resilienz wird nur im gesamtstaatlichen Kontext erreicht. Veränderungsnotwendigkeiten haben sich gezeigt. Es soll ein gemeinsames Kompetenzzentrum Bevöl-

3.5 Gesundheit als Kritische Infrastruktur (KRITIS)

kerungsschutz mit Nukleus BBK geschaffen werden, konzeptionell angelehnt an das Gemeinsame Terrorabwehrzentrum in Berlin-Treptow/GTAZ (BKA 2021). Dem BBK wurden bereits Verbindungspersonen der Hilfsorganisationen zugeordnet. Dieser Zielführende Weg muss weiterbeschritten werden. Einige Ziele gibt schon Artikel 3 des Nordatlantikvertrages von 1949 vor:

»Um die Ziele dieses Vertrags besser zu verwirklichen, werden die Parteien einzeln und gemeinsam durch ständige und wirksame Selbsthilfe und gegenseitige Unterstützung die eigene und die gemeinsame Widerstandskraft [...] erhalten und fortentwickeln.«

»Et hätt noch immer jot jejange«, Artikel 3 des Kölschen Grundgesetzes kann keine Handlungsmaxime sein. Es ist unbestritten, dass die Corona-Pandemie auch rechtlich betrachtet Auswirkungen hatte und auch zukünftig noch haben wird. So ist es geplant, die Sicherstellungs- und Vorsorgegesetzte in der Legislaturperiode 2021/25 auf den Prüfstand zu stellen und zu analysieren, ob ein Gesundheitsvorsorgegesetz notwendig ist. In zukünftige Überlegungen sollte eine strukturierte handlungsorientierte Analyse der Katastrophe an Ahr und Erft einfließen. Die Selbsthilfefähigkeit der Bevölkerung, die Krisenmanagementfähigkeit aller Behörden und Organisationen mit Sicherheitsaufgaben (BOS) und die Resilienz des Staates können darüber hinaus nur durch fundierte Aus-, Fort- und Weiterbildung verbessert werden. Wissen und Können sind zentrale Schlüsselressourcen.

4 Aufgaben und Herausforderungen der polizeilichen Gefahrenabwehr in einer Pandemielage

Nicole Bernstein

Die nachfolgenden Ausführungen stellen eine verallgemeinernde und summarische Betrachtung verschiedener Aspekte einer Pandemielage mit Bezug auf die Aufgabenwahrnehmung der polizeilichen Gefahrenabwehr dar. Quellen und Hintergrund dieser Ausführungen sind verschiedene dienstinterne Regularien und Informationen, Hygienekonzepte, Presseberichte und Pressemitteilungen aus der Corona-Pandemielage, welche hier eine abstrakte Anwendung finden. Daher werden keine einzelnen Quellen benannt, sondern als Quellen zu Straftaten im Literaturverzeichnis zusammengefasst.

4.1 Problemstellungen im Innen- und Außenverhältnis

Die Polizeien in Deutschland auf der Bundes- und der Länderebene haben in einer Pandemielage vielfältige Herausforderungen zu stemmen. Diese betreffen zum einen das Innenverhältnis und zum anderen das Außenverhältnis, wobei sich dieses nicht immer exakt trennen lässt und Wechselwirkungen aufeinander entfalten kann. Dies wird in der nachfolgenden Darstellung deutlich.

Zuerst soll das Innenverhältnis näher dargestellt werden. Auch dieses lässt sich unter verschiedenen Facetten betrachten. Zum einen die Polizist:innen in ihrem Dienst- und Treueverhältnissen und zu anderen Polizist:innen als Menschen, die außerhalb ihres Dienstes in ihre private Umgebung zurückkehren.

Innerhalb des Dienstes gilt es, besondere Vorsichtsmaßnahmen im Pandemiefall zu entwickeln und umzusetzen. Dies ist nicht immer einfach zu realisieren und schon gar nicht kurzfristig. So sind viele Büros mit mehreren Personen besetzt. Die Anzahl mobiler Arbeitsplätze ist jedoch stark begrenzt, so dass es schwierig ist, eine größere Mitarbeiteranzahl effektiv im Homeoffice arbeiten zu lassen, um die personelle Besetzung der Dienststelle auszudünnen. Nicht jede Tätigkeit ist für das Homeoffice geeignet. Sachbearbeitende Tätigkeiten lassen sich leichter verlagern als Tätigkeiten, die eines Kontaktes mit Bürgerinnen und Bürgern bedürfen. Zudem gibt es besondere IT-Sicherheitsanforderungen, um sich in das dienstliche Netzwerk einzulog-

4.1 Problemstellungen im Innen- und Außenverhältnis

gen. Hier könnte für die Zukunft ein Konzept erarbeitet werden, mehr Mitarbeitende mit Dockingstationen und dienstlichen mobilen Arbeitsplätzen auszustatten. Dies lässt sich jedoch nicht kurzfristig umsetzen, sondern erst im Zuge von Beschaffungsvorhaben, welche im öffentlichen Dienst regelmäßig aufwendig und sehr formal durchgeführt werden, einschließlich der perspektivischen Haushaltsmittelplanung.

Organisatorisch schwierig wird es in Dienststellen jeglicher Art, wenn Polizist:innen unter Krankheitsverdacht stehen oder tatsächlich erkranken. Damit wird regelmäßig eine Quarantäne für die die Kontaktpersonen verbunden. Je nach Kontaktumfang können damit ganze Organisationseinheiten für den Quarantänezeitraum ausfallen. Aufgrund der vorhandenen Personaldecke ist es schwierig, solche Ausfälle zu kompensieren. Gerade bei kleineren Dienststellen kann dies dazu führen, dass diese zeitlich befristet geschlossen werden.

In Polizeidienststellen sind Bereiche mit Bürgerkontakt nach Regeln für die Eigensicherung gestaltet. Die Eigensicherung bezieht sich dabei weniger auf den arbeitsmedizinischen Schutz als auf den Schutz vor Angriffen durch ein polizeiliches Gegenüber. Das bedeutet, dass in einer Pandemielage umgedacht und umgestaltet werden muss, um z. B. besondere Hygieneregeln in den unterschiedlichen Bereichen einer Dienststelle umzusetzen. Abstände zum polizeilichen Gegenüber lassen sich bei bestimmten polizeilichen Maßnahmen kaum realisieren. Eine Widerstandshandlung oder Durchsuchung einer Person bedingt immer eine körperliche Nähe. Im Umkehrschluss bedeutet dies, sofern wir eine Pandemielage mit einer Übertragbarkeit von Mensch zu Mensch haben, sind solche Momente besondere gesundheitliche Gefährdungsmomente. Dies bezieht sich auf die Polizist:innen sowie das polizeiliche Gegenüber. In Streifenwagen ist es für die Polizist:innen kaum möglich, Abstand zu anderen Polizist:innen einzuhalten. Zum polizeilichen Gegenüber ist es möglich, z. B. transparente Schutzfolien oder Schutzscheiben zu befestigen, um Ansteckungsmöglichkeiten zu minimieren. Solche Konstruktionen müssen auch unter dem Gesichtspunkt der Eigensicherung entwickelt werden und sind abhängig von den Übertragungswegen der Krankheit.

Anerkannter Maßen bieten Schutzimpfungen einen guten Schutz gegen Erkrankungen. Allerdings müssen bei neuartigen Viren erst Impfstoffe entwickelt und zugelassen werden. Es muss eine Prioritätensetzung für die Impfreihenfolge festgelegt werden. Dann ist zu klären, ob die Polizist:innen durch ihre Polizeiärztlichen Dienste in einer eigenen Impforganisation geimpft oder, ob sie in die allgemeine Impforganisation integriert werden. Wichtig ist ebenso die Akzeptanz einer Schutzimpfung durch die Polizist:innen, um möglichst zeitnah die Herdenimmunität zu erreichen. Bei Impfstoffen ist immer problematisch, dass hierdurch Impfreaktionen unterschiedlicher Ausprägung entstehen und damit für Ausfallzeiten des Personals sorgen können. Dies bedeutet, dass bei der Terminvergabe zu beachten ist, dass nicht ganze Organisationseinheiten auf einmal geimpft werden. Sofern hier Ausfallzeiten entstehen, ist zumindest nicht eine komplette Organisationseinheit gleichzeitig betroffen. Dementsprechend lassen sich einzelne ausgefallene Personen einer Organisationseinheit leichter kompensieren.

Besonders wichtig ist in der heutigen Zeit, Polizist:innen auch innerdienstlich gut zu informieren. Durch umfassende transparente Informationen werden Unsicherheiten und Falschinformationen vermieden. Zu treffende Hygienemaßnahmen sollten frühzeitig und umfassend vermittelt werden, um so die Einhaltung zu erleichtern. Nur gut aufgeklärte und in die Hygienekonzepte eingewiesene Mitarbeitende können sich nach selbigen richten.

Polizist:innen beenden ihre Dienste und kommen nach Hause zu ihren Familien. Hier gibt es Befürchtungen, eine Krankheit einzuschleppen und Familienangehörige anzustecken. Gerade wenn im Haushalt vulnerable Personen, wie Kleinkinder, Schwangere, Erkrankte oder Senioren, leben, führen diese Befürchtungen zu einer nicht unerheblichen psychischen Belastung. Hier ist es wichtig, innerhalb der Familie offen über diese Befürchtungen zu sprechen. Innerhalb des Dienstes ist es für die Betroffenen meist nicht einfach, Gehör zu finden. Leider gibt es immer wieder Vorgesetzte, die für derartige private Sorgen kein offenes Ohr haben oder nicht in der Lage sind, angemessene Lösungen mit dem Betroffenen zu erarbeiten. Die Einschaltung von Personalvertretungen oder anderen Gremien/Beauftragten wird oft nicht als positiv verstanden, sondern der Mitarbeitende wird dann schnell in die Ecke eines Querulanten gedrängt.

In der Familie sind Polizist:innen von den gleichen Problematiken betroffen, wie alle Bürger:innen auch. Wenn Kinderbetreuungseinrichtungen, Schulen und Universitäten ihre Betreuungsangebote einstellen oder einschränken und kein Präsenzunterricht stattfindet, müssen auch hier die Kinder betreut werden. Durch die Tätigkeit im Homeoffice kann dies – wie bei den Nicht-Polizist:innen kompensiert werden. Wobei beispielsweise der Schichtdienst in operativen Dienststellen eine besondere Herausforderung darstellt.

Was in der Polizei in Bezug auf eine Pandemie problematisch sein könnte, ist die Berufskleidung: die Uniform. Polizist:innen waschen/reinigen ihre Uniform regelmäßig zu Hause. Das ist abhängig von den Übertragungswegen der pandemischen Krankheit und insbesondere von der Überlebensfähigkeit des Erregers auf Kleidungsstücken. Dies gilt analog für Polizist:innen, die in ziviler Kleidung ihren Dienst verrichten. Je nach Pandemieauslöser könnten z. B. Viren über die Uniform oder im Dienst getragene Kleidung nach Hause verschleppt werden. Die moderne funktionale Uniform oder funktionale Zivilkleidung hat zudem den Nachteil, dass sie nur bei bestimmten Höchsttemperaturen gewaschen werden darf. Somit könnten hier – je nach pandemischer Lage – potenzielle Infektionsherde entstehen.

Eine zentrale Wäscherei für Dienstkleidung ist üblicher Weise nicht vorhanden. Selbst, wenn es eine solche gäbe, hätte dies noch einen weiteren Nebeneffekt. Seit mehr als einem Jahrzehnt nutzen Polizist:innen in Uniform bestimmte Verkehrsmittel kostenfrei. Durch ihre Anwesenheit in der Uniform sollen sie das subjektive Sicherheitsgefühl der Nutzer:innen des Verkehrsmittels stärken. Hier ist dann sehr genau abzuwägen, wie verfahren werden soll. Eine ggf. Mehrausstattung an Uniformen ist in einer Pandemielage auch nicht kurzfristig zu realisieren.

4.2 Spannungsfeld: Umgang mit Bürgerinnen und Bürgern

In Kapitel 4.1 wurden bereits einige Ausführungen zum Umgang mit Bürger:innen bzw. dem polizeilichen Gegenüber gemacht. In der heutigen Gesellschaft ist zunehmend zu erkennen, dass die Menschen Regeln vermehrt hinterfragen, teilweise nicht bereit sind, diese zu befolgen oder auch in ihrem Verhalten sehr egoistisch sind. Diese Mischung führt dazu, dass Konflikte mit den Polizist:innen vorprogrammiert sind. Polizist:innen verkörpern die staatliche Macht und sie haben die Aufgabe, geltende Gesetze und Verordnungen durchzusetzen. Die Durchsetzung von Gesetzen und Verordnungen kann – als Ultima Ratio – auch unter Anwendung von Zwang bis hin zum Einsatz der Schusswaffe erfolgen. Wobei hier die normalen Regularien aus den jeweiligen Polizeigesetzen und die sie ergänzenden gesetzlichen Vorschriften Bestand haben.

In einer Pandemielage ist der Föderalismus in Deutschland eine große Herausforderung für die Polizeien. Die Bundespolizei ist u. a. für den Schutz der deutschen Außengrenzen verantwortlich. Die Landgrenzen sind europäische Binnengrenzen und auf den Flughäfen kommen die außereuropäischen Grenzen hinzu. Hier geht es im Wesentlichen darum, den Reiseverkehr zu kontrollieren, um eine internationale Verbreitung von Infektionen einzudämmen. Wobei dies immer im Spannungsfeld der Reisefreiheit und der europäischen Freizügigkeit zu betrachten ist. Wird der internationale Reiseverkehr über einen längeren Zeitraum beschränkt, hat dies Auswirkungen auf den Personaleinsatz. Aufgabengebiete können sich verlagern und müssen der jeweils aktuellen Lage unter Berücksichtigung etwaiger gesetzlicher Vorgaben angepasst werden.

Auf der Länderebene setzen die Länderpolizeien die spezifischen Landesverordnungen durch. Je nach Dynamik der Pandemie kann es hier zu häufigen Anpassungen der Verordnungen kommen und diese können je nach Bundesland erhebliche Unterschiede aufweisen. Es kann sogar der Reiseverkehr in Bundesländer unterbunden werden. Wobei hier immer der Einzelfall jeder Verordnung zu betrachten ist, die in ihren Regularien erheblich voneinander abweichen können. Die hohe Regelungsdynamik führt zu Unsicherheiten bei den Bürger:innen, aber auch für die Polizist:innen zu einem erhöhten Fortbildungsbedarf, um diesbezüglich stets auf dem aktuellen Stand zu sein. Auch für Polizist:innen entstehen hieraus Betroffenheiten. Wenn sich Bundesländer abschotten und Polizist:innen auf dem Weg zum Dienst Grenzen von Bundesländern passieren müssen, kann dies gerade in der Anfangsphase einer solchen Regelung zu erheblichen Zeitverzögerungen beim Weg zur Dienststelle und retour nach Hause führen. Beim grenzüberschreitenden Verkehr können Auswirkungen dahingehend eintreten, in dem Reisende stranden und ihre Reise nicht antreten oder fortsetzen können. Oder sie dürfen nicht in ihr Zielland einreisen und kehren ungeplant wieder zurück. Derartige Situationen sind für eine Eskalation der Situation zwischen Polizei und Bürger:innen geeignet, weil die Betroffenen über derartige Auswirkungen erbost sind und ein Ventil für ihre Verärgerung suchen.

Der Großteil der Bürger:innen wird in einer Pandemielage die geltenden Regelungen befolgen. Es wird aber auch kleine oder größere Personengruppen geben, die andersdenkend sind und sich den geltenden Regularien nicht unterwerfen. Derartige Personengruppen verursachen für die Polizei regelmäßig Einsatzanlässe, weil sie beispielsweise (unangemeldet) demonstrieren oder auch randalieren oder in anderer Weise die geltenden Regeln nicht befolgen. Diese Einsatzanlässe sind kräftezehrend und manchmal auch für die Polizist:innen psychisch belastend, weil nicht alle Beamt:innen innerlich konform mit diesen Regularien gehen. Bei solchen Einsätzen besteht – je nach Ursprung der Pandemie – eine erhöhte Ansteckungsgefahr für die Protestierenden wie für die Polizistinnen und Polizisten.

Eine Eigenart der heutigen Gesellschaft besteht darin, Lücken in geltenden Regularien zu suchen und ggf. auf dem Klageweg eine Entscheidung überprüfen zu lassen. In Gesetzen und Verordnungen, die unter dem Druck einer Pandemielage schnell erstellt und beschlossen werden, sind häufig derartige Regelungslücken enthalten, welche dann im Einzelfall gerichtlich zu überprüfen sind. Eine weitere Gefahr besteht darin, dass das polizeiliche Gegenüber bewusst versuchen könnte, Polizist:innen zu infizieren oder zumindest über eine behauptete Erkrankung Quarantänemaßnahmen auslösen kann. Diese haben dann – wie bereits angemerkt – Auswirkungen auf die Einsatzfähigkeit einer Diensteinheit.

4.2 Spannungsfeld: Umgang mit Bürgerinnen und Bürgern

In nahezu jeder mittelgroßen oder großen Stadt gibt es sogenannte Problemviertel. In diesen Vierteln leben vermehrt Menschen mit einem Migrationshintergrund. Hier kommt erschwerend die Sprachbarriere hinzu. Die Menschen müssen durch geeignete Maßnahmen über die geltenden Regularien informiert werden. Wenn sie diese Informationen nicht in verständlicher Form erhalten, können sie diese auch nicht beachten. Folglich sind Konflikte mit der Polizei vorprogrammiert. Hinzu kommt, dass in diesen Vierteln viele Menschen auf engem Raum wohnen. Dies birgt zusätzliche Ansteckungs-, aber auch Eskalationsgefahren. Gerade wenn Restriktionen in der Bewegungsfreiheit, wie z. B. Ausgangssperren, angeordnet werden, können hier untereinander Probleme eskalieren und zusätzliche Polizeieinsätze erfordern.

Werden Kontaktbeschränkungen zur Bekämpfung der Pandemie verfügt, beugen sich hier auch wieder die meisten Menschen diesen Regularien. Allerdings wird mit solchen Regeln bei einigen Menschen auch der Erfindungsgeist angeregt, selbige zu umgehen. So werden z. B. Hinterzimmer von Geschäften oder Restaurants dazu genutzt, sich mit größeren Personenanzahlen illegal zu treffen. Dabei sind dem Erfindungsreichtum nicht einmal technische Grenzen gesetzt. Hier werden beispielsweise Türöffnungsmechanismen oder andere Zutrittsmöglichkeiten geschaffen, in der Hoffnung, dass die Polizei diese Räumlichkeiten nicht findet. In der Realität werden bei Einsätzen die Polizist:innen z. B. durch Lärm auf derartige Konstrukte aufmerksam und müssen dann einschreiten. Leider sind diese Menschen oft uneinsichtig, versuchen sich zu verstecken oder zu flüchten, was den Einsatz der Beamt:innen zusätzlich erschwert. Selbst in privaten Wohnungen gibt es Versuche, den Polizist:innen den Zutritt zu verweigern oder diesen zu verzögern. In dieser Zeit versuchen die sich nicht regelkonform verhaltenden Menschen, sich beispielsweise durch Verstecken oder Flucht den polizeilichen Maßnahmen zu entziehen.

Ein neuralgischer Punkt für das Infektionsgeschehen sind öffentliche Verkehrsmittel. Hier sind es auch nur wenige Menschen, die die Regeln nicht akzeptieren. Diese wenigen Reisenden führen aber zu einer erheblichen Einsatzbelastung, zumal sie oft aggressiv auf das Einschreiten der Beamt:innen reagieren. Gerade, wenn die Polizist:innen zu einer Kontrollmaßnahme durch die Kontrollberechtigten des Verkehrsmittelbetreibers hinzugerufen werden, ist die Gesamtsituation oft schon angespannt und kurz vor der Eskalation. Dabei ist es wichtig, abzuschätzen, ob eine Ermahnung oder ein Bußgeld die geeignete Sanktion für den Regelverstoß ist. Wenn bestimmte Regularien schon über einen langen Zeitraum gelten, sollte über die Ermahnung hinaus auch die Sanktion mit einem Bußgeld erfolgen. Ansonsten verliert die Polizei an Glaubwürdigkeit. Von den Bürger:innen wird dies sehr aufmerksam beobachtet und registriert.

4 Aufgaben und Herausforderungen der polizeilichen Gefahrenabwehr

4.3 Mögliche Auswirkungen auf die Kriminalitätslage

Hat eine Pandemie Auswirkungen auf die Polizeiliche Kriminalstatistik (PKS)? Durch die veränderten Arbeits- und Lebensgewohnheiten in der Pandemie gibt es statistisch nachweisbare Auswirkungen auf strafbare Handlungen. Sind die Menschen z. B. mehr im Homeoffice tätig und damit zuhause, dann sinkt erfahrungsgemäß die Zahl der Wohnungseinbruchsdiebstähle. Können die Menschen aufgrund der Regularien der Pandemie Geschäfte nicht frei aufsuchen, so kaufen sie mehr Waren online ein. Straftäter reagieren auf dieses Verhalten sehr schnell. So gibt es vermehrt Fake-Shops und andere betrügerische Angebote im Internet. Derartige Angebote sind professionell aufgemacht und meist im Ausland verortet. Regelmäßig fallen viele Menschen hierauf herein und erleiden dabei auch einen finanziellen Schaden. So steht die Polizei vor der Herausforderung, komplexe Ermittlungen durchzuführen. Durch kurze Speicherzeiten relevanter Verbindungsdaten und unterschiedlich gute Zusammenarbeit mit Strafverfolgungsbehörden im Ausland sind die Erfolgsaussichten, die Straftäter habhaft zu werden, allerdings eher gering. Der Zahlungsverkehr wird immer schneller abgewickelt und nicht jede Zahlungsart bietet für Käufer einen Schutz. So bleiben etliche Betroffene auf ihrem finanziellen Schaden sitzen, welcher je nach bestellter Ware erheblich sein kann. Die Polizei hat hier die Herausforderung, im Rahmen der Prävention relevante Zielgruppen mit Informationen zu erreichen, um diesen Modus Operandi der Täter zu durchbrechen.

Die öffentlichen Verkehrsmittel sind bei normaler Berufs- und Reisetätigkeit zu bestimmten Zeiten stark frequentiert. Dies lockt Straftäter:innen wie z. B. Taschendieb:inne an. Taschendieb:inne agieren meistens arbeitsteilig und sehr geschickt. So brauchen sie beispielhaft für ihre Tricks möglichst viel Personenverkehr, um nicht aufzufallen. Durch eine Pandemie und damit zusammenhängende Kontakt- und Reisebeschränkungen wird es für Taschendieb:inne schwieriger, unentdeckt zu bleiben.

Durch eine Pandemie und damit verbundene Einschränkungen von Kontakten und Bewegungsfreiheiten kommt es nicht nur gegenüber Einsatzkräften vermehrt zu Aggressionen. Auch im häuslichen Bereich entstehen Aggressionen, die sich in häuslicher Gewalt und/oder Sexualdelikten äußern. Gerade in den bereits erwähnten Problemvierteln von Städten, wo oft viele Menschen auf engem Raum zusammenleben, entstehen diese Delikte verstärkt. Für die Polizei ist es häufig problematisch, in diesen Bereichen zu ermitteln, da auch das Anzeigeverhalten dieser Menschen eher verhalten ist. Sie sind anders sozialisiert und gerade, wenn sie einen Migrationshintergrund haben, ist aufgrund ihrer regionalen Herkunft das Vertrauen in die

4.3 Mögliche Auswirkungen auf die Kriminalitätslage

Polizei oftmals beschädigt, was sie auf die deutsche Polizei projizieren. Wobei hier Menschen mit und ohne Migrationshintergrund in solchen Problemvierteln gleichermaßen betroffen sind. Häusliche Gewalt und/oder Sexualdelikte kommen aber auch »in der besseren Gesellschaft« vor. Hier ist das Anzeigeverhalten aus anderen Gründen schlecht, weil die Betroffenen beispielsweise um ihren »guten Ruf« fürchten.

Sofern eine Impfung gegen den Auslöser der Pandemie entwickelt und in großer Anzahl verabreicht wird, hat eine vollständige Impfung den Effekt, dass den Bürger:innen eingeschränkte Grundrechte wieder zurückgegeben werden müssen. Impfstoff wird dabei zumindest in der Anfangsphase der Impfkampagne eine Mangelressource sein. Folglich besteht ein Anreiz für Kriminelle, Impfnachweise zu fälschen. In der heutigen Zeit gibt es den analogen Impfnachweis in Papierform und ergänzend dazu auch einen digitalen Impfnachweis über das Smartphone in einer App. Bei bestimmten Anlässen kann es erforderlich sein, dass die Polizei Impfnachweise kontrolliert. Hier bedarf es einer Schulung im Hinblick auf Echtheitsüberprüfungen, damit die Beamt:innen etwaige analoge oder digitale Fälschungen erkennen können. Straftäter:innen reagieren auf aktuelle Ereignisse sehr schnell und schaffen damit für die Polizei Herausforderungen.

In einer Pandemielage sind aufgrund der Globalisierung auch andere Mangelressourcen vorhanden, weil die Produktion bestimmter Produkte nicht mehr oder kaum noch in Deutschland stattfindet. Solche Mangelressourcen führen zum einen zu Einschränkungen bei der persönlichen Schutzausstattung auch von Polizist:innen, zum anderen aber ebenfalls zu neuen Modi Operandi bei Straftaten. Aufgrund des Beschaffungsdrucks ist es für die Täter:innen leichter, Plagiate und Produktfälschungen, die angeblich bestimmte Sicherheitszertifikate erfüllen, teuer zu verkaufen. Gerade im Bereich der persönlichen Schutzausstattung werden erhebliche Produktanzahlen beschafft und verteilt. Damit sind also erhebliche Auswirkungen – auch finanzieller Natur – verbunden. Die Ermittlungen der Polizei in diesen Fällen gestalten sich schwierig, weil eine solche Fälschung oft täuschend echt und somit schwer zu erkennen ist.

Führt eine Pandemie zu Einschränkungen des Handels und anderer Berufsfelder, so wird die Regierung staatliche Hilfe offerieren, um die betroffenen Wirtschaftszweige zu unterstützen. Diese staatlichen Hilfen sollen einfach zu beantragen und niederschwellig sein. Zur Vereinfachung werden online-gestützte Verfahren genutzt. Hier werden auch wieder Straftäter:innen auf den Plan gerufen, die verschiedene Zielrichtungen haben. Ein Ziel kann beispielsweise sein, staatliche Hilfen unberechtigt zu erhalten. Ein anderes Ziel kann darin bestehen, in den Besitz von personenbezogenen Daten/Firmendaten zu kommen, welche dann für betrügerische Zwecke genutzt werden. Gerade bei online-gestützten Verfahren besteht eine hohe Dynamik, so dass die Antragsberechtigten umgehend über auftretende Modi Operandi aufgeklärt werden müssen, um einen kriminellen Schaden zu begrenzen. Für die Polizei stellen diese Ermittlungen aufgrund der Masse und der Dynamik erhebliche Herausforderungen dar. Wie anhand der vorstehenden Beispiele dargestellt wurde, verändert eine Pandemie damit auch die PKS, weil andere Straftaten relevant werden. Die Tatverdächtigen sind dabei in der Lage, sich kurzfristig an die Pandemiesituation zu adaptieren und neue Modi Operandi zu nutzen.

Besonders zu erwähnen ist noch die Verwendung einer Mund-Nasen-Bedeckung. Außerhalb einer Pandemielage ist die Bedeckung der Gesichtszüge durch eine Mund-Nasen-Bedeckung beim Betreten bestimmter Örtlichkeiten ein Indiz für bevorstehende Straftaten gewesen. Wer z. B. eine Bank oder Tankstelle mit verdecktem Gesicht betrat, war einer bevorstehenden Raubstraftat potenziell verdächtig und konnte damit polizeiliche Einsatzmaßnahmen auslösen. Bei Demonstrationen gibt es das sog. Vermummungsverbot. Eine obligatorische Mund-Nasen-Bedeckung führt dazu, dass die Gesichtszüge der Personen unkenntlich werden, was polizeiliche Ermittlungen bei Straftaten aus der Mitte der Demonstrationsteilnehmenden erschwert. Bei der Teilnahme am Straßenverkehr ist es Fahrzeugführenden bei Bußgeldandrohung untersagt, ihr Gesicht unkenntlich zu machen, weil dadurch die Ermittlung von Verkehrsordnungswidrigkeiten und -straftaten durch die Polizei erschwert oder sogar vereitelt wird. Diese Beispiele zeigen auf, dass eine Pandemielage hier zu situativen Veränderungen bei der Sanktionsfähigkeit und -bedürftigkeit führen kann und die Polizei eine angemessene Auslegung gesetzlicher Regularien vornehmen muss.

4.4 Ausbildung und Fortbildung

Alle Polizeien in Deutschland haben derzeit und noch in den kommenden Jahren Einstellungsoffensiven und bilden deutlich mehr Personal aus, als dies noch vor einigen Jahren der Fall war. Genau wie in anderen Ausbildungsberufen oder dualen Studiengängen gibt es hier auch für die Polizei erhebliche Herausforderungen, in einer Pandemie ihre Ausbildungsoffensive zu realisieren und den Nachwuchs fachlich gut auszubilden. Fernlehre hat bisher in der Polizei eine eher untergeordnete Bedeutung. So kann eine Pandemie dazu führen, dass neue Lernangebote geschaffen werden müssen. Diese lassen sich nicht für alle Unterrichtsfächer gleichermaßen realisieren. Inhaltlich gibt es Unterrichtsstoff, welcher als Verschlusssache eingestuft ist. Die Lernplattformen lassen von ihrer Sicherheit oft nicht zu, dass Verschlusssachen in den Plattformen eingestellt werden dürfen. Gerade für polizeispezifische Inhalte stellt dies eine Herausforderung dar. Ebenso ist die technische Realisierung bei den höheren Ausbildungszahlen nicht ohne Weiteres umzusetzen. Derartiges benötigt oft lange Zeit, weil z. B. WLAN-Kapazitäten in Liegenschaften nicht ausreichen oder die Serverkapazitäten der Lernplattformen für diese Personenanzahl nicht ausgelegt sind. Erschwert werden die Lösungen durch Vorgaben im Beschaffungswesen, die sehr formalistisch und zeitintensiv sind.

Die Ausbildung für den Polizeiberuf besteht zu großen Teilen aus praktischen Inhalten, was durch Einschränkungen einer Pandemielage ebenfalls zu einer organisatorischen Herausforderung wird. Dies betrifft sowohl das Polizeitraining als auch die Praktika in Dienststellen. Die vorstehenden Ausführungen zu möglichen Quarantänemaßnahmen gelten auch in diesen Bereichen. Sie betreffen dann Lernende und Lehrende gleichermaßen, was gerade beim Ausbildungspersonal zu erheblichen Auswirkungen führen kann, wenn Lehrende verschiedene Gruppen ausbilden. Über allem steht der politische Wille, mehr neu geschaffene Planstellen bei der Polizei zu besetzen. Dennoch soll die Qualität der Ausbildung möglichst gleichbleibend sein, was durch die Rahmenbedingungen einer Pandemielage nicht leichter wird.

Alle Polizeien in Deutschland stehen bereits ohne pandemische Lage vor der Herausforderung, dass die jahrelangen hohen Ausbildungskapazitäten einen Stau in der Fortbildung der Polizist:innen verursachen. Durch Kontaktbeschränkungen und Hygienevorgaben wird es noch schwieriger, Fortbildungskapazitäten bereitzustellen. Hier muss die Prioritätensetzung noch stringenter erfolgen, so dass über einen langen Zeitraum hauptsächlich die Inhalte bedient werden, die gesetzliche Verpflichtung für die gesetzliche Aufgabenwahrnehmung sind. Die Ausführungen lassen sich analog auf Bewerber:innen für den Polizeiberuf übertragen. So erschwert eine Pandemie durch besondere Hygienekonzepte die Personalauswahl. Auch könnte die Befürchtung bestehen, dass durch eine längere Phase des Online-Unterrichts die Qualität der Schulbildung und -abschlüsse negativ beeinflusst wird. Was wiederum Auswirkungen auf das Leistungsniveau von Bewerber:innen hat.

4.5 Fazit

Zusammenfassend lässt sich feststellen, dass die polizeiliche Gefahrenabwehr in einer Pandemielage besonderen Herausforderungen unterliegt. Diese bestehen sowohl im Innenverhältnis wie auch im Außenverhältnis. Der Primat der Politik macht der Polizei hier einschneidende Vorgaben, die die Polizei zu beachten und erforderlichenfalls durchzusetzen hat. Die Situation wird erschwert durch das föderalistische System der

Bundesrepublik Deutschland. So gibt es Maßnahmen auf der Bundesebene und im ungünstigsten Fall sechzehn länderspezifische Regelungen. In einer länger andauernden Pandemielage wird die Akzeptanz der Maßnahmen in der Bevölkerung geringer, so dass dies auch wieder unmittelbare Auswirkungen auf das polizeiliche Handeln hat. Insbesondere Demonstrationen binden erhebliche Polizeikräfte. Zumal es auch in einer gewissen Anzahl Personen gibt, die gewaltbereit sind. Insgesamt führt die Kontrolle und Durchsetzung von Maßnahmen der Pandemiebekämpfung zu einer erheblichen Mehrbelastung der Polizist:innen.

5 Kritische Infrastrukturen in der COVID-19-Pandemie – Herausforderungen, Handlungsbedarfe und Lösungsansätze

Eva Stock, Ina Wienand und Kathrin Stolzenburg

5.1 Einleitung

Die COVID-19-Pandemie stellte von Beginn an die Gesellschaft vor besondere Herausforderungen. Um die Auswirkungen der Pandemie soweit wie möglich abzufedern, reagierte die Politik in Deutschland mit umfangreichen Maßnahmen. Dazu gehörte auch, einen Ausfall wichtiger kritischer Dienstleistungen insbesondere die der Daseinsvorsorge zu verhindern. Die Akteur:innen in Unternehmen und Behörden sahen sich mit einer neuen Lage konfrontiert, in der zum einen der Schutz der Bevölkerung gewährleistet werden musste und zum anderen Ausfälle Kritischer Infrastrukturen vermieden werden sollten. Diese Lage führte insbesondere in der ersten Welle der Pandemie zu Anforderungen, die rasches Handeln seitens der Behörden und Unternehmen bedingten. Es zeigte sich, dass die behördlich ergriffenen Maßnahmen und die damit einhergehenden Anordnungen zum Schutz der Gesundheit Ausnahmen und Sonderregelungen für Kritische Infrastrukturen enthalten mussten. Dafür war jedoch zunächst zu klären, welche Unternehmen in den engeren Kreis der Kritischen Infrastrukturen oder systemrelevanten Einrichtungen einzuordnen sind. Die Autorinnen dieses Beitrages beleuchten im Folgenden die Herausforderungen im Zusammenhang mit der Aufrechterhaltung kritischer Dienstleistungen im Verlauf der COVID-19-Pandemie, zeigen erste Lessons-Learned auf und stellen Lösungsansätze vor, die gleichermaßen für andere Szenarien jenseits einer Pandemie herangezogen werden können.

5.2 Staatliche Maßnahmen im Kontext Kritischer Infrastrukturen in der COVID-19-Pandemie

Deutschland begegnete den Auswirkungen der COIVD-19-Pandemie primär mit Maßnahmen zum Schutz der Gesundheit. Als Folge der vielfältigen Schließungen und Einschränkungen wurden zudem Maßnahmen zur Unterstützung und Förderung der Wirtschaft umgesetzt. Die Pandemie forderte (Stand Juli 2021) viele Millionen Tote weltweit und kam in mehreren Ausbruchswellen. In Europa war im Februar 2020 zunächst Italien schwer betroffen und musste einschneidende Maßnahmen wie Schulschließungen, Gebietsabriegelungen und Notfallmaßnahmen in den Krankenhäusern der betroffenen Gebiete einleiten. In den folgenden Wochen wurden die Auswirkungen der COVID-19-Pandemie in anderen Teilen Europas zunehmend deutlich und eindrücklich spürbar: Nur wenige Tage, nachdem die Weltgesundheitsorganisation (WHO) den Corona-Ausbruch am 11. März 2020 zur Pandemie erklärt hatte (WHO 2020), reagierte auch Deutschland Mitte März 2020 mit einem Lockdown. Hierzu zählten die Schließung von Schulen sowie der Gastronomie, die Absage von Veranstaltungen, strenge Einreisebestimmungen und Grenzkontrollen sowie weitere Maßnahmen. Diese Maßnahmen wurden in Deutschland in den beiden folgenden Wellen (Herbst 2020 und Frühjahr 2021) in unterschiedlicher Ausprägung erneut umgesetzt. Zwischen diesen Wellen, d. h. bei Entspannung der Lage, kam es zu Lockerungen. Dieses Vorgehen brachte Planungsunsicherheiten für die Wirtschaft und die Gesellschaft mit sich.

5.3 Herausforderungen für Kritische Infrastrukturen und systemrelevante Einrichtungen

Die von den Behörden zur Bewältigung der COVID-19-Pandemie eingeleiteten Maßnahmen enthielten auch Restriktionen für Unternehmen. Diese führten zu erschwerten Bedingungen oder Einschränkungen bei der Erbringung von Dienstleistungen. Auch Betreiber:innen Kritischer Infrastrukturen waren davon betroffen.

Damit eine reibungslose Versorgung der Bevölkerung mit kritischen Dienstleistungen gewährleistet werden konnte, waren in den von den Behörden erlassenen Anordnungen zu Quarantänemaßnahmen, Notbetreuung oder Kontaktbeschränkungen, Sonderregelungen für Betreiber:innen Kritischer Infrastrukturen enthalten. Diese Sonderregelungen erforderten einen schnellen Informationsaustausch zwischen Unternehmen und Behörden sowie ein gemeinsames Verständnis des Schutzes Kritischer Infrastrukturen. So zeigte sich deutlich, dass zwar die Definition Kritischer Infrastrukturen gemäß der »KRITIS-Strategie« (BMI 2009) genutzt wurde, die nähere Auslegung dieses Begriffes jedoch auf unterschiedliche Art und Weise erfolgte.

»Kritische Infrastrukturen sind Organisationen und Einrichtungen mit wichtiger Bedeutung für das staatliche Gemeinwesen, bei deren Ausfall oder Beeinträchtigung nachhaltig wirkende Versorgungsengpässe, erhebliche Störungen der öffentlichen Sicherheit oder andere dramatische Folgen eintreten würden« (BMI 2009, 3).

5.3 Herausforderungen für Kritische Infrastrukturen

Innerhalb von Unternehmen und Einrichtungen, die zu den Kritischen Infrastrukturen zählen, wurde zu Beginn der COVID-19-Pandemie das interne Krisenmanagement aktiviert. Die Aufrechterhaltung der kritischen Dienstleistungen – beispielsweise im Gesundheitswesen oder in der Stromversorgung – musste trotz Kontaktbeschränkungen und Quarantänemaßnahmen sichergestellt werden. Zum Schutz des Personals wurden die Abläufe in den Unternehmen entsprechend angepasst. Hierzu zählten Maßnahmen zur frühzeitigen und ausreichenden Information des Personals, allgemeine Hygiene- und Verhaltensregeln, die Bereitstellung von Schutzausstattung und Passierscheinen, Anpassungen im Schichtbetrieb oder die Vorbereitungen auf Impfungen des Schlüsselpersonals. Insbesondere die mit den Hygiene- und Schutzmaßnahmen verbundenen Beschaffungsvorgänge waren zeitaufwendig und kostenintensiv oder nicht realisierbar. Zudem standen die Betreiber:innen Kritischer Infrastrukturen vor der Herausforderung, Engpässe des Schlüsselpersonals aufgrund von Quarantänemaßnahmen für Mitarbeitende zu überbrücken. Für Leitwarten der Gas-, Wasser- und Stromversorgung wurden seitens der Betreiber:innen Vorkehrungen zur Aufrechterhaltung der kritischen Dienstleistung getroffen; einige dieser Unternehmen überlegten die mögliche Isolation zentraler Leitstellenmitarbeiter:innen auf der Arbeitsstelle (Flauger 2020). Frühzeitig wurden durch Verbände, Industrie- und Handelskammern (IHK) und Behörden u. a. durch das Bundesamt für Bevölkerungsschutz und Katastrophenhilfe (BBK) Lageberichte der Sektoren und Empfehlungen zur Krisenbewältigung verfügbar gemacht (BBK 2021).

Für Unternehmen und Einrichtungen Kritischer Infrastrukturen bestand eine weitere Herausforderung in den Schließungen von Schulen und Kindertagesstätten sowie anderen öffentlichen Einrichtungen. So waren die Mitarbeitenden der Betreiber Kritischer Infrastrukturen in die Betreuung von Kindern oder Angehörigen eingebunden, was wiederum den Bedarf einer Notbetreuung verstärkte. Obgleich die Bundesländer Regelungen zur Notbetreuung für ausgewählte Dienstleistungen trafen, war vielen Mitarbeitenden unklar, ob ihre Tätigkeit die Kriterien der Anordnungen erfüllte. Diese Unsicherheit spiegelte sich beispielsweise in unzähligen Anfragen von Unternehmen und Beschäftigten bei den Behörden auf Bundes- und Landesebene sowie der kommunalen Ebene wider.

Insbesondere die Grenzschließungen in der ersten Welle und die damit verbundenen Regelungen und Anordnungen der Bundesländer stellten überregional agierende Unternehmen in Deutschland vor Herausforderungen. Vornehmlich in der zweiten Märzhälfte im Jahr 2020 kam es zu schwierigen Situationen an den Grenzen. Der transeuropäische Warenverkehr wurde abrupt gestoppt, Wartungspersonal und sonstige Mitarbeitende, auch der Kritischen Infrastrukturen, erreichten Arbeits- und Einsatzorte nicht. Es kam an einigen Grenzen zu langen Staus von Lkw, die sich teilweise über Tage hinzogen und Auswirkungen auf Lieferketten und Produktion in Europa hatten. Dabei standen die betroffenen Fahrerinnen und Fahrer unter einer hohen psychischen und physischen Belastung. Unternehmen, die innerhalb Deutschlands überregional tätig sind, mussten die oft sehr unterschiedlichen Regelungen und Zuständigkeiten für jedes Bundesland ermitteln und die Maßnahmen für die Mitarbeitenden darauf anpassen. Viele betroffene Unternehmen haben aus diesem Grunde für länderübergreifende Lösungen plädiert (UP KRITIS 2021).

In einigen Sektoren und Branchen Kritischer Infrastrukturen zeichneten sich im weiteren Verlauf der Pandemie Produktions- oder Lieferengpässe, u. a. bedingt durch die Abhängigkeit von grenzüberschreitenden Lieferketten, ab. Diese führten jedoch zu keinem Zeitpunkt zu einer ernsten Gefährdung der kritischen Dienstleistungen. In der ersten Welle betrafen diese Engpässe beispielsweise Verpackungsmaterialien, die oft aus dem Ausland bezogen werden. Zudem wurde deutlich, dass bestimmte Produkte und Materialien, insbesondere im Hinblick auf mögliche Krisensituationen, mit großer Vorausschau beschafft werden müssen. Für die Aufrechterhaltung der Lieferketten waren schnelle behördliche Entscheidungen und eine zeitnahe Kommunikation der Maßnahmen für die Unternehmen eine Voraussetzung, um ihre Prozesse aufrechtzuerhalten. Im Verlauf der COVID-19-Pandemie lösten sich einige Engpässe auf, andere traten erst später zu Tage, wie z. B. die Verknappung von Baumaterial, die erst ab der dritten Welle deutlich bemerkbar wurde (Neumann 2021).

Für die Umsetzung der verschiedenen Maßnahmen war die Zuordnung von Unternehmen und Einrichtungen zu Kritischen Infrastrukturen eine Voraussetzung. Nicht minder wichtig war die damit einhergehende Frage der Systemrelevanz. Grundsätzlich fehlte es an einem einheitlichen, gemeinsamen Verständnis zu diesem Sachverhalt. So erreichten die Behörden auf Ebene des Bundes, der Länder und der Kommunen in der ersten Welle eine Vielzahl von Unternehmensanfragen, um eine Bescheinigung als Kritische Infrastruktur oder systemrelevante Einrichtung zu erhalten. Es war daher erforderlich, die Abgrenzung der Begriffe »Kritische Infrastrukturen« und »systemrelevante Einrichtungen« zu diskutieren (siehe Bild 4). Ebenso war es notwendig bestehende Definitionen (siehe KRITIS-Strategie BMI 2009) oder gesetzliche Regelungen (z. B. BSI-Kritisverordnung) mit Bezug zum Schutz Kritischer Infrastrukturen aufzugreifen und in den Kontext der COVID-19-Pandemie zu setzen.

5.3 Herausforderungen für Kritische Infrastrukturen

kritische Dienstleistungen (kDL)
sind Dienstleistungen zur Versorgung der Allgemeinheit, deren Ausfall oder Beeinträchtigung zu erheblichen Versorgungsengpässen oder zu Gefährdungen der öffentlichen Sicherheit führen würde. Die kDL werden in den von Bund und Ländern beschlossenen Sektoren bereitgestellt.

An der Bereitstellung kritischer Dienstleistungen sind systemrelevante Einrichtungen entweder unmittelbar (als Kritische Infrastrukturen) oder mittelbar beteiligt

Kritische Infrastrukturen (KRITIS)
sind Organisationen und Einrichtungen mit wichtiger Bedeutung für das staatliche Gemeinwesen, bei deren Ausfall oder Beeinträchtigung nachhaltig wirkende Versorgungsengpässe, erhebliche Störungen der öffentlichen Sicherheit oder andere dramatische Folgen eintreten würden. Die KRITIS lassen sich den von Bund und Ländern beschlossenen Sektoren zuordnen.

weitere Einrichtungen
Diese Einrichtungen stellen Güter und Dienstleistungen bereit, die von den Betreibern Kritischer Infrastrukturen benötigt werden, um eine kritische Dienstleistung bereitstellen zu können (z.B. als Zulieferer). Sie sind in dieser Funktion mittelbar an der Bereitstellung kritischer Dienstleistungen beteiligt.
Diese Einrichtungen müssen sich nicht in die Einteilung von Sektoren und Branchen einordnen lassen.

Systemrelevante Einrichtungen (im KRITIS-Kontext)
sind alle Anlagen und Einrichtungen, die entweder unmittelbar (KRITIS) oder mittelbar zur Bereitstellung kritischer Dienstleistungen beitragen. Alle Kritischen Infrastrukturen sind demnach systemrelevant, aber nicht alle systemrelevanten Einrichtungen sind Kritische Infrastrukturen.

Bild 4: *Schematische Übersicht zur Abgrenzung der Begriffe »kritisch« und »systemrelevant« (Quelle: »Baukasten KRITIS«, BBK 2021)*

Ebenso mangelte es auf Bundes- und Landesebene an einer Konkretisierung der Zugehörigkeit von Unternehmen und Einrichtungen zu den jeweiligen Branchen und Sektoren Kritischer Infrastrukturen. Einzelne Bundesressorts sowie Bundesländer haben kurzfristig Hilfestellungen, z. B. KRITIS-Listen, im Internet veröffentlicht (z. B. BMEL 2020). Oft wurde in den Anfragen der Unternehmen die Identifizierung als Kritische Infrastruktur mit der BSI-Kritisverordnung und den dort gültigen Schwellenwerten in Verbindung gebracht.

5.4 Erkenntnisse und Handlungsbedarfe im Kontext Kritischer Infrastrukturen

Im Verlauf der Pandemie war die Sicherstellung der Versorgung der Bevölkerung mit kritischen Dienstleistungen nicht gefährdet. Zwar kam es beispielsweise im Lebensmitteleinzelhandel zu vorübergehenden Versorgungsverzögerungen mit einigen Gütern – beispielsweise Toilettenpapier, Mehl, Hefe, Nudeln etc. –, doch weder hatten diese Verzögerungen signifikante Auswirkungen auf die Versorgung der Bevölkerung mit lebenswichtigen Gütern noch basierten sie auf Engpässen der Produktion.

Dennoch zeigen die vorab beschriebenen Herausforderungen Handlungsbedarf für verschiedene Akteur:innen auf. Schließlich ist es das Ziel, die Krisenvorsorge und Krisenbewältigung im Kontext Kritischer Infrastrukturen für zukünftige Szenarien – auch jenseits einer Pandemie – zu stärken. In diesem Zusammenhang ist zu berücksichtigen, dass während der COVID-19-Pandemie immer ein gewisser zeitlicher Spielraum für Entscheidungen und Maßnahmen vorhanden war. Die unterschiedlichen Entwicklungen der Pandemie weltweit hinsichtlich Ausprägung und Zeitverlauf, ermöglichten Deutschland die Erkenntnisse und Erfahrungen anderer Staaten aufzugreifen. Diese Rahmenbedingungen sind in anderen Szenarien, wie z. B. einem großflächigen, lange andauernden Stromausfall nicht gleichermaßen gegeben. Daher bedarf es unter Umständen noch schnellerer Entscheidungs- und Umsetzungsprozesse. Der im Folgenden dargelegte Handlungsbedarf adressiert sowohl Behörden als auch Unternehmen.

Informationsbedarf identifizieren
Insbesondere in der ersten Welle der COVID-19-Pandemie, aber auch im weiteren Verlauf, bestand ein großer Informationsbedarf der Unternehmen. Sachzuständig war meist die lokale Ebene, die in der Pandemie großen Anforderungen und Belastungen ausgesetzt war. Eine Unterstützung der lokalen Behörden mit Informationen, die für den Schutz Kritischer Infrastrukturen erforderlich sind, sowie der damit verbundene Informationsaustausch zwischen den administrativen Ebenen (Bund, Land, Kreis, Gemeinde) wäre daher erforderlich gewesen. Zum einen erreichten behördliche Informationen die Unternehmen des Öfteren nicht, unvollständig und/oder zu spät. In einigen Fällen konnten Informationsbedarfe (z. B. zur Zugehörigkeit zu Kritischen Infrastrukturen, zur Erstellung von Passierscheinen etc.) nicht ausreichend gedeckt werden. Zum anderen fehlten auch Informationen zur Lagebewertung und Lageprognose in den einzelnen Sektoren und Branchen Kriti-

5.4 Erkenntnisse und Handlungsbedarfe

scher Infrastrukturen. Diese lagen in vielen Ländern und Kommunen nur eingeschränkt vor.

Informationswege kennen und Zuständigkeiten regeln
Der hohe Informationsbedarf von Unternehmen und Behörden in der COVID-19-Pandemie hat ebenfalls gezeigt, dass es wichtig ist, die Informationswege bereits vor einer Krise oder einem Ereignis zu kennen. Dies bedeutet, dass Zuständigkeiten für das Krisenmanagement in den Behörden sowie die Zuständigkeiten für die Sektoren im Kontext Kritischer Infrastrukturen den Unternehmen und Verbänden bekannt sein sollten. Ebenso sollten die Ansprechpartner:innen für das Krisenmanagement in den Unternehmen für die Behörden schnell nachvollziehbar sein. Diese Informationen sollten bereits im Vorfeld ausgetauscht werden, damit eine Kontaktaufnahme im Rahmen des Risiko- und Krisenmanagements reibungslos erfolgen kann. Ein möglicher Lösungsansatz wäre eine umfassende und von Unternehmen und Behörden gemeinsam erarbeitete Lagebewertung und -prognose zum Schutz Kritischer Infrastrukturen. Dies ist eine wichtige Voraussetzung, um notwendige Maßnahmen zur Sicherstellung der Versorgung rechtzeitig einzuleiten. Einige Bundesländer und Kommunen haben eine Lagebewertung und -prognose Kritischer Infrastrukturen in der COVID-19-Pandemie umgesetzt. Als Beispiel sei hier die Stadt Mülheim an der Ruhr genannt, die schon frühzeitig durch einen engen Austausch mit den Unternehmen Lageinformationen in Form eines interaktiven Dashboards aufbereitet hat (Kleinebrahn et al. 2021). Der Informationsaustausch zwischen Behörden und Unternehmen sowie Verbänden zur Lagebewertung und -prognose sollte daher zukünftig gestärkt werden. Ebenso ist ein Informationsaustausch zwischen verschiedenen Ressorts (u. a. Gesundheits-, Wirtschafts- und Innenressort) Voraussetzung für eine umfassende Lagebewertung und -prognose. Die Informationswege sollten für die jeweiligen Akteur:innen klar und transparent sein. Eine Formalisierung der Informations- und Meldewege wäre ein wesentlicher Schritt hin zu einer Stärkung von Lagebewertungen und -prognosen im Kontext Kritischer Infrastrukturen.

Grundlage hierfür ist auch eine zielgerichtete, ggf. verpflichtende Ausbildung von Krisenstäben, wie sie beispielsweise an der Bundesakademie für Bevölkerungsschutz und Zivile Verteidigung (BABZ) des BBK angeboten wird. Seminare zur Notfallplanung und zum Grundverständnis der Funktionsweise Kritischer Infrastrukturen machen die BABZ letztlich auch zu einer Plattform der Vernetzung.

Gemeinsames Verständnis herstellen
Im Verlauf der Pandemie wurde der Bedarf einer Konkretisierung der kritischen Dienstleistungen, Prozesse und Anlagen/Einrichtungen sehr deutlich. Es zeigte sich,

dass bestimmte Unternehmen und Einrichtungen eine hohe Bedeutung für das Funktionieren des Gemeinwesens hatten, die sich nicht in den Sektoren und Branchen der Kritischen Infrastrukturen des Bundes, der Länder und der Kommunen widerspiegeln.[1]

In Vorbereitung auf zukünftige Ereignisse sollte bundesweit eine ebenengerechte und harmonisierte Übersicht der Sektoren, Branchen, kritischen Dienstleistungen und Prozesse sowie Anlagen und Einrichtungen vorliegen. Diese kann künftig Basis für eine zügige Risikobewertung im Ereignis sein. Eine praxisnahe Herangehensweise zur Identifizierung Kritischer Infrastrukturen wird beispielsweise in der Arbeitshilfe »Schutz Kritischer Infrastrukturen – Identifizierung in sieben Schritten« beschrieben (BBK 2019). Gleichermaßen notwendig ist eine bundeseinheitliche, begriffliche Schärfung der Systemrelevanz im Kontext Kritischer Infrastrukturen sowie die Berücksichtigung systemrelevanter Einrichtungen und Unternehmen im Risiko- und Krisenmanagement (vgl. Bild 4). Neben der Identifizierung Kritischer Infrastrukturen und systemrelevanter Einrichtungen wurde der Bedarf der Priorisierung deutlich, um den Betreiber:innen Kritischer Infrastrukturen den Zugang zu begrenzten Ressourcen, wie z. B. Schutzausstattung, Testungen oder Impfungen zu ermöglichen. Unabdingbar ist in diesem Zusammenhang die Festlegung von Kriterien zur Priorisierung.

Eine Empfehlung für die Auswahl und Festlegung solcher Priorisierungskriterien wurde mit dem sogenannten »Baukasten KRITIS« (BBK 2021) erarbeitet. Dieser bietet speziell Unternehmen und Einrichtungen Kritischer Infrastrukturen Kriterien an, mit deren Hilfe eine systematische Priorisierung ihrer kritischen Prozesse und Funktionen vorgenommen werden kann. Insbesondere bei begrenzten personellen Ressourcen oder aber auch bei der Notwendigkeit einer Beschränkung von personellen Ressourcen durch ein gegebenes Szenario – wie der Pandemie – sind Kriterien zur Priorisierung zwingend erforderlich. In vielen Unternehmen und Einrichtungen Kritischer Infrastrukturen wird bereits ein umfassendes Risikomanagement und/oder Business Continuity Management (BCM) durchgeführt, auf das im Rahmen der Priorisierung aufgebaut werden kann (BMI 2011, BBK 2021).

Grenzüberschreitende Dienstleistungen sicherstellen
Die pandemiebedingten Grenzschließungen zeigten, dass die Aufrechterhaltung Kritischer Infrastrukturen vielfach von funktionierenden Lieferketten sowie von der

---

[1] Das Projekt BBK-Innovativ »KRITIS-Bildung« untersucht die Fragestellung, ob Bildungseinrichtungen (z. B. Schulen) auch eine Kritische Infrastruktur darstellen (Karutz 2022).

Mobilität des Personals abhängig ist. Produzent:innen, Zulieferer:innen und Dienstleister:innen aus dem Ausland kommen somit eine wesentliche Rolle für die Aufrechterhaltung der kritischen Dienstleistungen im Inland zu. Ebenso haben in Deutschland überregional tätige Unternehmen in der Pandemie den Bedarf der Harmonisierung von länderspezifischen Regelungen und Anordnungen (z. B. Notbetreuung, Zugangsbeschränkungen etc.) geäußert (UP KRITIS 2021).

Aus diesem Grund sollten Sonderregelungen für Betreiber:innen Kritischer Infrastrukturen sowie für deren Zulieferer:innen und Dienstleister:innen (im In- und Ausland) gelten, wenn diese einen unerlässlichen Beitrag zur Aufrechterhaltung der kritischen Dienstleistungen leisten. So werden grenzüberschreitende Lieferketten nicht unnötig beeinträchtigt. Im nationalen Rahmen sollten einheitliche Anforderungen und Regelungen für Kritische Infrastrukturen geschaffen werden. Diese sollten für die Unternehmen jedoch transparent und einfach nachvollziehbar und umsetzbar sein (z. B. durch digitale Verwaltungsverfahren) (UP KRITIS 2021).

5.5 Zukunftsfähige Lösungsansätze – ein Ausblick

In der COVID-19-Pandemie hat sich gezeigt, dass es gesamtstaatlich und gesamtgesellschaftlich noch Optimierungspotenzial im vernetzten Risiko- und Krisenmanagement der Akteur:inne gibt. Es gilt, sich bestmöglich auf zukünftige Szenarien vorzubereiten, damit die Krisenbewältigung erfolgreich gelingen kann. Folgende Lösungsansätze wurden identifiziert:

Weiterentwicklung von Methoden zum Schutz Kritischer Infrastrukturen
Es besteht grundlegender Bedarf einer proaktiven und vorausschauenden Weiterentwicklung von Methoden zur Krisenvorsorge und Krisenbewältigung im Kontext Kritischer Infrastrukturen. Ein erster wichtiger Schritt wurde mit der Erarbeitung des »Baukasten KRITIS« (Bild 5) umgesetzt (BBK 2021).

5 Kritische Infrastrukturen in der COVID-19-Pandemie

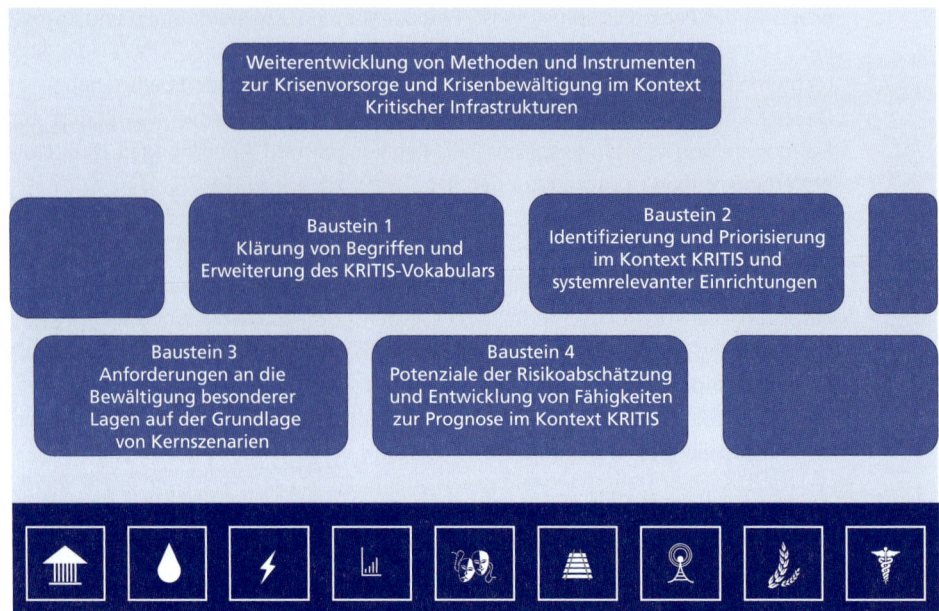

Bild 5: *Grundlagen und Methoden des »Baukasten KRITIS« (Quelle: BBK 2021)*

Es haben sich vier teilweise stark miteinander verbundene Themenbereiche zur Krisenvorsorge und Krisenbewältigung mit besonderer Relevanz für den Schutz Kritischer Infrastrukturen herauskristallisiert (siehe Bausteine 1 – 4 in Bild 5). Diese umfassen einerseits grundlegende Aspekte der Schärfung von Begriffen und der Erweiterung des KRITIS-Vokabulars sowie andererseits eine Weiterentwicklung existierender Methoden und Instrumente zum Schutz Kritischer Infrastrukturen um dynamische und szenarienbezogene Aspekte. Eine Erkenntnis aus der Pandemie ist die Notwendigkeit der Herleitung von Priorisierungskriterien für Kritische Infrastrukturen, die in Baustein 2 näher beleuchtet wird (BBK 2021).

Der »Baukasten KRITIS« wird im Austausch zwischen Bund und Ländern weiter erarbeitet und soll bei der Vorbereitung auf zukünftige Lagen unterstützen sowie gleichzeitig die Krisenreaktionsfähigkeit stärken. Mit der Erstellung des Baukastens und dem Rückgriff auf die Bausteininhalte bei Bedarf wird auch ein Beitrag zur Fortentwicklung des Schutzes Kritischer Infrastrukturen insgesamt geleistet.

5.5 Zukunftsfähige Lösungsansätze – ein Ausblick

Stärkung des Risiko- und Krisenmanagements im Kontext Kritischer Infrastrukturen
Die Versorgungssicherheit Kritischer Infrastrukturen sollte in den Krisenstäben auf allen Ebenen (Bund, Land, Kommune) noch stärker berücksichtigt werden. Voraussetzung hierfür sind klare Informationswege zwischen Unternehmen, Verbänden und Behörden und etablierte Strukturen, um Informationen der Lagebewertung und -prognose zum Schutz Kritischer Infrastrukturen zu generieren, zu verarbeiten und gezielt zu steuern. Diese Informationswege sollten bereits im Vorfeld im Sinne eines integrierten Risiko- und Krisenmanagements etabliert werden (DIN SPEC 91390:2019-12). Für den Informationsfluss zwischen Behörden und Unternehmen können Kommunikationsplattformen wie der UP KRITIS helfen, einheitliche Rahmenbedingungen und ein gemeinsames Verständnis der Grundlagen im Schutz Kritischer Infrastrukturen zu schaffen.

Stetige Förderung der Aus- und Fortbildung
Für die Bewältigung von Krisen und Katastrophen ist es wichtig, die Aus- und Fortbildung, konkret die Befähigung von Entscheidungsträgern sowie Fach- und Führungskräften, zu stärken. Die Erkenntnisse der COVID-19-Pandemie werden sich somit im Bildungsportfolio der BABZ widerspiegeln. Daher ist geplant, dass künftig alle Führungskräfte und Verantwortlichen für das staatliche Krisenmanagement aller Ebenen dieselbe Aus- und Fortbildung in der zentralen Bildungseinrichtung BABZ durchlaufen.

Es gilt die beschriebenen Lösungsansätze zum Schutz Kritischer Infrastrukturen in die Vorbereitung auf und die Bewältigung von zukünftigen Ereignissen einzubeziehen. Besonders wichtig dabei ist, dass die im Kontext Kritischer Infrastrukturen relevanten Akteur:innen wie Unternehmen, Behörden sowie Verbände eng zusammenarbeiten. Insbesondere der fach- und ebenenübergreifenden Vernetzung im Risiko- und Krisenmanagement kommt hierbei eine wichtige Rolle zu.

6 Innere Sicherheit

Tobias Brodala

Ziel dieses Kapitels ist es, Auswirkungen der COVID-19-Pandemie im ersten Jahr der Krise auf besonders kritische Gefahrenquellen für die inneren Sicherheit Deutschlands auf Bundesebene zu projizieren. Dem Umfang geschuldet findet dabei eine doppelte inhaltliche Reduktion statt. Eine regionale Bezugnahme auf Ebene der Bundesländer kann nicht stattfinden, ebenso nicht eine Ausdifferenzierung der Strömungen innerhalb eines Gefährderspektrums. Ablagen von den hier aufgezeigten Tendenzen finden in einzelnen Strömungen offensichtlich statt. Diese können sich im Einzelfall massiv voneinander unterscheiden. Daher können die geneigten Leser:innen dieses Kapitels keine Voraussage für zukünftige Gefahrenereignisse, mittelbar oder unmittelbar im Zusammenhang mit der Corona-Pandemie stehend, erwarten.

6.1 Moduswechsel

Mit Ausnahme der Bedrohung durch rechtsextremistische Bewegungen erwarten die Leser:innen eher keine neuen Gefahrenquellen, sondern neue Modi. Das ist durchaus vergleichbar mit der Entwicklung von häuslicher Gewalt in der Zeit des Lockdowns. Ein friedlicher Mensch wird durch einen Lockdown nicht gewalttätig wider seine Liebsten. Bestehen jedoch gewalttätige Potenziale, kann gesteigerter Frust seitens des Täters oder der Täterin sowie der Wegfall von Rückzugsoptionen für das Opfer die Lage für Betroffene intensivieren und erhebliche Auswirkungen auf die gefühlte und tatsächliche Sicherheit haben. Ähnlich verhält es sich mit den bestehenden Gefahren für die innere Sicherheit in Deutschland: Potenziale erfahren eine Veränderung und beide Seiten reagieren darauf.

Reichsbürger:innen/»Selbstverwalter:innen«

Die Corona-Pandemie hat für den Bereich Reichsbürger:innen/Selbstverwalter:innen den vermutlich unmittelbarsten Einfluss, obwohl es sich hierbei um eine extrem heterogene, nicht organisierte Gruppe handelt. Sie besteht aus Einzelpersonen, Kleingruppen und miteinander assoziierten online Netzwerken. Spannenderweise folgen deren Aktivist:innen keiner gemeinschaftlichen Ideologie, sondern speisen sich aus einer Vielzahl von Motivationen. Der verbreitete Glaube, es würde sich dabei

6.1 Moduswechsel

vor allem um eine politisch extrem rechts orientierte Gruppe handeln, trifft nicht zu. Gemein ist allen Reichsbürger:innen und Selbstverwaltern die Ablehnung der Legitimität und Souveränität der Bundesrepublik Deutschland. Entsprechend fungieren sämtliche staatlichen Interventionen zum Infektionsschutz als Verstärker des Feindbilds.

Im Ergebnis führt dies zu einer Vielzahl neuer Verschwörungsideen[2] und teilweise diffusem Anschlussverhalten von links bis rechts und ist vollkommen ideologiefrei. Das antisemitische Konzept einer Neuen Weltordnung (NWO) entstammt beispielsweise ursprünglich nicht den Reihen der Reichsbürger:innen. Jedoch brachte die Verfassungsgebende Versammlung (VV) als eine dem Spektrum zugehörige Gruppierung »[…] die Pandemie beispielsweise mit dem antisemitisch geprägten Narrativ einer »Neuen Weltordnung« (NWO) in Verbindung.« (BfV 2020, 114). Insofern erleben wir eine zunächst auf die Ablehnung staatlicher Ordnung gerichtete Einstellung und erst danach gegebenenfalls eine Bekenntnis zu einer radikalen Gruppierung. Oder auch nicht.

Die Gewaltbereitschaft der Reichsbürger:innen/Selbstverwalter:innen nahm tendenziell im ersten Jahr der Pandemie zu und richtete sich vor allem gegen Polizeieinsatzkräfte im Rahmen von Corona-Demonstrationen. Dabei handelte es sich meistens um einfache Formen von Gewalt, wie das Werfen von Steinen, Flaschen und sonstigen Gegenständen auf Beamt:innen.

Rechtsextremismus
Von allen Strömungen wider die innere Sicherheit entwickelte sich das rechtsextremistische Spektrum im Verlauf der 2020 Pandemie am auffälligsten und auch etwas untypisch. In der Hauptsache ist es gerade hier nicht zu einer taktischen Anpassung an pandemiebedingte Umstände gekommen. Vielmehr bietet eine transnationale Pandemie ein ganz neues Potenzial für ausländerfeindliche Schuldzuweisungen und das Schüren von Ängsten zu eigenen Gunsten. Besonders die verschiedenen Demonstrationen rund um das Thema Corona haben einen fruchtbaren Anlass zur Infiltration von rechtsextremem Gedankengut geboten.

Ganz direkt geschieht das mit Blick auf das Themenfeld Antisemitismus. Dabei spielt nicht nur das psychologisch bekannte Phänomen, neuen Probleme mit bereits

---

2   Der Autor lehnt den Begriff der Verschwörungstheorie ab. Im wissenschaftlichen Diskurs handelt es sich bei einer Theorie um ein System wissenschaftlich begründeter Aussagen, das das Ziel verfolgt, Zukunftsprognosen zu erstellen (vgl. Zima 2017, S.70 ff.). Verschwörungsideen hingegen entbehren der Wissenschaftlichkeit und setzen einzelne Kognitionen in ein beliebiges Verhältnis mit dem Ziel, eine eigene Überzeugung zu stützen.

bekannten Feindbildern zu begegnen, eine Rolle (vgl. Mansour 2016). Vielmehr wird der direkte jüdische Benefit an einer weltweiten Gesundheitskrise vermutet und offen unterstellt. Plakate mit der Aufschrift »Coronavirus heißt Judenkapitalismus« und QAnon-Fantasien auf Corona-Demonstrationen sind prominente Beispiele. In beiden Fällen wird eine »Jüdische Elite« (vgl. Benz 2010) ursächlich benannt oder wenigstens als Profiteur:in inszeniert.

Die stets neuen Versuche der Pandemiekontrolle durch staatliche Einrichtungen wurden 2020 vermehrt als die Etablierung staatlicher Überwachungsmechanismen umgedeutet. Dabei spielt dies nicht nur der Agenda von sogenannten Selbstverwalter:innen und Reichsbürger:innen in die Hände. Sie stellen in der rechtsextremistischen Narrative vor allem einen deutlichen Gegenpol zur Machtumverteilung zugunsten einer rechtsorientierten Neuordnung dar. In diesem Zusammenhang wird in einschlägigen Kreisen auch von einem Tag X gesprochen. Dabei handelt es sich um eine Art faschistischer Grundidee. An dessen Ende soll »...die neue Gesellschaftsordnung stehen, welche sich an den Idealen der eigenen Bewegung orientiert.« (Paxton 2006, 301). In einschlägigen Internetforen und nach Angabe der Verfassungsschutzbehörden gehen Funktionäre des rechtsradikalen Spektrums davon aus, dass dieser Tag X coronabedingt näher rückt (BfV 2020, 50).

Ebenso findet die rechtsextreme Parteienlandschaft in den bundesweiten pandemiebedingten und vor allem wirtschaftlichen Notlagen einen Nährboden für scheinbare Solidaritätskampagnen. Das Konzept »Deutsche helfen Deutschen«, eine Initiative der Nationaldemokratischen Partei Deutschlands/NPD ist hier der vermutlich prominenteste Vertreter. Hinter der Idee, durch Sachspenden Leid zu mindern, steht vor allem der Anspruch, ausschließlich das eigene Volk aus der Krise zu führen. Gemeinsam mit der Idee, dass vor allem aus dem Ausland neu Infizierte nach Deutschland kommen, schließt sich hier ein scheinlogischer Kreis. Begleitet werden solche Ideologiebeschleuniger regelmäßig mit Wortneuschöpfungen wie »Coronamigrant:innen«. Zusätzlich kann darüber hinaus auch ein weit führendes Geflecht von Kritikmöglichkeiten am Krisenmanagement der Bundesregierung geschaffen werden.

Besonders spannend sind die dabei verwendeten Parallelen mit Slogans und Weltanschauungen aus der Zeit des Nationalsozialismus. Beispiele finden sich zahlreich, wie etwa der Ausspruch »Impfen macht frei« oder der Markierung von Ungeimpften des eigenen Lagers mit deren Kennzeichnung durch eine Binde mit Davidstern und der Überschrift »ungeimpft«.

6.1 Moduswechsel

Linksextremismus
Obwohl die Bedrohung durch rechtsextremistische Gefahren aufgrund der Vielzahl der Gefährdungslagen insgesamt als höher eingestuft werden kann, haben wir im ersten Jahr der Pandemie einen Höchststand linksextremistisch motivierter Gewaltstraftaten erleben müssen. Üblicherweise entfällt ein Großteil links motivierter Straftaten auf Groß- und Massenveranstaltungen, insbesondere auf solche, die vom rechten Spektrum angemeldet werden. Weil diese mit wenigen Ausnahmen für das Jahr 2020 abgesagt wurden, erlebten wir einen Moduswechsel hin zu konspirativen Operationen. Beispielhaft können Angriffe auf Politiker:innen erwähnt werden wie der Brandanschlag auf das private Kraftfahrzeug des Berliner AfD-Politikers Roland Gläser im August 2020. Insbesondere die angesprochene Partei ist, zusätzlich durch deren politische Äußerungen zur Pandemie, in den erklärten Fokus linksextremistischer Akteur:inne geraten. Auch hier ist vor allem körperliche Gewalt das Mittel der Wahl.

Als prototypischer Gegenentwurf zu rechtsextremistischen Aktivist:innen stellen sich Akteur:inne linksextremistischer Bewegungen gegen deren prototypisches Leugnen der Existenz einer Gefahr durch das Virus. Sie verklären diese jedoch und erkennen deren eigentliche Gefahr im Umgang des kapitalistischen Systems mit dieser Herausforderung. Der vielfach auf Demonstration gelesene Bannerspruch »Corona ist das Virus – Kapitalismus die Pandemie« drückt diese Perspektive bildhaft aus. Dieser inhaltliche Übertrag gelingt ebenso mit Bezug zu Maßnahmen des Krisenmanagements der Bundesregierung, indem Aspekte der Freiheitsbegrenzung isoliert und als staatliche Repression interpretiert werden, welche seit jeher als Hauptagitationsfeld linksextremistischer Perspektiven gilt (vgl. Pfahl-Taughber 2020).

Ein wesentliches zweites linksextremistisches Kernthema stellt der Antifaschismus dar (Schneider 2014, 8f). Analog zu den Entwicklungen des Rechtsextremismus wächst links quasi mit, was sich in gesteigerter körperlicher Gewalt gegen Teilnehmer:innen von Coronaversammlungen und deren logistische Unterstützer und beteiligter Unternehmen äußert.

Islamismus
Mit Blick auf Deutschland geht das Bundesamt für Verfassungsschutz von einer weiterhin beständigen Bedrohungslage durch islamistische Gewalt aus, verzichtet aber auf eine europäische Binnendifferenzierung. Tatsächlich zeige sich erstmals seit Jahren eine Stagnation an Gemeinschaftszuwächsen der salafistischen Glaubensrichtung.

6 Innere Sicherheit

Salafismus:

Salafismus, von arabisch السلفية as-salafiyya, beschreibt eine Glaubensrichtung innerhalb des sunnitischen Islams, die sich auf die »Altvorderen« der Gründungszeit des Islams bezieht. Sie schließt moderne Interpretationen schriftlicher Überlieferungen weitgehend aus und gilt allgemein als ultra konservative Form der Religionsausübung. Damit liegt für Expertinn:en ein mittelbarer Zusammenhang zwischen der Größe der Anhängerschaft des salafistischen Glaubens und der Menge islamistischer Potenziale nahe.

Dies kann mit der eingeschränkten Reisemöglichkeiten während der Pandemie zusammenhängen. So erscheint der Vernetzungsgrad radikalisierter Gruppierungen insgesamt nachgelassen zu haben. Dennoch können zumindest einzelne Kontakte zwischen verschiedenen islamistischen Organisationen nicht ausgeschlossen werden. In diesem Zusammenhang scheint es zu einem strategischen Umdenken gekommen zu sein. Der Islamwissenschaftler Mouhanad Khorchide (Klatt 2020) beschreibt im November 2020 einen dreifachen, mehrheitlich einheitlichen Dogmenwechsel: das formelle Anerkennen demokratischer Grundprinzipien, den Verzicht auf gewaltaffine Rhetorik und eine zunehmende Verschleierung der eigenen Glaubenszugehörigkeit. Oberflächlich vergleichbar mit der Entwicklungstendenz linksextremistischer Gruppierungen beschreibt er mithin eine Verstärkung konspirativer und infiltrativer Merkmale.

Der Lockdown wirkt hier mehrfach als Katalysator. Zum einen, weil ein verdecktes Anschlussverhalten attraktiver für Neurekrutierte wirken kann. Indem sie sich nicht initial äußerlich bekennen müssen, können sie potenziellen Repressionen eher entgehen. Andererseits erwecken verschiedene Maßnahmen der Bundes- und Landesregierungen bei vielen Bürger:innen den Anschein politischer Marginalisierung junger Menschen. Die daraus entstehende kognitive Lücke kann von islamistischen Rekruter:innen sinnvoll für ideologische Indoktrinierung genutzt werden.

Ähnlich aller anderer hier erwähnter Gefährdergruppen haben auch Islamisten ihre Schuldperspektive auf die COVID-19-Pandemie. Narrativ wird sie vielfach als Strafe Gottes für die Dekadenz des Westens interpretiert. Insofern wird dem Virus die metaphorische Funktion als Soldat Gottes zugesprochen, dessen kriegerische Effizienz wesentlich höher sei als die herkömmlicher Anschläge (BfV 2020, 195).

Auf indirektem Wege kommt es pandemiebedingt möglicherweise in Einzelfällen zu staatlicher Förderung islamistischer Netzwerke. So meldet die Generalstaatsanwaltschaft Berlin den »Verdacht der direkten Terrorfinanzierung« (Doll 2021) über den Weg des Subventionsbetrugs. Offenbar wurde von einer Vielzahl von Vereinen,

Einzelpersonen und Vereinigungen Corona-Soforthilfen beantragt ohne, dass diesem ein legitimer Anspruch zu Grunde lag.

Ausländische Geheimdienste
Nach wie vor und unverändert bestehen Bestrebungen fremder Mächte, ihre Interessen in und gegen Deutschland durchzusetzen. Ganz allgemein steigt diese höchst komplexe Bedrohungsart eher an. Ausgehend von den Hauptakteuren Russische Föderation, Volksrepublik China, Islamische Republik Iran und Republik Türkei wirken hier vor allem fremde Nachrichtendienste mit dem Ziel, politische Positionen nach eigener Interessenlage zu schwächen oder zu stärken, die politische Meinungsbildung des Volks zu beeinflussen sowie ganz allgemein zum Zwecke der Wirtschaftsspionage. Dazu dienen primär, aber nicht ausschließlich taktische Maßnahmen der Infiltration, Destabilisierung, Desinformation sowie der Bereich Cyber-Crime.

Insbesondere der Wirkungsbereich Cyber hat vor dem Hintergrund der pandemiebedingen Homeoffice-Regelungen eine Verschärfung der Angreifbarkeit bewirkt. Das deutsche Nationale Cyber-Abwehrzentrum spricht diesbezüglich von einem sprunghaften Anstieg der Infiltration deutscher Netzwerke über Fernzugriffstools (vgl. BKA 2020). Dies betreffe vor allem Kritische Infrastrukturen. Das Bundesamt für Sicherheit in der Informationstechnik geht im April 2021 davon aus, dass 58 % der an einer Umfrage beteiligten deutschen Unternehmen ihr Homeoffice-Angebot auch nach der Pandemie aufrechterhalten wollen. Diese gesteigerte Bedrohung wird somit tendenziell bestehen bleiben, zumal IT-Sicherheit in den allermeisten Unternehmen eine untergeordnete Rolle zu haben scheint (vgl. BSI 2021).

6.2 Ableitungen für die innere Sicherheit

Die ersten Erfahrungen aus der COVID-19-Pandemie 2020 zeigen, dass sich mit Bezug auf die innere Sicherheit der Bundesrepublik Deutschland kein grundsätzlich neues Gefahrenpotenzial ergeben hat. Vielmehr wirkt die Pandemie katalysatorisch und nur innerhalb eines Gefährdungsspektrums prototypisch für die jeweilige Bedrohungsquelle. Insofern ist nicht davon auszugehen, dass etwa die Beschränkung der Reisebewegung für terroristische Vereinigungen eine Beruhigung des Gefahrenpotenzials bewirkt hätte. Vielmehr reagieren Gefährder:innen auf die neuen Umstände. Dabei passen sie ihre Taktiken den aktuellen Entwicklungen an, vernetzen sich neu, rekrutieren effektiver und profitieren nicht selten direkt davon, dass sie zugunsten der pandemischen Berichterstattung aus der Öffentlichkeitswahrnehmung heraustreten.

Verschärfend kommen die Herausforderungen für Behörden und Organisationen mit Sicherheitsaufgaben (BOS) hinzu, die eigene Erschwernisse im Zusammenhang mit der Pandemie kompensieren müssen. So werden beispielsweise Aus- und Fortbildungsmaßnahmen von Polizei, Feuerwehr und Rettungsdienst, aber auch der Verwaltung in Teilen der Bundesrepublik stark reduziert oder in Online-Alternativen realisiert, teilweise mit erheblichen Startschwierigkeiten und verminderten Lernerfolgen.

Darüber hinaus besteht auch im täglichen Einsatz ein erhöhtes Gesundheitsrisiko im Kontakt mit Bürger:innen und Gegenübern. Diese grundsätzlich erhöhte Eigengefährdung im Dienstalltag birgt auch ein enormes psychisches Belastungspotenzial für die betroffenen Agent:innen jeglicher Arbeitsbereiche. Für die nahe Zukunft wird somit eine wesentliche Herausforderung darin bestehen, die Handlungsfähigkeit der BOS in Aus- und Fortbildung sowie im Dienstalltag aufrechtzuerhalten, um den vielfältigen, tendenziell eher verschärften Bedrohungspotenzialen im Falle einer Pandemie entgegenzutreten.

7 Sicherheitspolitische Aspekte von Seuchen und Pandemien

Dirk Freudenberg

7.1 Vorbemerkung

Überlebensfähig und damit erfolgreich sind die Staaten, denen es auf Dauer gelingt, nicht auf der Grundlage von historischen Analogien und Parallelen sicherheitspolitische Strategien und sich daraus ableitende Konzepte aufzulegen, sondern diejenigen, welche in der Lage sind aus den Herausforderungen der Gegenwart und Zukunft Entwicklungen zu antizipieren und das umzusetzen, was erforderlich ist, um den vitalen Bedrohungen wirksam zu begegnen.

7.2 Sicherheitspolitische Ausgangslage

Der klassische Sicherheitsbegriff während des Kalten Krieges war geprägt durch die Vorstellung großangelegter militärischer Konfrontationen, vor allem konventioneller Kräfte und gegebenenfalls auch unter Einsatz atomarer Waffen. Das sich hieraus ergebende Kriegsbild umfasste umfangreiche Zerstörungen jeglicher Infrastruktur bis hin zur totalen Vernichtung allen Lebens. Dementsprechend war die internationale Politik in ihrer klaren Trennung von Innen- und Außenpolitik vornehmlich darauf bedacht, diese Vorstellung nicht Wirklichkeit werden zu lassen. Ihre außenpolitischen Instrumente waren Diplomatie und militärische Abschreckung.

Mit dem Ende des Kalten Krieges und dem Zerfall der bipolaren Weltordnung veränderte sich zugleich der Sicherheitsbegriff in mehrfacher Hinsicht. Zum einen wurde er nun verstanden als ein erweiterter, umfassender und dynamischer Terminus, dessen Politikfelder sich in alle Politikbereiche hin ausdehnten und dessen klassischen Instrumente sich ebenfalls dementsprechend erweiterten und umfassend zu betrachten sind. Die Mechanismen zunehmender Globalisierung und Transnationalität haben diese Entwicklungen katalysiert; die Notwendigkeiten und Möglichkeiten beruflicher sowie privater weltweiter Mobilität tragen unabdingbar hierzu bei. Das Auftreten des Transnationalen Terrorismus im Zuge des 11. September 2001 war insofern nur das Ereignis, welches diese Phänomene der Welt eindrücklich vor aller Augen geführt hat. Das Wiedererstarken Russlands, welches zumindest für den

7 Sicherheitspolitische Aspekte von Seuchen und Pandemien

Einflussraum der ehemaligen Sowjetunion eine dominante Rolle anstrebt, was von einigen seiner Nachbarn wiederum Bedrohungsperzeptionen als Revanche wegen ihres Austritts aus der Sowjetunion bzw. dem Warschauer Pakt ausgelöst hat, sowie die globalen Ambitionen Chinas, das wirtschaftliche Stärke und technologische Fortschritte in militärische Dominanz umsetzt, zeigen die geopolitischen Dimensionen künftiger Konfliktlinien auf. Neben den sicherheitspolitischen Herausforderungen von Kriegen und Bürgerkriegen sowie Spannungen wegen der Freiheit der See- und Handelswege sowie des freien Zugangs zu Rohstoffen, treten seit Anfang der 1990er Jahre nun auch Gefährdungen in das sicherheitspolitische Bewusstsein, welche sich unter anderem aus demographischen Entwicklungen und Migration, Natur- und Umweltkatastrophen, Cyber- und Weltraumaktivitäten und aus auftretenden, sich teilweise global ausbreitendem Seuchengeschehen ergeben. Letzteres hat sich mit dem Vogel- und Schweinegrippegeschehen des vergangenen Jahrzehnts bereits wiederholt manifestiert und ist mit der Corona-Krise seit 2020 mit massiven wirtschaftlichen Einbrüchen auch in das allgemeine öffentliche Bewusstsein getreten. Auswirkungen und Folgen derartiger Ereignisse können unabhängig von natürlicher, fahrlässiger oder vorsätzlicher Verursachung durch Handeln oder Unterlassen katastrophal sein. Auch an dieser Stelle zeigt sich, dass innere und äußere Sicherheit immer weiter miteinander verschmelzen (vgl. Kapitel B 6 in diesem Band »Innere Sicherheit«).

7.3 Sicherheitspolitische Implikationen

Beachtlich ist hierbei, dass derartige Gefährdungen oftmals nicht isoliert auftreten, sondern in dynamischen Wechselbeziehungen zu anderen Gefährdungsfeldern stehen und unter Umständen Auswirkungen auf die nationale Sicherheit von Staaten, Staatengemeinschaften sowie des internationalen Staatensystems insgesamt haben können. So haben Seuchen und Pandemien nicht nur Auswirkungen auf die komplexen Gesundheitssysteme von Staaten und führen diese möglicherweise an ihre Grenzen und darüber hinaus, sondern beeinflussen zugleich sämtliche Kritische Infrastrukturen einer Gesellschaft durch den Ausfall von Personal und Einschränkungen in den Bereichen Transport, Logistik, Dienstleistungen, Produktion und Handel; auch hier zum Teil wiederum mit internationalen und globalen wirtschaftlichen Auswirkungen. Weitere – unter Umständen erst mittelbar bzw. verzögert spürbare – Effekte ergeben sich auf das Bildungswesen und die Forschung. Einschneidende Ausfälle und Bildungsverluste können gerade für einen Staat wie die Bundesrepublik Deutschland, der keine wesentlichen eigenen Rohstoffvorkommen hat und somit als Industrienation auf hochqualifizierte Wissenschaftler:innen, Ingenieur:innen und Fachkräfte in seinen Schlüsselindustrien und -dienstleistungsbereichen angewiesen ist, von entscheidender Bedeutung für die Zukunftsfähigkeit als Wirtschaftsstandort und den anhaltenden Wohlstand seiner Bevölkerung sein. Diese Feststellung impliziert zugleich Auswirkungen auf die soziale, wirtschaftliche und somit auch politische Stabilität eines Staates.

7.4 Seuchen als Faktoren Hybrider Bedrohungen

Eine besondere Bedeutung und Dimension bekommen die vorstehenden Überlegungen, wenn Seuchen und Pandemien nicht die Auswirkungen einer Naturkatastrophe sind, sondern durch staatliche oder nichtstaatliche Akteur:inne initiiert wurden; entweder absichtlich und gezielt oder fahrlässig oder auch durch Unterlassung von Gegenmaßnahmen und öffentliche und internationale Warnungen, um gegebenenfalls die absehbaren Folgen in anderen Staaten und deren Resilienz zu testen, um die Position der anderen zu schwächen und die eigene Stellung zu stärken und im wirtschaftlichen und machtpolitischen Wettbewerb für sich auszunutzen. Mangel erzeugt Abhängigkeiten. Die Abhängigkeit von Impfstoffen und Medizinprodukten könnte politisches Wohlverhalten gegenüber Staaten erzwingen, welche über entsprechende Mangelressourcen verfügen und diese gegebenenfalls in Zeiten der Not nur an Staaten abgeben, welche sich ihnen gegenüber als willfährig erweisen. Somit könnten Seuchenerreger auch ein potenzielles Instrument in der breiten Palette Hybrider Bedrohungen sein.

7.5 Folgerungen

Aus den vorstehenden Auswirkungen ergeben sich zwingend die Überprüfung und Anpassung der sicherheitspolitisch bedeutsamen Strukturen, Prozesse, Fähigkeiten, Wirkmittel und Instrumentarien zur Vorbeugung und Reaktion hinsichtlich der

- Aufklärung und Früherkennung von pandemisch relevantem Seuchengeschehen – auch unter Einbeziehung der geheimen Nachrichtendienste zur Beobachtung und Beschaffung von Informationen zur medizinischen Nachrichtenlage (Medical Intelligence),
- Stärkung der Forschungsinstitute und -möglichkeiten in Deutschland,

7 Sicherheitspolitische Aspekte von Seuchen und Pandemien

- Sicherstellung ausreichender und anpassungsfähiger Produktionsanlagen und -mittel mit Systemrelevanz zur Vermeidung von Abhängigkeiten und Engpässen,
- Ergänzung der bereits existierenden Sicherstellungsgesetze durch ein Gesundheitssicherstellungsgesetz, um tragfähige Rechtsgrundlagen für Krisen im Gesundheitswesen bereitzuhalten,
- Stärkung des Gesundheitswesens (personell, strukturell und organisatorisch),
- mentale Härtung zur Steigerung der individuellen Resilienz der Bevölkerung durch Aufklärung, Information und Bildung zur Erhöhung der allgemeinen Akzeptanz staatlicher Krisenmaßnahmen und zur Steigerung der (vorbeugenden oder krisennotwendigen) persönlichen Impfbereitschaft.
- Stärkung der Krisenmanagementfähigkeiten der verantwortlichen Führungskräfte und Entscheidungsträger:innen in der staatlichen Administration auf allen Ebenen des föderativen Systems und der Wirtschaft im Vernetzten Ansatz durch Ausbildung, Übung und gegebenenfalls aktives Coaching zur verantwortungsvollen Wahrnehmung ihrer Aufgaben und Funktionen.

8 Klimawandel

Stefan Voßschmidt

8.1 Doppelte Risiken: Corona und »Julihochwasser« 2021 in Westdeutschland

Im Sommer 2021 wurden die Auswirkungen des Klimawandels in Deutschland sichtbar. Nach mehreren Jahren, in denen Hitzesommer und Waldbrandrisiken die Nachrichten bestimmten, führte nun der Treibhauseffekt zu verstärktem Starkregen. Unwetter forderten im Juli zahlreiche Tote in NRW und im Ahrtal in Rheinland-Pfalz. Dieses Ereignis beeinträchtigte die »klassischen« Resilienzstrukturen. Zudem wurde deutlich, dass die Anforderungen an Feuerwehr, Rettungsdienst und den Katastrophenschutz höher werden. Gleichzeitig herrschte die Pandemie, nur in der im warmen Sommer abgemilderten Form und mit stark verminderter Ansteckungsinzidenz. Die Gleichzeitigkeit dieser beiden Langzeitlagen kam so schlagartig und erforderte so schnell ein Handeln, dass z. B. eine Impfverpflichtung der Soldat:innen nicht möglich war. Beim Einsatz zur Menschenrettung waren keine Mindestabstände möglich. In der Katastrophenschutzausbildung sind »worst-case-Szenarien« üblich und sinnvoll. Wer die schlimmste Lage beherrscht, beherrscht auch die normale Katastrophe. Das heißt, auch die Vor- und Nachbereitung muss worst-case-Szenarien mit einbeziehen, vorbereitet sein auf das Hochwasser im Winter bei Kälte und Corona mit hohen Ansteckungsrisiken und der Gefahr von »Superspreadern«. Diese Risiken sind den Einsatzkräften vor Ort bewusst. Sie müssen zu einer effektiven Risikoresilienzstrategie führen.

Was war geschehen? Am Mittwoch, den 14. Juli 2021 kam es abends und in der Nacht zu einer durch extremen Starkregen ausgelösten Hochwasserkatastrophe im Ahrtal, an der Ahr und den ihr zufließenden Bächen, an der Erft und an der Swist, drei verhältnismäßig kleinen Eifelflüsschen. Die gesamte Strecke des Ahrtals wurde durch eine bis zu acht Meter hohe Flutwelle beiderseits der Ahr auf ca. 100 Metern überflutet. Der Boden war durch die Regenfälle der Vortage in den oberen Regionen aufgeweicht und vollgesogen und aufgrund der Dürren der Vorjahre grundsätzlich in tieferen Schichten hart und nicht so aufnahmefähig wie noch vor zwei Jahrzehnten. Dabei hatte es im mittleren und unteren Ahrtal mengenmäßig nicht so stark geregnet. Aber der länger anhaltende Starkregen im Einzugsbereich des Oberlaufes hatte dazu geführt, dass sich die Ahr im oberen Drittel mit Wasser aufstaute, welches dann flutwellenmäßig ins Ahrtal gebrochen ist. Beispielhaft wurden die Ortschaften Schuld, Altenahr, Rech, Marienthal, Dernau, Ahrweiler, Bad Neuenahr und Sinzig empfindlich getroffen und teilweise erheblich zerstört. Die Ahr hat vieles mitgerissen und eine Schneise der Verwüstung hinterlassen. Entlang der Strecke wohnen 40.000 Menschen. Bis auf zwei wurden von fast siebzig Brücken alle zerstört, die Orte damit zweigeteilt. Die Infrastruktur brach in weiten Teilen zusammen.

Derartige Naturkatastrophen sind Klimakatastrophen. Den Katastrophenfall in NRW und der Eifel als isoliertes und zufälliges Naturereignis anzusehen, blendet den Wissensstand der aktuellen Forschung aus, den deutlichen Zusammenhang zwischen dem menschengemachten Klimawandel und der immer weiter steigenden Zahl der Wetterextreme (Dürre, jetzt Starkregen). Die Gesetze der Thermodynamik wirken sich aus. Jedes Grad Erderwärmung beschleunigt den Wasserkreislauf. Ein Grad Erderwärmung bedeutet sieben Prozent mehr Wasser in der Atmosphäre. Dieses Mehr muss abregnen, irgendwo (Müller-Jung 2021, 1). Die Schäden in NRW und Rheinland-Pfalz werden auf 24 bis 30 Milliarden Euro geschätzt. Dabei sind allerdings nur Dörfer und Städte berücksichtigt, die direkt in der Überflutungszone liegen (Soldt 2021, 3).

Das Ahr-Hochwasser kam schnell und überraschend. Einige wollten noch kurz vor der Flutwelle das Wasser der Ahr und ihre Kraft bewundern, einige Wertsachen aus dem Keller retten, andere ihre Autos hochfahren. Ein Risikobewusstsein bezüglich der drohenden, aber in dieser Form noch nie vorhandenen Gefahr gab es ebenso wenig wie im Februar 2020 zu Beginn der Corona-Pandemie. Dabei gab es zu beiden Bedrohungen Vorwarnungen: Mehrfach war es zuvor in engen Flusstälern Deutschlands zu schweren Überflutungen gekommen, mehrfach gab es die konkrete Gefahr weltweiter Pandemien. Doch die Gefahren wurden verdrängt. Vorsorge fand nicht statt.

Mit der im Nachgang erfolgten politischen Zuschreibung als »Jahrtausendhochwasser« erfolgt eine Relativierung. Denn egal, ob es »Jahrtausend-« oder ein »Jahrhunderthochwasser« ist, die Begrifflichkeiten suggerieren, dass so ein Ereignis nur alle 100 oder sogar 1.000 Jahre vorkommt. Es betrifft mich nicht (mehr). Tatsächlich aber gibt es jedes Jahr ein Risiko, dass man von Unwetterereignissen, die sich auf den Klimawandel zurückführen lassen kann, betroffen sein kann. Genauso wie das Risiko einer Pandemie grundsätzlich bestehen bleibt, auch wenn Corona überwunden ist. Dieses Mehrfach- Risiko muss klar benannt und eine offene Risikokommunikation angestrebt werden.

Es ist wichtig, dass die Menschen verstehen, was der Klimawandel vor Ort bewirken kann. »Bildung ist der Schlüssel zur Katastrophenvorsorge« (Schrott et al. 2021, 1). Durch den Klimawandel werden bestehende Risiken durch Bebauung

8.1 Doppelte Risiken: Corona und »Julihochwasser« 2021

massiv verstärkt. Seit etwa 100 Jahren ist es in Deutschland zu einer massiven Veränderung der Landschaft gekommen. Freiflächen und Moore wurden entwässert, Flüsse begradigt, dadurch der Wasserkreislauf massiv beschleunigt. Diese Flächenversiegelungen und fehlende Retentionsflächen haben auf Flutereignisse, die infolge des Klimawandels häufiger auftreten werden, massive Auswirkungen. Es ist allerdings falsch, die beschriebenen Ereignisse als neu oder einmalig zu betiteln. Das Hochwasser im Ahrtal im Juli 1804 war vielleicht stärker als das im Juli 2021 und vom Ablauf (Starkregen) durchaus vergleichbar (Frick 1954, 42 f, Roggenkamp/Herget 2015, 150ff, Seel 1983, Stölzel 2021, KIT 2021). Die Hochwasserwarnsysteme haben die Fluten von 1601, 1804 und 1910 nicht berücksichtigt, sondern sich auf die Daten seit 1947 gestützt. Auch aktuelle (Klima-)Modellierungen beziehen sich nicht auf Starkregenereignisse in derartigen Kleinregionen. Lothar Schrott, Leiter der Arbeitsgruppe Geomorphologie und Umweltsysteme an der Uni Bonn, fasst die notwendigen Konsequenzen nach der »Jahrhundertflut« wie folgt zusammen: »Wir brauchen mehr Katastrophenvorsorge« (Schrott 2021).

Weltweit hinterlassen die klimabeschleunigten Unwetter und Starkregenereignisse (Regen in Münster 2014 ebenso) riesige Schäden und werden häufiger. Dies gilt auch für Stürme (Ela 2014, Kyrill Januar 2007, Lothar/Anatol/Martin im Dezember 1999). Die Gesetze der Natur und der Physik sind nach wie vor gültig, aber Deutschland forciert durch die enorme Flächenversiegelung die Risiken für Ereignisse mit Potenzial zur Katastrophe. Schon jetzt bei einer Erhöhung der globalen Durchschnittstemperatur um »nur« 1.2 Grad (Deutschland schon 2021 zwischen 1,5 und 1,6 Grad) sind Anpassungsstrategien dringend erforderlich, um eine gesamtgesellschaftliche Resilienz zu erzeugen. Jeder ist dabei in seinem Lebensbereich gefragt (Müller-Jung 2021, 1). Die Meteorolog:innen sind davon überzeugt, dass Extremwetterphänomene (Regen, Hitze) zunehmen. Mitte Juli 2021 kündigte die EU-Maßnahmen zur Reduktion der CO_2-Emissionen an (Glas 2021, 3).

2021 hat sich gezeigt, dass die üblichen Vorhersagen des Wetterdienstes und der Meteorolog:innen nicht ausreichen, um vor einer Katastrophe wie im Ahrtal zu warnen. 200 Liter pro Quadratmeter richten auf dem platten Land weniger an als in einem engen Tal. Jede Gemeinde sollte daher wissen, wo ihre sensiblen Zonen liegen. Voraussetzung hierfür ist eine Expositions- und Risikoanalyse. Auch die Hitze wird in verdichteten Stadtgebieten zur Lebensbedrohung. Notwendig ist ein integriertes Wasser- und Flächenmanagement. Der Wissenschaftler Stefan Greiving (Raumplanung) von der TU Dortmund ist der Ansicht, dass es in Deutschland ein grundsätzliches Problem in der Bewertung besonders vulnerabler Gefahrenräume gibt. Die Bewertung beruht auf Wahrscheinlichkeitsrechnungen, ein Hochwasser wird von vergangenen Wetterereignissen abgeleitet, im Ahrtal von den Wetterereignissen seit

1947. Damit findet eine Vorbereitung auf unvorstellbare Ereignisse und Wetterextreme den Worst Case nicht statt. Es fehlt das Problembewusstsein, dass etwas Schlimmes geschehen könne. Aber der Worst Case wäre der Fall, auf den wir vorbereitet sein müssen (Fey 2021, 60).

8.2 Deutsche Anpassungsstrategie: Ziel Resilienz

Das Klima ändert sich und mit ihm die Anforderungen an unsere Gesellschaft. Zum effizienten Umgang damit hat die Bundesregierung 2008 die Deutsche Anpassungsstrategie (DAS) an den Klimawandel, 2011 den ersten Aktionsplan Anpassung (APA I) und 2015 den Fortschrittsbericht zur DAS mit einem zweiten Aktionsplan beschlossen. Diese bilden wichtige Grundlagen für die langfristige Anpassung in Deutschland (Umweltbundesamt 2011). Die Anpassung an den Klimawandel ist eine am Vorsorgeprinzip ausgerichtete Daueraufgabe (Zweiter Fortschrittsbericht, 4).

Ziel der DAS ist eine Steigerung der Resilienz. Die Verwundbarkeit natürlicher, sozialer und wirtschaftlicher Systeme gegen Klimafolgen soll gemindert und dabei gleichzeitig die Anpassungsfähigkeit dieser Systeme erhöht werden. Hierfür hat die Bundesregierung Ende 2015 einen (ersten) Fortschrittsbericht vorgelegt. Er gibt einen Überblick über den aktuellen Stand zu Wissen, Aktivitäten und Handlungsmöglichkeiten im Bereich der Klimaanpassung und definiert konkrete Schritte zur Weiterentwicklung und Umsetzung der DAS. Wichtige Grundlagen für den Fortschrittsbericht stellten der Monitoringbericht zur DAS sowie die 2015 veröffentlichte deutschlandweite Vulnerabilitätsanalyse des Netzwerks Vulnerabilität dar. Ein weiterer (zweiter) Fortschrittsbericht einschließlich eines ressortabgestimmten Aktionsplans Anpassung (APA III) wurde im November 2020 veröffentlicht.

Im Zuge des Klimawandels kann es für die landwirtschaftlichen Kulturen zu Wasserstress kommen. Hier sind viele Anpassungsmaßnahmen erforderlich, um die Nahrungsmittelversorgung im eigenen Land zu gewährleisten. Ab 2030 kann sich Deutschland nicht mehr selbst mit Nahrungsmitteln versorgen. Trotz der vielen Aussagen zum Klimawandel im Wahlkampf 2021 bewerten Fachpressevertreter die Klimapolitik negativ: »Die Parteien überbieten sich zwar gegenseitig mit Ihren Klimazielen. Die konkreten Herausforderungen werden indes kaum diskutiert. Ohne neue Stromtrassen wie Südlink zum Beispiel wird die Energiewende kaum gelingen. Die Leitung sollte rechtzeitig zur Abschaltung der letzten Atomkraftwerke 2022 fertig sein. Bis heute ist nicht ein Kilometer davon verlegt« (Bingener 2021, 8).

In allen Fragen des nationalen und internationalen Klimaschutzes spielt das Klimaschutzgesetz eine wichtige Rolle. Deutschlands Weg zur Klimaneutralität ist

8.3 Klimawandel, Flüchtlingskrise, Corona

dort vorgezeichnet. Nach der Entscheidung des Bundesverfassungsgerichts vom 29. April 2021 und mit Blick auf das neue europäische Klimaziel 2030 hat die Bundesregierung am 12. Mai 2021 das geänderte Klimaschutzgesetz 2021 vorgelegt. Die Entscheidung des Gerichts verpflichtet den Staat zu aktiven Präventionsmaßnahmen, damit die Grundfreiheiten der heute jüngeren Menschen nicht zukünftig in unverhältnismäßiger Weise eingeschränkt werden (müssen). Mit dem neuen Klimaschutzgesetz will die Bundesregierung den besonderen Herausforderungen des Klimawandels begegnen (Bundesregierung 2021). Seine Zielsetzung formuliert das Klimaschutzgesetz in § 1:

»Zweck dieses Gesetzes ist es, zum Schutz vor den Auswirkungen des weltweiten Klimawandels die Erfüllung der nationalen Klimaschutzziele sowie die Einhaltung der europäischen Zielvorgaben zu gewährleisten. Die ökologischen, sozialen und ökonomischen Folgen werden berücksichtigt. Grundlage bildet die Verpflichtung nach dem Übereinkommen von Paris aufgrund der Klimarahmenkonvention der Vereinten Nationen, wonach der Anstieg der globalen Durchschnittstemperatur auf deutlich unter 2 Grad Celsius und möglichst auf 1,5 Grad Celsius gegenüber dem vorindustriellen Niveau zu begrenzen ist, um die Auswirkungen des weltweiten Klimawandels so gering wie möglich zu halten, sowie das Bekenntnis der Bundesrepublik Deutschland auf dem Klimagipfel der Vereinten Nationen am 23. September 2019 in New York, Treibhausgasneutralität bis 2050 als langfristiges Ziel zu verfolgen.«

Mit dem geänderten Klimaschutzgesetz werden die Zielvorgaben für weniger CO_2-Emissionen angehoben. Im Fokus stehen vor allem kurzfristig wirkende Maßnahmen, die den Ausstoß von Treibhausgasen sicht- und messbar mindern. Eine ausdrückliche Verbindung einer Klimaresilienz zur konkreten Steigerung der Resilienz der Kritischen Infrastrukturen und des Gesundheitswesens fehlt. Aber nur eine gesamtstaatliche Resilienz mindert alle Risiken.

8.3 Klimawandel, Flüchtlingskrise, Corona: Risikokaskaden und Risikowahrnehmung

Der Klimawandel führt aber nicht nur zu Stürmen, Hochwasser oder anderen generell den Naturgefahren zugeordneten Szenarien. Er hat auch Auswirkungen auf die Entwicklung der Corona-Pandemie und die Flüchtlingslage. Es entstehen insgesamt sich kaskadenartig steigernde Risiken für die gesamtstaatliche Resilienz. Schon die

Flüchtlingskrise 2015 hatte ihre Ursache nicht allein im syrischen Bürgerkrieg, der im Übrigen nach einer verheerenden Trockenheit und großem Wassermangel begann. Viele Flüchtlinge waren schon damals Klimaflüchtlinge, deren Existenzgrundlage in der Land- und Viehwirtschaft durch den Klimawandel zerstört worden war. Der deutsche Entwicklungsminister Gerd Müller warf der europäischen Union (EU) und der internationalen Gemeinschaft zum 70. Jahrestag der Genfer Flüchtlingskonvention im Hinblick auf zurzeit 82 Millionen Menschen auf der Flucht eine skandalöse und kurzsichtige Politik vor. Denn Expert:innen schätzen: Aus heute schon ca. zwanzig Millionen Klimaflüchtlingen könnten in wenigen Jahren einhundert Millionen werden. Sie haben ihre Existenzgrundlage verloren. Begleitumstände sind Hunger, Elend, Not und Unruhen. Unter diesen Umständen fehlt dem Welternährungsprogramm das Geld für die notwendige Soforthilfe. Auch die Flüchtlingskrise 2015 hatte mit Mittelkürzungen und daraus folgenden Leistungseinschänkungen für die in den Nachbarländern in Lagern lebenden Flüchtlinge begonnen. Kurzsichtig ist es auch, dass die EU die Mittel für die Entwicklungspolitik in den kommenden Jahren gekürzt hat. Oft sind aber auch gutgemeinte Hilfen suboptimal, da die Wahrnehmung von Risiko und Krise kulturell bedingt differiert.

Den Unterschied zwischen der Katastrophenwahrnehmung der Kultur der betroffenen Bevölkerung und der Kultur der (überregionalen) Hilfsorganisationen, die nach einem (vermeintlichen) schadenbringenden Ereignis zur Unterstützung anreisen, thematisiert Macomo am Beispiel der Überflutung 2000 in Mosambik (2003, 167 f). Die Hilfsorganisationen empfanden die Flut selbst als katastrophales Ereignis, die lokalen Einwohner:innen hingegen fürchteten mehr die fehlende Möglichkeit nach der Flut, ihre Felder weiter mit reiner Muskelkraft bestellen und davon leben zu können. Dombrowskys Auffassung nach »scheitert die internationale Katastrophenhilfe deshalb, weil sie Maßnahmen und Lösungen für eigene, kulturell anderswo definierte Probleme anbietet, die sich nicht übertragen lassen« (Clausen u. Dombrowsky 1993, zitiert nach Macomo 2003, 170). Die Vermittlung der eigenen Realität zwischen den einzelnen Parteien hat hier vor bzw. während der Flut nicht in ausreichendem Maße stattgefunden. Dies führte dazu, dass letzten Endes Hilfsbedarf und Hilfsangebot nicht zusammenpassten.

Auch in der Bewältigung einer Katastrophe hat die Kultur Einfluss, kann beispielsweise dafür sorgen, dass Infektionsschutzmaßnahmen von der Bevölkerung unterschiedlich umgesetzt werden. Westliche Kulturen zeichneten sich zu Beginn der Corona-Pandemie eher durch zögerliche Verwendung von Gesichtsmasken aus. Die Einschränkung des Gesichtsausdrucks und damit auch der sozialen Interaktion als Teil der eigenen persönlichen Seite der Wahrnehmung wurde von vielen als unangenehm oder zumindest fremd empfunden. Das Tragen der Maske wurde entsprechend kritisch gesehen. In Asien dagegen wurde das Tragen von Masken zu einer Frage der kollektiven und gemeinschaftlichen Solidarität. Der Gebrauch von Masken hat sich hier allerdings bereits vor der Corona-Pandemie normalisiert. In Asien hängt dies auch mit kulturellen Merkmalen zusammen. Das Gemeinwohl hat in Asien offenbar einen höheren Stellenwert, unabhängig von Unterschieden in den politischen Strukturen (Makrides u. Sototiriou 2020). Hier könnte die Weltrisikogesellschaft zu Angleichungen führen.

8.4 Klimawandel und Bevölkerungsschutz

Vor dem Hintergrund des Klimawandels ist es sehr wahrscheinlich, dass Extrem- und Unwetterlagen zunehmen, die Variabilität der Wetterlagen ändert sich. Einerseits gilt: Niemand muss im Jahre 2021 mehr von einem Unwetter überrascht werden. Keine Wetterlage fällt im wahrsten Sinne »vom Himmel«, sondern kündigt sich irgendwie immer an; manchmal sehr kurzfristig, i. d. R. aber durchaus so rechtzeitig, dass Feuerwehr etc. agieren könnten. Andererseits: Wer rechnete wirklich mit einer solchen Katastrophe wie im Juli 2021 im Ahrtal? Ist Deutschland vielleicht eher geneigt, derartiges, nachdem es wochenlang die Medien beherrschte, schnell wieder zu verdrängen? Bei der Elbeflut 2013 fehlten Schutzmaßnahmen die 2003 für unabdingbar und dringlich gehalten wurden (Grimma). Sie waren »wegpriorisiert« worden.

Wesentliche Änderungen erfordert auch die von der EU vorgegebene Umsetzung der EU-Warnpflichten bis Ende des Jahres 2021. Das Europäische Flutwarnsystem Efas warnt bereits (Wikipedia: European flood awaeness system). Die Einführung von »Cell-Broadcast« (Warnung per SMS an alle Handys die sich im Warnraum befinden), um Anwohner:innen auch ohne Strom warnen zu können, ist geplant. Denn mit der Abschaltung des Stromes wegen überfluteter Keller waren (während der Ahrtalkatastrophe in einigen Orten) auch die Handys sofort nicht mehr funktionsfähig. In New York wird dieses Warnsystem praktiziert, auch türkische Provider verwenden es seit Jahren. Auch in Südamerika funktioniert es gut. Die Einführung eines derartigen Warnsystems ist durch die Richtlinie (EU) 2018/1972 des Europäischen Parlaments und des Rates vom 11. Dezember 2018 über den europäischen Kodex für die elektronische Kommunikation vorgeschrieben.

Was können wir aus der politischen Steuerung der Corona-Krise für die Klimawandelanpassung (Klimakrise) im Hinblick auf die Resilienz lernen? Beides sind Langzeitkrisen. Daher sollten wir Parallelen und Unterschiede reflektieren und Lehren aus der politischen Steuerung der Corona-Pandemie ziehen. Erfolge und Defizite der politischen Steuerung und wissenschaftlichen Politikberatung in der Corona-Krise sollten erörtert und daraus Handlungsempfehlungen für die langfristige vorsorgeorientierte Anpassung an den Klimawandel abgeleitet werden. Fragen könnten sein: Wer steuert, wie wird gesteuert und wohin wird gesteuert? Was haben wir aus der Governance der Corona-Krise gelernt? Welche Formen der politischen Steuerung und wissenschaftlichen Politikberatung haben sich bewährt? Steht die Politische Steuerung im Spannungsfeld von Föderalismus und Privatisierung der Daseinsvorsorge?

Weltweit haben fast 14.000 Wissenschaftler:innen im Juli 2021 den Klimanotfall ausgerufen (Klimanotfall 2021). Seit der ursprünglichen Erklärung des Klima-Notfalls im Jahre 2019 haben zahlreiche Ereignisse wie Flutkatastrophen, Waldbrände (Kalifornien, Sibirien, Schweden) und Hitzewellen deutlich werden lassen, was geschieht, wenn alles so weiterläuft wie bisher. 2020 war das zweitheißeste Jahr seit Beginn der Wetteraufzeichnungen. Im April 2021 war die Kohlendioxid-Konzentration in der Erdatmosphäre so hoch wie noch nie seit Beginn der Messungen. Die Forscher:innen fordern, dass Klimavorgaben Teil der Corona-Wiederaufbauprogramme werden müssen (Klima-Notfall 2021). Auch der Weltklimarat schlägt Alarm und warnt vor einem Kontrollverlust (Stratmann 2021, Weltklimarat 2021). Im am 09.08.2021 veröffentlichten ersten Teil des sechsten Klimaberichtes hat der Uno-Weltklimarat (IPCC/Intergouvernmental Panel on Climate Change) eine Prognose für die Zukunft abgegeben. Das im Pariser Klimaabkommen genannte Ziel der Erderwärmung um bis zu 1.5 Grad könnte schon in den frühen 30er Jahre erreicht werden. Es wird mehr Hitzewellen, Dürren Stürme und Starkregenereignisse geben, mehr Wetterextreme. Es steigt die Wahrscheinlichkeit, dass sie gleichzeitig auftreten. Besonders klimaschädlich ist Methan. Es entsteht vor allem durch die Erdgasförderung und den Erdgastransport sowie in der Landwirtschaft. Auch in Deutschland wird mit Flüssiggasterminals und NordStream 2 das Problem verschärft. Der Anteil von Methan pro Kilowattstunde hat in Deutschland seit 1990 erheblich zugenommen. Zur Gruppe der kurzlebigen klimawirksamen Stoffe gehören auch Aerosole, Kleinstpartikel wie der Feinstaub von Autoabgasen (Götze 2021). Aerosole spielen auch bei Corona-Infektionen eine wichtige Rolle.

Die Umwelt- und Energieminister:innen der G-20-Staaten konnten sich trotz der Ereignisse Ende Juli 2021 nicht auf ehrgeizigere Ziele zur Bekämpfung des Klimawandels einigen. Einige Länder wollen das Ziel, die Erderwärmung bis 2030 auf 1.5 Grad zu begrenzen, nicht mittragen (FAZ 2021c, 2). Auch im Hinblick auf die COVID-19-Pandemie herrscht nicht einmal ein einheitliches Gefahrenbewusstsein. In vielen Staaten erhöht die COVID-19- Pandemie die Gefahr einer gewaltsamen Lösung von Konflikten oder beeinträchtigt Friedensbemühungen. Studien belegen, dass der

8.4 Klimawandel und Bevölkerungsschutz

Grad der Fragilität eines Staates vor dem Ausbruch der Pandemie, das Ausmaß des COVID-19-Schocks und die bestehende Konfliktkonstellation entscheidend sind, um die Kriegswahrscheinlichkeit zu ermitteln. Zwei konfliktverschärfende parallele Prozesse können derzeit beobachtet werden:

1. Es sind einerseits die Zunahme sozialer, wirtschaftlicher und politischer Ungleichheiten in bereits zuvor fragilen Kontexten und
2. andererseits richtet sich der Fokus der politischen Akteur:inne allein auf die Eindämmung der Pandemie, was sowohl laufende Friedensmissionen als auch internationale Friedensverhandlungen erschwert.

Corona-Pandemie und Klimawandel zeigen die Vernetzung und damit einhergehende Verletzlichkeit aller Lebens- und Wirtschaftsbereiche. In beiden Fällen handelt es sich um Krisen, deren potenzielle Auswirkungen das Handeln der Akteur:inne im Vorfeld nicht zentral bestimmen, obwohl die Wissenschaft seit langem diese Risiken thematisiert (deutlich und prägnant: Thunberg 2019, 45). Die verschiedenen Risiken weisen zudem weitere Parallelen auf. Sie steigern sich einerseits zu zeitgleichen Kaskaden. Andererseits werden Risiken und Gefahren nicht frühzeitig wahrgenommen. Das Risiko des Klimawandels ist seit Jahrzehnten bekannt, das Risiko großer Pandemien ebenfalls, Flutursachen nicht minder. Eine weitere Parallele scheint zu sein, dass Maßnahmen nicht frühzeitig, proaktiv, sondern spät und reaktiv ergriffen werden. Dabei ist »reaktives Krisenmanagement« (Fahren auf Sicht) eher das Gegenteil vom im Bevölkerungsschutz allseits postulierten Resilienzansatz und im Krisenmanagement betonten Ziel: »Vor die Lage kommen«. Es besteht die Gefahr des dauerhaft hinter der Lage Herlaufens. Notwendige Maßnahmen wie die Impfpflicht für medizinisches Personal werden zu spät ergriffen. Auch im Hinblick auf die besorgniserregende Corona-Omikron-Variante (B.1.1.529) scheint die Vorbereitung nicht optimal. Auch sie dürfte zu den Virusvarianten im Sinne von § 6 Abs. 2 Nr. 1 der Verordnung zur Regelung von Erleichterungen und Ausnahmen von Schutzmaßnahmen zur Verhinderung der Verbreitung von COVID-10 vom 8. Mai 2021 (COVID-19-Schutzmaßnahmen-Ausnahmeverordnung – SchAusnahmeV) gehören. Die Verordnung regelt die Ausnahmen von Geboten nach dem Infektionsschutzgesetz, z. B. für Geimpfte und Genesene (»2G«). Diese Ausnahmen gelten nicht für Varianten, bei denen es unsicher ist, ob die Impfstoffe wirken. Wir müssen uns darauf einstellen, dass Langzeitlagen wie Sommerhochwasser 2021, Corona und Flüchtlingskrise zum globalen und zentralen Risiko werden. Hier muss eine Resilienzstrategie ansetzen.

C Steigerung der Resilienz während der Pandemie in Deutschland – ausgewählte Beispiele

1 Community Resilience in Krisen und Katastrophen – Nachbarschaftliches Sozialkapital als Bewältigungsressource

Bo Tackenberg, Tim Lukas und Frank Fiedrich

1.1 Einleitung

Die COVID-19-Pandemie hat das gesellschaftliche Zusammenleben drastisch verändert. Kontaktbeschränkungen, Maskenpflicht, Ausgangssperren und nicht zuletzt die Schließung des stationären Einzelhandels verfolgen das Ziel, Infektionsketten zu durchbrechen und die Ausbreitung des Coronavirus zu verhindern. Die Pandemie trifft uns zu einem Zeitpunkt, an dem soziologische Zeitdiagnosen eine ›gespaltene Gesellschaft‹ konstatieren. Die politische und sozioökonomische Polarisierung der Gesellschaft droht sich im Verlauf der Krise weiter zu verschärfen. Entsprechend vielstimmig sind die Appelle an die gesellschaftliche Solidarität und den sozialen Zusammenhalt der Bevölkerung. Besonders zu Beginn der Pandemie gründeten sich an vielen Orten spontane Unterstützungsgemeinschaften, die nachbarschaftliche Hilfe vor allem für vulnerable Gruppen organisierten. Das Fortdauern der Krise aber stellt den gesellschaftlichen Zusammenhalt und die nachbarschaftliche Unterstützungsbereitschaft zunehmend auf die Probe.

Prinzipiell ist die soziale Unterstützung in Krisen und Katastrophen zu Beginn stets stärker ausgeprägt; sie nimmt jedoch ab, je länger eine Katastrophe andauert (Kaniasty et al. 2020). In einem rapid response auf den Ausbruch von Sars-CoV-2 zeigten frühe Daten des Sozio-oekonomischen Panels (SOEP) und der Zusatzbefragung SOEP-CoV, dass die Befragten den gesellschaftlichen Zusammenhalt in der Corona-Krise besser als zuvor bewerteten (Kühne et al. 2020). Während die kleinräumige Perspektive dabei keine Berücksichtigung fand, kommentierte der Bundesverband für Wohnen und Stadtentwicklung, dass sich die Unterstützungsbereitschaft der Bevölkerung vorrangig im sozialen Nahraum der Nachbarschaft und im virtuellen Raum von digitalen Nachbarschaftsplattformen realisiert (Schnur 2020). Besonders in Zeiten eingeschränkter Mobilität – wie bei Kontakt- oder Ausgangsbeschränkungen – gewinnen Netzwerke an Bedeutung, die in räumlicher Nähe zum Wohnstandort aktiviert werden können. Entsprechend stellte eine frühzeitige Studie im Auftrag des Ministeriums für Arbeit, Gesundheit und Soziales des Landes Nordrhein-Westfalen (MAGS NRW) eine hohe nachbarschaftliche Hilfsbereitschaft in der Corona-Krise fest

1 Community Resilience in Krisen und Katastrophen

(Bölting et al. 2020). Grundsätzlich zeigen zahlreiche empirische Studien, dass sozialer Zusammenhalt und zwischenmenschliches Vertrauen entscheidende Ressourcen zur Bewältigung von Krisen und Katastrophen sind (Jewett et al. 2021). Empirische Befunde der Katastrophensoziologie weisen zudem darauf hin, dass sich Menschen in Krisen und Katastrophen überwiegend prosozial verhalten und ihre Mitmenschen unterstützen (Ohder 2017). Zu den typischen nachbarschaftlichen Hilfeleistungen zählen das Annehmen von Paketen, das Verleihen von Gegenständen, Unterstützung beim Einkaufen, bei kleineren Reparaturen, im Haushalt oder bei der Kinderbetreuung (Üblacker 2019).

Soziale Interaktionen und der Austausch von Hilfeleistungen in der Nachbarschaft werden durch verschiedene Faktoren beeinflusst. Wenn sich Nachbar:innen wechselseitig als ähnlich im Hinblick auf ihre aktuelle Lebensphase, ihre ethnische Zugehörigkeit, ihren religiösen Hintergrund, Beschäftigung oder Lebensstile wahrnehmen, werden Interaktionen wahrscheinlicher (Pettigrew/Tropp 2006). Ebenso trägt eine hohe Aufenthaltshäufigkeit und Wohndauer im Quartier zur lokalen Vernetzung bei (Hipp/Perrin 2009). Als eine zentrale Bedingung der Anpassungsfähigkeit sozialer Gemeinschaften ist der Grad des nachbarschaftlichen Zusammenhalts und wechselseitiger Hilfeleistung in urbanen Räumen jedoch ungleich verteilt (Fromm/Rosenkranz 2019). Ebenso wie sich die Inzidenzzahlen und Impfraten in verschiedenen Stadtteilen sehr unterschiedlich entwickeln, unterscheidet sich auch der wahrgenommene Zusammenhalt je nach sozialräumlichem Kontext. Um die gesellschaftliche Resilienz nachhaltig fördern zu können, muss deshalb auf »lokal generiertes Wissen« (Krüger 2019, 67) über die sozialräumlichen Bedingung lokaler Gemeinschaften und ihre spezifischen Bedarfe zurückgegriffen werden.

1.2 Community Resilience

Im Bevölkerungsschutz kreisen die Fachdiskussionen der Krisenbewältigung seit einigen Jahren um das Konzept der Resilienz, das »in mehr oder weniger metaphorischer Weise für Flexibilität, Anpassungsfähigkeit oder Regenerationsfähigkeit von technischen, ökologischen oder sozialen Systemen« (Kaufmann 2012, 110) steht. Eine generalisierbare Definition des Begriffs gestaltet sich aufgrund seiner offenen Auslegung und seiner Verbreitung in so unterschiedlichen Disziplinen wie den Ingenieur-, Natur- und Sozialwissenschaften als schwierig. Bezogen auf nachbarschaftliche Unterstützungsleistungen werden gesellschaftliche Anpassungs- und Widerstandsfähigkeiten aber erst »in spezifischen Kontexten wirkmächtig, in denen lokal gebundenes Wissen vorhanden ist. Die Kenntnis individueller Bedarfslagen,

1.2 Community Resilience

sozialer Strukturen und vorhandener Barrieren ist hierbei das Resultat kontextuellen Wissens« (Krüger 2019, 67). Während auf der kommunalen Ebene detaillierte Kenntnisse über die kleinräumigen sozialen Strukturen in einzelnen Stadtquartieren vorliegen, fehlt den verantwortlichen Akteur:innen jedoch häufig der Einblick in die Wahrnehmung der nachbarschaftlichen Bedingungen aus der Perspektive der Bewohner:innen. Es bedarf daher differenzierter Analysen, um lokale Erfahrungen und Erwartungen greifbar und für die Analyse von Resilienz nutzbar zu machen. Schließlich zeigen die Erfahrungen vergangener Krisen- und Katastrophenereignisse, dass die Bevölkerung nicht überall gleichermaßen resilient erscheint: »Bestimmte Bevölkerungsgruppen sind per definitionem resilienter als andere – und sei es nur, weil sie in ›besseren‹ Wohngegenden leben« (Bonß 2015, 20). Die sozialräumlichen Bedingungen des Wohnumfelds beeinflussen insofern den Grad der Resilienz, der eng mit den sozialen Strukturen und dem sozialen Kapital im Wohngebiet verbunden ist (Aldrich 2012).

Ebenso wie der Resilienzbegriff weist auch das Konzept der community resilience eine Vielgestaltigkeit auf, dessen Charakter in verschiedenen Forschungskontexten sehr unterschiedlich gedeutet und angewandt wird (Patel et al. 2017). In ihrem Forschungsüberblick verweisen Koliou et al. (2018) auf eine Vielzahl heterogener Perspektiven auf community resilience, die konzeptuelle und theoretische Überlegungen ebenso umfassen wie empirische Zugänge der Erfassung verschiedener resilienzbasierter Indikatoren. Ein gemeinsam geteiltes Element aller Definitionen ist jedoch der starke Bezug auf die lokalen Netzwerkbeziehungen und die Stärke ihres Zusammenhalts, die als Aspekte lokalen Sozialkapitals Eingang in zahlreiche empirische Studien zur Resilienz der Bevölkerung fanden. So konnte Lee (2020) feststellen, dass soziales Vertrauen und persönliche Netzwerke einen signifikant positiven Einfluss auf die Wahrnehmung der community resilience gegenüber Naturgefahren haben. Die Aufrechterhaltung stabiler und verlässlicher Netzwerke sowie wechselseitiges Vertrauen können gegenseitige Unterstützung ermöglichen und kollektives Handeln befördern. Soziale Netzwerke ermöglichen, dass Menschen in Krisen und Katastrophen besser vorbereitet und informiert sind, Hilfsangebote schneller aufsuchen und direkte Hilfe in Anspruch nehmen können (Hawkins/Maurer 2010). Netzwerke, die auf der formalen Zugehörigkeit zu Vereinen oder Organisationen basieren, erweisen sich als hilfreich, um neue Ressourcen für die langfristige Regeneration nach einem Störereignis zu schaffen (Nakagawa/Shaw 2004). Aldrich (2017) weist überdies darauf hin, dass soziales Kapital eine einfache Mobilisierung der Bevölkerung befördert und informelle Hilfeleistungen immer dann begünstigt, wenn institutionalisierte und organisierte Ressourcenanbieter nicht verfügbar sind. Die empirischen Befunde einer repräsentativen Bevölkerungsbefragung in Berlin zeigen zudem, dass die von einer Krise oder Katastrophe betroffenen Menschen nicht nur fähig sind, sich selbst zu helfen, sondern potenziell auch anderen Betroffenen ihre Unterstützung anbieten würden (Schulze et al. 2016). Entsprechend gaben in der im Dezember 2020 und Januar 2021 durchgeführten Corona-Befragung der Katastrophenforschungsstelle die Hälfte der Befragten an, sich innerhalb der vergangenen Wochen engagiert oder anderen Hilfe angeboten zu haben (AKFS 2021).

Entgegen einer allein auf die individuelle Notfallvorsorge ausgerichteten Resilienz der Bevölkerung lokalisieren Innes und Jones (2006, 50) die Quellen gesellschaftlicher Resilienz daher in der »presence of collective efficacy in a community whereby a group of people come together around a shared goal.« In Anlehnung an das Konzept der kollektiven Wirksamkeit (Sampson 2012) erscheinen Nachbarschaften in dieser Perspektive immer dann als resilient, wenn sich ihre Bewohner:innen für das gemeinsame Wohl einsetzen und eine Basis wechselseitigen Vertrauens und geteilter Normen unter den Nachbar:innen existiert. Kollektive Wirksamkeit kann somit als eine Dimension lokalen Sozialkapitals verstanden werden, welche die spezifischen Handlungserwartungen akzentuiert, die aus dem Grad des wahrgenommenen sozialen Zusammenhalts erwachsen können: »social capital is about relationships and collective efficacy is about converting those relationships into action that is beneficial to everyone« (Cagney/Wen 2008, 242). In einer in mehreren österreichischen Überflutungsgebieten umgesetzten Bevölkerungsbefragung können Babcicky und Seebauer (2019) zeigen, dass die Unterstützungserwartung an andere auch die Selbstwirksamkeit der Betroffenen im Krisenfall erhöht. Die Ergebnisse einer in von starken Waldbränden und Sturzfluten heimgesuchten Gegend im US-Bundesstaat Colorado illustrieren darüber hinaus einen Puffereffekt kollektiver Wirksamkeit gegenüber psychischem Leid, das durch hohe materielle Verluste verursacht wird (Benight 2004). Soziales Kapital und kollektive Wirksamkeit stellen insofern zentrale Elemente eines Konzepts der community resilience dar (Kadetz 2018), das jedoch nicht erst im Krisenfall seine Wirkungen entfaltet. Resiliente Gemeinschaften können in der Katastrophe »Fähigkeiten und Fertigkeiten zur Selbsthilfe« (Gusy 2013, 997) abrufen, deren Erprobung bereits im alltäglichen Miteinander des gesellschaftlichen Zusammenlebens geschieht. Wir verstehen community resilience folgendermaßen (Lukas et al. 2021):

community resilience:

community resilience ist eine Funktion sozialräumlich vergemeinschafteter Individuen, die als eine emergente Eigenschaft Unterstützungsleistungen hervorbringen, welche vom sozialen Kapital und der Wahrnehmung kollektiver Wirksamkeit in der Nachbarschaft abhängen.

1.3 Lokaler Zusammenhalt und nachbarschaftliche Unterstützungsbereitschaft

Die empirischen Ergebnisse des Forschungsprojekts »Resilienz durch sozialen Zusammenhalt – Die Rolle von Organisationen (ResOrt)« belegen, dass der kleinräumige Zusammenhalt im Wohngebiet eine zentrale Ressource darstellt, um die Resilienz lokaler Gemeinschaften in Krisen- und Katastrophensituationen zu fördern. Zu den Zielen des Forschungsprojekts zählte u. a. die Untersuchung der kleinräumigen Entstehungsbedingungen sozialen Zusammenhalts, der als eine zentrale Grundlage der Herausbildung von lokalen Unterstützungsgemeinschaften betrachtet wurde.

Das Forschungsprojekt ResOrt:

Das Forschungsprojekt ResOrt (https://www.resort.uni-wuppertal.de/, Stand März 2022) wurde im Rahmen des Forschungsprogramms »Geistes-, Kultur- und Sozialwissenschaften« vom Bundesministerium für Bildung und Forschung gefördert (FKZ: 01UG1724AX). Hierbei handelte es sich um ein Verbundprojekt des Lehrstuhls für Bevölkerungsschutz, Katastrophenhilfe und Objektsicherheit der Bergischen Universität Wuppertal (Projektkoordination), dem Deutschen Roten Kreuz und dem Institut für Friedenssicherungsrecht und Humanitäres Völkerrecht der Ruhr-Universität Bochum. Das Projekt endete im Dezember 2020.

Die Ergebnisse einer im Frühjahr 2019 in den drei Untersuchungsgebieten, Münster, Ostbevern und Wuppertal, durchgeführten schriftlich-postalischen Bevölkerungsbefragung zeigen, dass der soziale Zusammenhalt in den drei Städten von einer überwiegenden Mehrheit der Befragten im Allgemeinen als (sehr) gut erachtet wird (Ostbevern: 72 %, Münster: 57 %, Wuppertal: 52 %). Insgesamt schätzt nur ein sehr geringer Teil (n = 4.945) der Befragten den Zusammenhalt im Wohngebiet als schlecht ein (Ostbevern: 4 %, Münster: 11 %, Wuppertal: 12 %).

Ebenso verhält es sich mit der Beurteilung der Wohnzufriedenheit, die beim Großteil der Befragten insofern eher gut ausfällt (Ostbevern: 87 %, Münster: 82 %, Wuppertal: 78 %), als das eigene Wohngebiet von den meisten mit positiven Attributen assoziiert wird.

1 Community Resilience in Krisen und Katastrophen

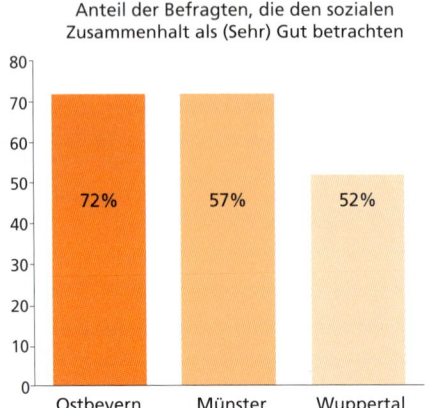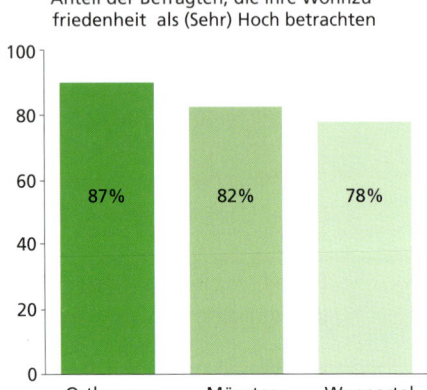

Bild 6: *Einschätzung zum sozialen Zusammenhalt (orange) und zur Wohnzufriedenheit (grün)*

Die Wahrscheinlichkeit, dass Mitmenschen im eigenen Wohngebiet in Krisen- und Katastrophensituationen Hilfe leisten, wird von den Befragten grundsätzlich optimistisch eingeschätzt. Gleiches zeigt sich auch bei der eigenen Unterstützungsbereitschaft, die jedoch gegenüber Menschen aus anderen Wohngebieten deutlich niedriger ist.

Dass der soziale Zusammenhalt ein zentraler Faktor bei der Stärkung und Förderung von gesellschaftlicher Resilienz ist, darauf verweisen die Ergebnisse eines im Projekt durchgeführten Strukturgleichungsmodells: Je optimistischer die Einschätzung des sozialen Zusammenhalts im eigenen Wohngebiet ist, desto größer ist auch die Erwartung, dass sich die Bewohner:innen in einer krisenhaften Situation wechselseitig Hilfe anbieten. Mit der Unterstützungserwartung an andere wächst wiederum die eigene Bereitschaft, Mitmenschen im Krisenfall zu helfen (Bild 7).

Bild 7: *Vereinfachtes Strukturgleichungsmodell zum sozialen Zusammenhalt und der nachbarschaftlichen Unterstützungsbereitschaft (Bild: Bo Tackenberg, Tim Lukas und Frank Fiedrich)*

1.4 Ausblick

Die Erkenntnisse aus einer deskriptiven Betrachtung der kleinräumigen Verteilung der Umfragedaten deuten jedoch auch auf einen negativen Zusammenhang zwischen den sozialräumlichen Bedingungen, die den Grad der konzentrierten Benachteiligung messen, und dem wahrgenommenen Zusammenhalt sowie der nachbarschaftlichen Unterstützungsbereitschaft im Wohngebiet hin: Überall dort, wo sich soziale Problemlagen konzentrieren, scheint der soziale Zusammenhalt als geringer empfunden und die nachbarschaftliche Unterstützungsbereitschaft in Krisen und Katastrophen weniger erwartet zu werden.

1.4 Ausblick

Die Erfahrungen großflächiger Krisenereignisse, wie etwa der gegenwärtigen COVID-19-Pandemie, belegen eindrücklich, dass sich die Unterstützungsbereitschaft der Bevölkerung vorrangig im sozialen Nahraum der Nachbarschaft formiert. Zugleich zeichnet sich seit geraumer Zeit ein Trend zur »digitalen Eroberung der Nachbarschaften« (Heinze et al. 2019, 24) ab, der sich darin äußert, dass immer mehr Menschen neben klassischen (analogen) Partizipationsangeboten auf digitale Beteiligungsformen zurückgreifen. In Krisen und Katastrophen bilden soziale Netzwerke und spontan gegründete digitale Nachbarschaftsplattformen damit ein zeitgemäßes Angebot, um die Kommunikation und Organisation nachbarschaftlicher Hilfeangebote zu unterstützen. Nachbarschaftshilfe in Krisen und Katastrophenlagen hat viele Facetten, die in der Forschung im Bevölkerungsschutz mit dem Konzept community resilience belegt werden. Studien zu den sozialräumlichen Bedingungen wechselseitiger Unterstützungserwartungen und -leistungen sowie die Ergebnisse des Forschungsprojekts ResOrt legen nahe, dass nachbarschaftliche Unterstützung wesentlich davon abhängt, wie der gesellschaftliche Zusammenhalt und das lokale Sozialkapital im Wohnumfeld der Bürger:innen wahrgenommen und eingeschätzt wird (Lukas et al. 2021). Die sozialen Strukturen von Wohnquartieren bilden damit einen robusten Prädiktor für den kleinräumigen Grad des sozialen Kapitals. Im Bevölkerungsschutz setzt sich daher zunehmend eine Sozialraumorientierung durch, welche die lokalen Bedarfe und Kapazitäten der Bürger:innen durch eine Kombination aus zivilgesellschaftlicher Partizipation und Vernetzung aufnimmt und zur Grundlage der lokalen Bewältigung großflächiger Krisenereignisse macht (DRK 2018). Ein sozialraumorientierter Bevölkerungsschutz erweist sich allerdings nicht in allen Wohnquartieren gleichermaßen als erforderlich. Die lokalen Kontexte unterschiedlicher Raumtypen verlangen nach einer differenzierten Identifizierung des sozialen Kapitals und des nachbarschaftlichen Zusammenhalts, um knappe Ressourcen im Bevölkerungsschutz angemessen und effektiv einsetzen zu können. Vor diesem Hintergrund startete im August 2021 das vom Bundesamt für Bevölkerungsschutz und Katastrophenhilfe (BBK) geförderte Forschungsprojekt »Entwicklung eines Sozialkapital-Radars für den sozialraumorientierten Bevölkerungsschutz (Sokapi-R)«, dessen übergeordnetes Ziel in der Entwicklung eines Sozialkapital-Radars besteht, mit dem sich die soziale Unterstützungsbereitschaft in verschiedenen Krisen und Katastrophenlagen kleinräumig identifizieren und nachvollziehen lässt. Am Beispiel der Stadt Wuppertal, wo sich im Verlauf der Pandemie eine Vielzahl ehrenamtlicher Nachbarschaftsinitiativen spontan gründete, wird dabei zunächst der Zusammenhang von sozialen Strukturen und lokalem Sozialkapital operationalisiert und im Rahmen einer quantitativen, mehrsprachig umgesetzten Bevölkerungsbefragung empirisch validiert (Tackenberg/Lukas 2022).

Die zahlreichen Nachbarschaftsangebote wurden von der Wuppertaler Stabsstelle Bürgerbeteiligung und Bürgerengagement und dem Zentrum für gute Taten e. V. bezirksbezogen ausgewertet und veröffentlicht (Team Bürgerbeteiligung und Bürgermanagement 2020). Die statistische Analyse kleinräumiger Kontexteffekte des Wohnumfelds auf die Unterstützungserwartungen und -leistungen der befragten Bürger:innen bildet den Ausgangspunkt für Erkenntnisse zum Bevölkerungsverhalten in Krisen, die anschließend auf gesamtstädtischer Ebene aggregiert werden. Zusammen mit den verfügbaren kleinräumigen Sozialdaten der Stadt Wuppertal wird auf dieser Grundlage ein interaktives und räumlich skalierbares graphisches Lagebild (GIS-basiertes Dashboard) zum Bevölkerungsverhalten entwickelt, das es den kommunalen Behörden und Akteur:innen des Bevölkerungsschutzes vor Ort ermöglichen soll, spezifische Wohnquartiere zu identifizieren, in denen aufgrund erwartet schwächerer Anpassungsprozesse eine stärkere Sozialraumorientierung noch vor Eintreten einer Krise sinnvoll erscheint (Tackenberg/Lukas 2022). In der Krise kann so auf belastbare Netzwerkverbindungen mit anderen lokalen Akteur:innen zurückgegriffen werden, die ein rasches Erkennen ehrenamtlicher Nachbarschaftsangebote und besonders vulnerabler Bevölkerungsgruppen (z. B. Pflege- und Hilfsbedürftige, Menschen mit Migrationsgeschichte) in einzelnen Stadtgebieten begünstigen.

Die raumbezogenen Analysen zum Zusammenhang von sozialen Strukturen, sozialem Kapital und dem Bevölkerungsverhalten in unterschiedlichen Krisen und Katastrophenlagen bilden dabei die Voraussetzung, um entsprechende Zusammenhänge im sozialen Nahraum von Stadtquartieren zu verstehen und zu verifizieren. Die sozialwissenschaftliche Fundierung und das GIS-basierte Sozialkapital-Radar dienen insofern als eine zuverlässige Grundlage, auf der Rahmenempfehlungen für ein bedarfs- und ressourcenorientiertes Krisenmanagement zur Identifikation sozialer

1.4 Ausblick

Unterstützungsgemeinschaften im sozialen Nahraum von Stadtquartieren und ihrer Einbindung in Katastrophenmanagementprozessen abgeleitet werden. In einem erfahrungsbasierten Austausch mit Entscheidungstragenden weiterer Kommunen sollen die vor Ort ermittelten Zusammenhänge in ein integriertes Konzept übertragen werden, das den Leitfaden zur »Risikoanalyse im Bevölkerungsschutz« (BBK 2019) um eine breitenwirksame Methode zur Analyse sozialer Bewältigungskapazitäten ergänzt. Damit wird ein sozialwissenschaftlich fundierter und zugleich praxisbezogener Weg zu einem sozialraumorientierten Bevölkerungsschutz aufgezeigt, der das Wissen um die Resilienz der Bevölkerung zum Ausgangspunkt eines effektiven staatlichen Krisenmanagements macht (Tackenberg/Lukas 2022).

2 Herausforderungen des Krisenmanagements für öffentliche Verwaltungen

Yannic Schulte, Malte Schönefeld, Patricia M. Schütte und Frank Fiedrich

2.1 Einleitung

Seit Anfang 2020 hat die Corona-Pandemie die Welt fest im Griff. Während bei »klassischen« Krisen und Katastrophen, wie bspw. Hochwassern oder Erdbeben, insbesondere Einsatzorganisationen als erfahrene Krisenmanagementakteure, wie das THW, Feuerwehr und die Hilfsorganisationen, gefordert sind, so fallen im Rahmen der Pandemie vielfältige Krisenmanagementaufgaben den öffentlichen Verwaltungen, wie z. B. den örtlichen Gesundheitsämtern sowie den Gesundheitsministerien auf Länder- und Bundesebene, zu. Im folgenden Beitrag wird daher die Frage aufgeworfen: Was lernen wir aus vergangenen und aktuellen Ereignissen über öffentliche Verwaltungen als Krisenakteure? Inwieweit bestehen hier Herausforderungen? Dazu werden rückblickend auf die Flüchtlingslage 2015/16 Erkenntnisse aus dem Forschungsprojekt »Sicherheitskooperationen und Migration (SiKoMi)« präsentiert, in dem die Rolle verschiedener Akteur:innen bei der Bewältigung untersucht wurde (Schuette et al. 2022). Dabei werden Herausforderungen für das Krisenmanagement der öffentlichen Verwaltungen, die auch in der Flüchtlingssituation stark gefordert waren, herausgestellt und Potenziale der Verwaltungen im Krisenmanagement diskutiert. Abschließend werden auf Basis laufender Forschungsprojekte erste Parallelen zwischen der Flüchtlingslage 2015/16 und der aktuell andauernden Corona-Pandemie aufgezeigt.

2.2 Rückblick auf die Krisenbewältigung in der Flüchtlingslage 2015/16: Erkenntnisse aus dem Forschungsprojekt SiKoMi

Das letzte große Krisenereignis vor der seit 2020 andauernden Corona-Pandemie, das Auswirkungen auf das gesamte Bundesgebiet und darüber hinaus hatte, war die sogenannte »Flüchtlingskrise« 2015/16. Zwischen Spätsommer bzw. Herbst des Jahres 2015 und Frühsommer 2016 suchten etwa 745.000 Menschen Asyl in

2.3 Diskussion: Herausforderungen öffentlicher Verwaltungen

Deutschland (BAMF 2017). Die verhältnismäßig große Anzahl an Personen, die in diesem Zeitraum in Deutschland erstversorgt, untergebracht und registriert werden musste, stellte die klassischen Krisenmanagementakteure vor große Herausforderungen, ähnlich wie wir es auch aktuell in der Corona-Pandemie beobachten können. Das vom Bundesministerium für Bildung und Forschung (BMBF) geförderte Forschungsprojekt SiKoMi[3] setzte daran an und untersuchte Maßnahmen und Kooperationen der Akteure, die rund um Erstaufnahmeeinrichtungen für Geflüchtete aktiv waren. Im Fokus standen dabei die Rollen und Wahrnehmungen der Akteur:innen vor Ort, Formen der Zusammenarbeit zwischen den Organisationen sowie die Verarbeitung und Aufbereitung von Wissen für die eigene Organisation und andere beteiligte Organisationen in der Situation.

Die Perspektiven von Akteuren aus Kommunal- und Landesverwaltungen, der Polizei, von Hilfsorganisationen und gewerblichen Sicherheitsdiensten waren zentral. Sie wurden mittels Dokumentenanalysen sowie 71 Interviews erhoben und in Tiefenfallstudien zu den Standorten Berlin, Osnabrück, Bad Fallingbostel und Trier herausgearbeitet[4]. Darüber hinaus wurde eine Fragebogenerhebung in Aufnahmeeinrichtungen in ganz Deutschland durchgeführt. Der vorliegende Beitrag greift zentrale Ergebnisse der drei Methoden auf.

2.3 Zur Diskussion gestellt: Herausforderungen öffentlicher Verwaltungen als Krisenakteure

In Bezug auf öffentliche Verwaltungen lassen sich für diesen Beitrag aus den Forschungsergebnissen in SiKoMi drei zu diskutierende Kernaspekte zu öffentlichen Verwaltungen in Krisensituationen ableiten:
1. Wahrnehmung und Ausgestaltung der Rolle als Krisenakteure,
2. Brauchbarkeit bürokratischer Strukturen und Prozesse in Krisen,
3. Umgang mit Wissen als Ressource in und für Krisen.

---

3 Partner sind die Bergische Universität Wuppertal, die Deutsche Hochschule der Polizei, das Deutsche Rote Kreuz und das Unternehmen time4you learning GmbH, welche das Projekt gemeinsam zwischen September 2018 und Dezember 2021 bearbeiteten. Förderkennzeichen des Projekts: 13N14741 – 13N14744. Nähere Informationen finden Sie unter: www.sikomi.uni-wuppertal.de, Stand Juli 2022.
4 Die Tiefenfallstudien sowie weitere im Projekt entstandene Arbeitsdokumente sind auf der Homepage des Forschungsprojekts unter www.sikomi.uni-wuppertal.de, Stand Juli 2022, abrufbar.

2 Herausforderungen des Krisenmanagements

Zu (1): Teile öffentlicher Verwaltungen, insbesondere jene im Bereich der Flüchtlingsangelegenheiten, aber auch Gesundheits-, Jugend- und Ordnungsämter, auf Bundes-, Landes- und Kommunalebene übernahmen in der Situation die Federführung des »Flüchtlingsmanagements« und somit zentrale Aufgaben. Je nach Bundesland, Kommune und Geflüchtetenzahlen zeichnete sich dabei eine Maßnahmendiversität ab, die vermutlich nicht weiter überraschen mag und hier auch nicht weiter vertieft wird. Spannend in dem Zusammenhang erscheint v. a. die Wahrnehmung und Ausgestaltung der eigenen Rolle in solchen Lagen. In den Interviews des Projektes SiKoMi präsentieren und beschreiben sich Vertreter:innen aus öffentlichen Verwaltungen selten explizit als Krisenmanager:in oder zentrale Teile von Krisenmanagementstrukturen. Dazu passt auch, dass sie ihre Organisationen als unvorbereitet auf kritische Situationen wie die Flüchtlingssituation 2015/16 empfinden und bspw. erst in der Lage selbst entlastende Krisenstäbe aufbauen, wenn Überforderungen bereits mehr als offensichtlich scheinen. Befragte aus Einsatz- bzw. Blaulichtorganisationen gehen in eine ähnliche Richtung, wenn sie den öffentlichen Verwaltungen, mit denen sie in der Lage konfrontiert waren, Merkmale typischer Einsatzorganisationen schlicht absprechen, sie teilweise sogar als hinderliche bzw. stark verlangsamende Strukturen »ihres« Krisen- bzw. Lagemanagements darstellen. Im Bereich organisationswissenschaftlicher Betrachtungen z. B. zu militärischen Organisationen finden sich mögliche Erklärungen dafür. Öffentlichen Verwaltungen und Einsatzorganisationen ist durchaus gemeinsam, dass sie ausgeprägte bürokratische und strukturierte Organisationsbestandteile haben (sog. »cold organization«, Apelt 2014, 75), welche das ruhige Alltagsgeschäft kennzeichnen. Im Gegensatz zu klassischen öffentlichen Verwaltungsteilen, haben Einsatzorganisationen aber auch ›actionreiche‹ Organisationskomponenten (sog. »hot organization«, Apelt 2014, 75), die sich auf die akute Lagebewältigung in Einsätzen beziehen. Einsatzorganisationen zeichnen sich dadurch aus, dass sie beide Seiten im Alltag (z. B. beim Warten auf den Einsatz), bei Übungen sowie beim Einsatz miteinander verschränken, wie es auch folgendes Zitat anzeigt:

»*Organisationen, die auf Notfälle spezialisiert sind, planen während sie retten und antizipieren und simulieren Notfälle, während sie auf sie warten. Einsatzorganisationen lösen beide Bereiche vielfach ineinander auf.*« (Ellebrecht 2020, 90)

Der schnelle Wechsel in die ›heiße‹ Einsatzphase ist somit vermutlich ein selbstverständlicher Teil von Einsatzorganisationen. Möglicherweise lässt dies aber Unzufriedenheit und Unverständnis gegenüber Organisationen wachsen, welche zwar potenziell in Krisen zentrale Aufgaben übernehmen, aber in Einsätzen den Eindruck

2.3 Diskussion: Herausforderungen öffentlicher Verwaltungen

erwecken, weder vorbereitet zu sein noch eine erkennbare Art von ›hot organization‹ zu aktivieren.

Neben den Interviewdaten legen Ergebnisse aus Workshops und moderierten Gruppendiskussionen nahe, hier zwischen Verwaltungsstrukturen der Länderebene einerseits und der Kommunen bzw. Bezirke andererseits zu differenzieren. Insbesondere in Bezug auf Landesverwaltungen finden sich v. a. Hinweise auf Überlastung zentraler Stellen, fehlende (oder vermisste) Führungskompetenzen speziell für Krisen, manchmal unpassende Vorgaben von oben nach unten sowie Zuständigkeitsunklarheiten, die die Umsetzung der Rolle eines kompetenten Krisenakteurs oder einer Krisenakteurin erschweren. Vertreter:innen von Kommunal- bzw. Bezirksverwaltungen treten hier deutlicher als flexible, ausführende Verwaltungsteile auf, welche im lokalen Geschehen näher an Bedarfen der Bevölkerung agieren können und über engeren Kontakt bspw. zu Kräften der örtlichen Polizei und Feuerwehr verfügen (i. S. einer Schnittstellenfunktion).

Zu (2): Wie bereits angedeutet, sind Strukturen und Prozesse untrennbar mit der Rollen- und Aufgabenumsetzung verbunden. Sie werden in Interviews und Workshopgesprächen im Hinblick auf ihre Brauchbarkeit in Krisensituationen reflektiert. Insbesondere klassische bürokratische Prinzipien stehen dabei zur Disposition, wie die (in vielen Abteilungen nach wie vor in Papierform verlangte) Schriftlichkeit und Aktenkundigkeit, eine ausgeprägte Regelgebundenheit (z. B. bei Entscheidungsprozessen und Genehmigungsverfahren) oder das Einhalten der sogenannten Dienstwege gemäß dem Hierarchieprinzip. In Bezug auf (akute) Krisenlagen werden sie in Interviews und Workshops oft als Barrieren dargestellt, welche zu Handlungseinschränkungen und langwierigen Prozessen führen können. In der Konsequenz sehen sich Verwaltungsmitarbeiter:innen dadurch in der Situation, die bis dato eher festen, bürokratischen Strukturen aufzubrechen, um adäquat auf die dynamischen Anforderungen der Krisenlage zu reagieren (Bogumil et al. 2016; Schütte et al. 2021). In den Augen Befragter stehen die bürokratischen Prinzipien bspw. Ad-hoc-Entscheidungen und einer möglichst schnellen Umsetzung in Handlungen entgegen, wie es auch in der Situation 2015/16 der Fall gewesen sei. Viele Verwaltungsvertreter:innen berichten über aus der Not geborene Improvisationstechniken und »Work-around«-Strategien, die dazu dienten, Verwaltungsprinzipien kreativ zu nutzen. Die typischen Wege und Abläufe wurden dabei nicht völlig umgangen, sondern lediglich (soweit wie möglich) gedehnt, um rasch zu entscheiden bzw. handeln, sich (in rechtlicher Hinsicht) aber nicht angreifbar zu machen. Parallel finden sich hier Absicherungsstrategien, wenn zeitgleich zu Ad-Hoc-Entscheidungen die entsprechenden formalen (langwierigeren) Prozesse zumindest schon in Gang gesetzt wurden, wie das folgende Zitat andeutet:

2   Herausforderungen des Krisenmanagements

»Und dann haben wir das Formelle hinterher vielleicht irgendwann geregelt, weil (…) dann wichtig war, die materiellen sicherheitsrelevanten Details abzuklären, zu gewährleisten, sicherzustellen und nicht unbedingt auf den Erlass einer Baugenehmigung zu warten. Das war so eine der Vorgehensweisen, wie man da auch etwas dynamischer an eine Lösung herankommt.« [Verwaltungskraft aus Trier]

Zu (3): Informationen und Wissen sind in der Lagebewältigung für alle Organisationen wertvolle Ressourcen. Ein praktizierter Umgang damit in und für Krisen scheint aber bspw. für öffentliche Verwaltungen nicht allzu einfach zu sein. Aus der Literatur bekannte Ansätze des Wissensmanagements finden in der Realität von Verwaltungsmitarbeiter:innen aufgrund ihrer Abstraktheit und der geringen Passfähigkeit mit organisationalen Gegebenheiten (z. B. technische Infrastruktur, spezielle Organisationseinheiten und verantwortliches Personal) wenig Anklang und gelten im Zweifel eher als schlicht nicht existent. In dem Kontext heben Befragte einen Mangel an Ressourcen im Alltagsgeschäft hervor, der Aufbau und Pflege solcher Strukturen eher verhindere. In der Konsequenz wird so die Gelegenheit zur Entwicklung von Ansätzen für die personenunabhängige Verfügbarmachung gemachter Erfahrungen und gewonnener Erkenntnisse in Phasen ohne akute Krisen vertan. Ähnliches gilt für zeitlich nach kritischen Situationen gelagerte Dokumentationen und Aufarbeitungen für die Wissensweitergabe. Wichtige Erkenntnisse bleiben personengebunden. Dadurch werden die Wissenseigentümer:innen im Krisenfall aufgrund ihres exklusiven Wissens zu gefragten Expert:innen, welchen die Rolle auferlegt wird, als Multiplikator:innen wichtige Erfahrungswerte in die Breite der Organisation zu tragen. Dennoch bleibt das Kernproblem bestehen, dass mit dem Ausscheiden dieser Personen auch deren Wissen geht. In akuten Phasen der Lagebewältigung wird das Thema Wissenssicherung, -dokumentation und -aufbereitung als personenunabhängiges Organisationswissen als noch schwieriger erachtet. Letztlich sehen es Befragte als ein ›Ding der Unmöglichkeit‹, unter den dynamischen, relativ fordernden Bedingungen einer kritischen Lage ad hoc ein praktikables Wissensmanagement zu entwickeln. Ergebnisse aus Interviews und Workshopgesprächen machen deutlich, dass Wissensmanagement in Krisenzeiten und Phasen des Krisenmanagements wenig Platz hat und lediglich relativ niederschwellig als ›Festhalten‹ von Wissen ohne bspw. technische Unterstützungsmittel umgesetzt wird. Es gab natürlich Protokolle, Mitschriften, E-Mails etc., die in der damaligen Lage zur Wissensdokumentation und -weitergabe unter Mitarbeiter:innen genutzt wurden, aber dies geschah oft weder organisationsweit noch systematisch. Zudem finden sich kaum Hinweise darauf, dass sie dazu dienten, individuelles in organisationales Wissen zu transferieren. Im Hinblick auf künftige Lagen scheint damit ein weiteres Problemfeld

2.4 Wahrnehmung des Krisenmanagements von Kommunalverwaltungen

zu bestehen: Ein potenzielles Lernen aus der Situation bleibt womöglich oftmals aus, weshalb die Gefahr besteht, dass sich Fehler in der Lagebewältigung wiederholen. Insbesondere vor dem Hintergrund der COVID-19-Pandemie lässt sich daher die Frage formulieren, inwieweit sich seit der Flüchtlingssituation 2015/2016 in öffentlichen Verwaltungen etwas verändert hat und ob sie Lehren ziehen konnten, die ihnen unter den Bedingungen der Krise durch eine Pandemie nun helfen.

2.4 Wahrnehmung des Krisenmanagements von Kommunalverwaltungen während COVID-19

Eine Umfrage unter Mitarbeiter:innen deutscher Kommunalverwaltungen (inklusive der Gesundheitsämter) zur Wahrnehmung des Arbeitsalltags während der COVID-19-Lage der Deutschen Universität für Verwaltungswissenschaften Speyer kommt im April 2020 zu erfreulichen Ergebnissen (Pöhler et al. 2020). Die eigenen Behörden werden als »leistungs- und innovationsfähig« (Pöhler et al. 2020, II) betrachtet und sind nach Ansicht der Befragten dazu in der Lage, die Umstände gut zu bewältigen, dabei zwar be-, aber nicht überlastet zu sein. Einige Befragungsergebnisse verweisen darauf, dass dies in einem Zusammenhang steht mit kommunal-strukturellen Anpassungen der letzten Jahre, die im Sinne von Lehren aus der Flüchtlingssituation 2015/2016 umgesetzt werden konnten (Pöhler et al. 2020, 10 ff, 14 f). Etwas kritischer fallen in der Studie Antworten der Mitarbeiter:innen der Gesundheitsämter aus bspw. hinsichtlich der Überlastung aufgrund personeller Einsparungen (Pöhler et al. 2020, 21). Die Ergebnisse lassen Rückschlüsse auf Defizite und weitere Anpassungsmöglichkeiten der Verwaltungen zu. Neben Themen wie verstärkte Einbindung der Zivilgesellschaft, Aufbau und Etablierung von Netzwerken, Aufstockung der Belegschaft sowie Optimierung der digitalen Infrastruktur werden v. a. Aspekte angesprochen, die einer Vereinheitlichung des Verwaltungshandelns zuträglich erscheinen: Verbesserung des Informationsmanagements und Bündelung der Informationen an übergeordneter Stelle, Verbesserung der Koordination, Anleitungen für Krisenkommunikation sowie Formulierung klarer Regelungen in Verordnungen (Pöhler et al. 2020, III).

Einlassungen zum Krisenmanagement von Kommunalverwaltungen während der COVID-19-Pandemie kommen allerdings nicht ohne einen Blick auf jene aus, die dieses Krisenmanagement wahrnehmen – dies sind vor allem die Bürgerinnen und Bürger als primäre Adressatinnen und Adressaten des Krisenmanagements und dessen Maßnahmen sowie auch die Medien, die Wissenschaft und weitere gesellschaftliche Akteure. Die Bewältigung einer Pandemie gestaltet sich langwierig. Dieser lange Zeithorizont verlangt allen Beteiligten viel Durchhaltevermögen ab. Es liegt daher nahe, dass die Maßnahmen inhaltlich angemessen und nachvollziehbar kommuniziert sein müssen, um die Motivation der Bevölkerung zu erzeugen und aufrecht zu erhalten.

Medien beobachten und bewerten das Krisenmanagement ebenfalls und wirken meinungsbildend. In medialen Betrachtungen zur grundsätzlichen Leistungsfähigkeit der öffentlichen Verwaltung in Deutschland vor dem Hintergrund der Pandemie kommt insbesondere die Fähigkeit der öffentlichen Verwaltung zum Krisenmanagement schlecht weg – Organisationsmängel ließen hinter der Pandemie eine Verwaltungskrise aufscheinen, die allerdings nicht spezifisch der kommunalen Ebene zugerechnet wird, sondern sich auf das gesamte föderale System bezieht (Bernau 2021; Richter 2021; Bubrowski/Lohse 2021). Hier scheint sich zu wiederholen, was bereits in der Flüchtlingslage u. a. als Systemversagen diagnostiziert wurde (Schütte et al. 2021). Kommunale Einzelbeispiele positiven Krisenmanagements werden medial ebenso begleitet und der allgemeinen Kritik im Sinne eines »so kann es auch gehen« gegenübergestellt. Solche Beispiele lieferten im Jahr 2021 unter anderem die Kommunen Rostock und Münster, meist verbunden mit Erläuterungen dazu, was diese Kommunen anders machen als andere. In den genannten Beispielen dienen die Bürgermeister in der medialen Darstellung als Personifikationen des Verwaltungserfolgs – zupackend, einfach ein wenig früher dran als andere und gesegnet mit verantwortungsbewussten Bürger:innen (Burghardt 2021; Burger 2021).

Auch Vertreter:innen verschiedener wissenschaftlicher Disziplinen geben der öffentlichen Wahrnehmung und Meinungsbildung durch Instant-Evaluationen stetig neue Drehmomente. Eine bundesweite repräsentative Fragebogenerhebung der Universität Konstanz untersucht bereits in einer relativ frühen Phase der Pandemie die Entwicklung und Umsetzung der Maßnahmen des Krisenmanagements von Staat und Behörden auf unterschiedlichen Verwaltungsebenen (zwischen März und April) aus Sicht der Bevölkerung (Eckhard/Lenz 2020). Insgesamt zeichnet sich zunächst eine hohe Zufriedenheit der befragten Bevölkerung mit den Maßnahmen in der Zeit ab. Das Handeln von Kommunen, Ländern und Bund in dem Kontext wird mehrheitlich akzeptiert und gewinnt an Zustimmung, wenngleich das föderalistische System eher kritisch gesehen wird. Anhand der Ergebnisse aus einem Vergleich der Bundesländer zeigen Eckhard und Lenz auf, dass die große Übereinstimmung hinsichtlich der umgesetzten (Einzel-)Maßnahmen insbesondere anfangs besteht. Dabei gibt es ihnen zufolge aber auch Länder, die im Rahmen ihres Krisenmanagements schneller agierten und neue Maßnahmen einführten, bevor alle übrigen

Länder (offiziell) nachzogen. Aufgrund der unterschiedlich ansteigenden Infektionszahlen entwickelt sich in einigen Ländern ihres Erachtens nach außerdem eine »Disparität von Betroffenheit und Maßnahmen« (Eckhard/Lenz 2020, 6). Trotz der Entwicklungen bilanziert die Kurzstudie eine in der Bevölkerung wahrgenommene Homogenität der Maßnahmen. Die mediale Berichterstattung greift dies den Autor:innen zufolge allerdings so nicht auf, sondern betont die heterogenen Vorgehensweisen im föderalen System in kritischer Weise. Kontaktbeschränkungen dienen dabei als anschauliches Beispiel, da diese je nach Land, teilweise sogar je nach Kommune unterschiedlich umgesetzt werden und dies zu Unverständnis und Unzufriedenheit in der Bevölkerung beitragen könne. Unabhängig von der Studie zeigt sich diese mediale Sicht auch noch zu einem späteren Zeitpunkt. Laut eines Online-Artikels vom 09. Juni 2020, der auf zeit.de veröffentlicht wurde, scheinen selbst die Gesundheitsämter eine bundeseinheitliche Strategie zu vermissen. Gestützt wird dies durch die Antworten von 120 Gesundheitsämtern, welche auch im Rahmen von Zitaten im Artikel zu Wort kommen (Mast et al. 2020).

2.5 Fazit

Was lässt sich nun aus den angestellten Überlegungen ableiten zu der Frage »Kann öffentliche Verwaltung Krisen stemmen?« Aus der Retrospektive und anhand vergangener Krisenlagen wie jener der Flüchtlingssituation 2015/16 betrachtet, lässt sich die Frage zunächst einmal grob bejahen. Alles in allem – und das ist auch aus den Reihen der Verwaltungsvertreter:innen zu vernehmen – habe die Lagebewältigung eigentlich ganz gut geklappt. Dennoch scheinen sich einige schwierige Momente der Krisenkommunikation und Herausforderungen des Krisenmanagements öffentlicher Verwaltungen in der COVID-19-Pandemie zu wiederholen. Darauf deuten zumindest wissenschaftliche Ergebnisse und Medienberichte. Im von der Deutschen Forschungsgemeinschaft geförderten Projekt »Kommunalverwaltung im Krisenmodus (KoViK)« nutzt der Lehrstuhl für Bevölkerungsschutz, Katastrophenhilfe und Objektsicherheit der Bergischen Universität Wuppertal die Gelegenheit, innerhalb der Jahre 2022 bis 2024 das Krisenmanagement von Kommunalverwaltungen während der Pandemie näher zu untersuchen. Möglicherweise finden sich dabei Hinweise, inwieweit Entwicklung von Rolle und Selbstverständnis als (potenzielle) Krisenorganisation, Aufbau und Etablierung von Krisenmanagementansätzen und -strukturen in öffentlichen Verwaltungen als Lehren aus der Vergangenheit umgesetzt wurden – oder eben nicht. Abschließend kann dies jetzt aber noch nicht bewertet werden. Die Zeit und mehr wissenschaftliche Erkenntnisse werden es sicherlich zeigen.

3 Strategien, Stolpersteine und Situationsbewusstsein deutscher Unternehmen

Matthias Rosenberg, Denis Žiga und Astrid Geschwendt

Wie schnell das doch gehen kann: Jetzt sitze ich an fünf Tagen in der Woche im Homeoffice, navigiere mich gekonnt durch die diversen Plattformen für Videokonferenzen und es wird politisch bereits ein entsprechender Rechtsanspruch sowie eine Verpflichtung der Unternehmen diskutiert – mit Varianten für Feuerwehr, Pflegepersonal und Handwerker:innen. Vom Privaten zum Allgemeinen:

- Welche Effekte hatte und hat die Covird-19-Pandemie auf deutsche Unternehmen?
- Welche Unternehmensstrategien waren und sind erfolgreich und wo müssen wir umdenken?
- Waren und sind Unternehmen, die die Systematik von Business Continuity Management (BCM), Krisenmanagement und IT Service Continuity Management (ITSCM) etabliert haben, besser aufgestellt oder wird das nur behauptet?

3.1 Wirtschaftssituation und Auswirkungen von COVID-19

Viele deutschen Wirtschaftsunternehmen haben es innerhalb von drei Tagen bis zu maximal ein bis zwei Monaten zur kompletten Betriebsfähigkeit mit Homeoffice (wo unternehmensbedingt möglich) und Anpassungen im Produktions- oder Vertriebsbetrieb geschafft. Hier waren die Unternehmen mit etabliertem BCM, ITSCM und Krisenmanagement-System tatsächlich deutlich im Vorteil. Die Faktoren gezielte Kommunikation (hier konnte oft eine frühzeitige Information und Vorbereitung – manchmal bereits im Dezember 2019 – beobachtet werden) und die strukturierte Handlungsaufnahme mit Wirkung in den gesamten Geschäftsbetrieb waren und sind die wesentlichen Erfolgsparameter.

Nach einer Selbsteinschätzung in einer BCM-Umfrage im September 2020 (Denis Žiga) bewerteten europäische Unternehmen (vornehmlich aus Deutschland und UK) die Wirksamkeit ihres BCM-Systems zu 78 %, die Wirksamkeit ihres ITSCM zu 86 %

3.1 Wirtschaftssituation und Auswirkungen von COVID-19

und die ihres Krisenmanagements sogar mit 90 % positiv. Diese Wahrnehmung und die professionelle Handlungsfähigkeit wirkte sich fördernd auf die Unternehmensführung, die Kultur und das Zusammengehörigkeitsgefühl aller Mitarbeiter:innen und die Zukunftsfähigkeit aus. Hier entstand eine große Agilität auch in Bezug auf die Entwicklung von sinnvollen Strategien, Priorisierung und bei Bedarf auch Anpassungen des Kerngeschäfts (Stichwort Onlinehandel und Webseitenpräsenz). Die hohe Einsatzbereitschaft und das Verantwortungsbewusstsein von allen Mitarbeiter:innen, insbesondere auch der Informationstechnologiebereiche, haben insgesamt zu einem kaum vorhersehbaren und schnellen Aktionsvermögen geführt.

Naturgemäß gab es unterschiedliche Strategien in unterschiedlichen Unternehmen:

- Konzentration auf das Kerngeschäft,
- Komplettes Aussetzen der Produktion mit koordiniertem Wiederanlauf,
- Gesamte oder teilweise Neuausrichtung/Umstellung des Geschäftsbetriebs,
- »Normalbetrieb« im Homeoffice sowie
- Produktion und Vertrieb mit Schutzausrüstung.

Die Strategien zur Koordination eines geordneten Wiederanlaufs, der systematisch zu einem professionellen BCM, ITSCM und Krisenmanagement gehört, ist hier ein gutes Beispiel: Organisierte Unternehmen handelten zielgerichteter, weniger personalaufwändig und kostengünstiger. Die strukturierte Beantwortung der Kernfragen bzgl. Zeitlinien, Teil-/Gesamtanlauf, Verfügbarkeit von Mitarbeiter:innen und materiellen Ressourcen (Material, IT, Gebäude etc.), technische und logistische Kapazitäten, Kundennachfrage und Produktion sowie die Organisationsstruktur halfen deutlich, bedürfnis- und v. a. geschäftsorientiert zu handeln. Anpassbare Stufenpläne auf Basis der BCM-Kernthemen lassen Unternehmen auch aktuell flexibel auf die unterschiedlichen Phasen einer Pandemie reagieren. Fehlte oder fehlt diese Organisationsstruktur, werden Informationen deutlich langsamer, mit hohem Ressourcenaufwand und erheblichen Reibungsverlusten beschafft, Maßnahmenrückmeldungen laufen in die falsche Richtung (oder sogar ins Leere) und meist mangelt es an Akzeptanz der Maßnahmen und damit an ihrer Um- und Durchsetzung.

Große Herausforderung gab es bei den präsenzpflichtigen Berufen sowohl bei klassischen Wirtschaftsunternehmen (Lebensmittelversorgung, private Pflegedienste und Unterrichtende etc.) als auch bei Behörden (Feuerwehr, Polizei, Pflegediensten und medizinischer Versorgung über Kitas/Schulen bis hin zu Behörden mit Bürger- und Sozialaufträgen etc.). Es galt natürlich vor allem, passende und insbesondere auch anerkannte und durchführbare Maßnahmen zum Umgang mit einer Vielzahl

3   Strategien/Stolpersteine/Situationsbewusstsein deutscher Unternehmen

von unterschiedlichen Menschen zu entwickeln sowie die entsprechende Schutzausrüstung zu beschaffen und stringent anzuwenden. Während im Supermarkt um die Ecke relativ schnell eine zuerst provisorisch zusammengewerkelte Plexiglasscheibe installiert und die Einkaufswagen zur Zutrittsbegrenzung limitiert wurden, waren die (meist nicht vorab organisierten) Behörden oft deutlich schwerfälliger. Was wurde nicht alles ausprobiert auf dem Weg von Alltagsmasken über Face-Shields bis hin zur FFP2-Ausstattung oder sogar einem Vollschutz für entsprechende Berufsgruppen.

- Wer hat hier priorisiert die im ersten Pandemie-Jahr noch sehr knappen Vorräte an Schutzausrüstung erhalten?
- Welche Zielgruppen wurden dabei anerkannt und können somit dauerhaft priorisiert werden?
- Auf welcher Basis wurde priorisiert und der Ablauf koordiniert?
- Welche strategischen Entscheidungen zu Herstellung, Einkauf, Verteilung und Lagerung waren sinnvoll und können langfristig genutzt werden?

Tatsächlich wurden am Beispiel der medizinischen Schutzausrüstung erst für das entsprechende Personal und inzwischen für alle einige Besonderheiten im Umgang mit Beschaffung und Lagerhaltung deutlich: Die fehlende Bevorratung (als strategische Entscheidung) und der Einbruch von Lieferketten führten zu einer Knappheit und überhaupt erst einem Priorisierungsbedarf. Für die präsenzpflichtigen Berufe galt es außerdem, mögliche Konzepte für Homeoffice zu entwickeln sowie umzusetzen und dabei auf strategischer Ebene auch zu entscheiden, welche Präsenzen ggf. mit alternativen Methoden umgesetzt werden können. Während die Privatwirtschaft recht agil, kreativ und flexibel Methoden entwickelte und zügig auf den Weg gebracht hat, taten sich auch hier die nicht standardmäßig organisierten Bereiche der Behörden bis zum Sommer 2021 schwer.

- Ziel sollte es sein, ein BCM-/ITSCM-/Krisenmanagement-System für alle Behörden einzuführen, damit eine konsequente, strukturierte Bewältigung von Ereignissen unter strategischer Leitung zielgerichtet und effektiv ermöglicht wird.
- Eine aktuelle Neu-Bewertung, welche Unternehmen unter den KRITIS-Begriff fallen sollten, wird bereits öffentlich diskutiert und sollte überdacht werden.

3.2 Resilienz und Innovation

Bei aller Agilität, Kreativität und strukturierter Flexibilität der deutschen Unternehmen (und natürlich auch der Behörden) bleibt die Herausforderung der Finanzausstattung und Liquidität. Einige Wirtschaftszweige in Deutschland und in Europa werden seit Jahren subventioniert, und das sind nicht nur die medienwirksame Autoindustrie und Fluggesellschaften. Die staatliche Unterstützung steigerte sich während der COVID-19-Krise unter immer neuen Titeln: Überbrückungshilfen I, II und III (über 100 Milliarden an ausgezahlten Hilfsleistungen in Deutschland 2020), November- und Dezemberhilfen, Neustarthilfe usw. Hinzu kamen die veränderten Rahmenbedingungen für das Kurzarbeitergeld und die Aussetzung der Insolvenzantragspflicht.

Unter diesen Rahmenbedingungen bleibt die Frage, wie viele deutsche Unternehmen tatsächlich aus eigener Kraft und Unternehmertum »gesund« sind und langfristig tragfähige Geschäftsmodelle besitzen. Das Shareholder-Value-Konzept als Unternehmensstrategie wird zum Auslaufmodell: Die Rechnung Unternehmenswert – Fremdkapital geht eben heute nicht mehr auf. Aber was sind die Alternativen?

- Welche Investitionen in welche Wirtschaftszweige sind sinnvoll?
- Wie schützen wir insbesondere die Kritische Infrastruktur in der Basisversorgung (Strom, Wasser, Verkehr)?
- Wie sieht die Zukunft für KRITIS-Unternehmen und die sogenannten »systemrelevanten Berufe« aus?

KRITIS:
Kritische Infrastruktur (KRITIS) umfasst Organisationen oder Einrichtungen mit wichtiger Bedeutung für das staatliche Gemeinwesen, bei deren Ausfall oder Beeinträchtigung nachhaltig wirkende Versorgungsengpässe, erhebliche Störungen der öffentlichen Sicherheit oder andere dramatische Folgen eintreten würden.

Bereits im Mai 2020 erfolgte ein Anschreiben des Bundesamt für Sicherheit in der Informationstechnik (BSI) an alle KRITIS-Unternehmen bzgl. Vorlage ihrer Business Impact Analyses (BIA). Hier wurde einerseits frühzeitig der Blick auf eine intensivierte taktische Überprüfung gerichtet, andererseits wurden aber gerade in der ersten Hochphase der Krise die entsprechenden Kapazitäten mit rein präventiven Themen gebunden.

Business Impact Analyse (BIA):

Die BIA bildet den Ausgangspunkt für die Analysephase im Business Continuity Management (BCM) und ist zusammen mit der Risikoanalyse die Grundlage für das Business Continuity (BC) Lösungskonzept, das Unternehmen in Notfällen und Krisen unterstützt.

Hinzu kommt die Diskussion zur Ausweitung des KRITIS-Begriffs und die Einbindung »systemrelevanter Unternehmen«. Beide Schritte irritieren und verunsichern Unternehmen, die den Fokus effektiver auf ein Zwischenfeedback oder erste Learnings in der Krise legen könnten.

- Wer wird zukünftig alles verpflichtet?
- Wie wird das kontrolliert und welchen konkreten Nutzen haben die Unternehmen beziehungsweise die Bevölkerung?

Seit einiger Zeit etablieren sich FinTech-Unternehmen vor allem auf dem Sektor der Finanzierung von Start-Up-Unternehmen.

FinTech-Unternehmen:

FinTech (financial technology) ist ein Sammelbegriff für technologisch weiterentwickelte Finanzinnovationen, die in neuen Finanzinstrumenten und -dienstleistungen münden.

Bei FinTech-Unternehmen wird das digitale Kreditgeschäft auch ohne Banklizenz per Big Data und Cloud Computing bedient. In den USA hat diese Finanzierungsform bereits einen Anteil von weit über 50 % und auch in Deutschland werden inzwischen solche Firmen gegründet. Der Vorteil liegt am tatsächlich sehr schlanken und rasant schnellen Geschäftsmodell zur Bewertung der Kreditwürdigkeit und der entsprechenden Bereitstellung von Finanzmitteln. Durch die fehlende Banklizenz werden in den personell oft sehr klein aufgestellten Firmen weder BCM- noch ITSCM- oder Krisenmanagementsysteme eingesetzt.

- Es ist sicher zeitgemäß, auch künstliche Intelligenz und die Möglichkeiten der Digitalisierung auf dem Finanzierungssektor einzusetzen. Aber wer bewertet die Risiken und fängt sie im Falle eines Misserfolgs auf?
- Wie sieht die Zukunft auf dem Finanzsektor aus und wie werden Wettbewerbsfähigkeit und Resilienz in neuen digitalen Finanzierungsformen sichergestellt?

3.2 Resilienz und Innovation

Das Thema Supply-Chain-Management war in vielen Unternehmen neben der IT das Top-Thema der Pandemie. Bis vor kurzem wurde der Dreiklang Logistik + Kostenminimierung + Prozessoptimierung tatsächlich global ausgeschöpft. Die konsequente Nutzung der günstigsten Produktionsstätten weltweit und die detaillierte Steuerung der Warenflüsse auf hochentwickelten Transportwegen waren fester Bestandteil der meisten Unternehmen. Gerade in diesem Bereich erfolgte 2020 ein deutlicher Anstieg der Störungen: In einer internationalen Umfrage des Business Continuity Institute (BCI) berichteten 27,8 % der Unternehmen von 20 oder mehr Ausfällen in ihren Transportketten (wobei 84 % insgesamt pandemiebedingt Probleme mit dem grenzüberschreitenden Landverkehr hatten). Die Reaktion der Unternehmen war wiederum vielfältig, selbstverständlich in Abhängigkeit zu ihrem Geschäftsmodell:

- Lieferketten wurden umgestaltet, um die Kontinuität der Versorgung sicherzustellen,
- Fertigungsmodelle wurden überprüft und angepasst,
- es entstand ein Umdenken bei der Lagerhaltung und
- im ungünstigsten Fall wurde Kurzarbeit eingeführt und die Produktion gedrosselt oder gestoppt.

Auch Unternehmen, die zu Beginn der Pandemie fleißig Vorräte angelegt hatten, stellten fest, dass diese irgendwann erschöpft und neue Vorräte nur schwer zu beschaffen waren, da die Transportmöglichkeiten auf dem Luft- und Seeweg sowie aus dem Fernen Osten begrenzt bleiben.

- COVID-19 brachte einige Sondereffekte mit sich: Kund:innen lehnten Waren aus China ab (besonders deutlich war dieser Effekt in den USA spürbar). Hier erfolgte als Reaktion eine komplette Umorganisation der Lieferketten.
- Das Single-Source-Prinzip wechselt zu einer Mix-Struktur.
- Zusätzlich erfolgten Anpassungen von global zu regional: Unternehmen mussten feststellen, dass Waren mit Herstellung in Asien zunächst nicht mehr lieferbar waren (da die dortigen Dienstleister schlicht nicht produktionsfähig waren).
- Viele Unternehmen haben ihre gesamte strategische Ausrichtung geändert, d. h. wichtige Lieferanten von vor zwölf Monaten wurden durch eine völlig neue Reihe von Organisationen ersetzt.
- Weitere Sondereffekte waren Nachfrageeinbrüche, Verschiebungen in der Nachfragestruktur oder Hamsterkäufe, auf die gerade das Supply-

Chain-Management im strategischen Zusammenschluss mit der Geschäftsfeldbewertung reagieren musste.

Unternehmen haben tatsächlich Neuland betreten: Mit den aufgeführten Herausforderungen wurde das Monitoring der Warenflüsse und der kontinuierliche Informationsaustausch zu den bedeutenden Erfolgsfaktoren. Künstliche Intelligenz wird bei der Auswertung des Datenmaterials zur stabilen Erkennung von Frühindikatoren, beispielsweise durch Verfahren zur Mustererkennung, eingesetzt. Der digitale Informationsfluss von Teilelieferant:innen bis hin zu den Endkund:innen gewinnt zur Steigerung der Transparenz zwischen allen Unternehmen entlang der Supply Chain immer mehr an Bedeutung.

Die Awareness in den deutschen Unternehmen zur Analyse und Sicherung der Transportwege steigerte sich 2020 erheblich und führt zu einem Umdenken. Es ist ein Trend zur erhöhten Kontrolle der Dienstleister:innen und ihrer Zulieferer:innen zu verzeichnen. Wurde vor COVID-19 der BCM-Prozess Dienstleisterausfall oft halbherzig und dann eher auf Ebene Direktlieferant:innen und Tier 1 (Module und Systeme) durchgeführt, erzeugte die Pandemie gerade in den Bereichen Tier 2 (Komponentenlieferant:innen) und Tier 3 (Teilelieferant:innen) Lücken von über 40 % (BCI, Supply Chain Resilience Report). Es besteht also ein Bedarf an mehr Transparenz der Kette Unternehmensbedarf – Kapazitäten – Bestand – Auslastung. Das Modell Just-in-Time/Just-in-Sequenz steht damit ebenfalls auf dem Prüfstand. Die reduzierten Lagerbestände der Just-in-Time-/Just-in-Sequence-Belieferung und die konsequente Ausnutzung komparativer Kostenvorteile durch Produktionsverlagerungen in Niedriglohnländer führten in der Pandemie (und als Doppelschlag mit der Havarie im Suezkanal) zu erheblichen Störungen nicht nur im Transport, sondern auch in der davon abhängenden Produktion und im weiteren Warenfluss. Zur Lösung konnten folgende Strategien beobachtet werden:

- Erhöhung der Prüfungstiefe im Unternehmen (neben Tier 1 nun auch Tier 2 und 3),
- Erschließung und Einsatz von lokalen Lieferant:innen,
- Reduzierung der Waren aus dem Fernen Osten.

Deutlich sichtbar ist der Anstieg des Insourcings und die erhöhte Nutzung europäischer Lagerhaltung – selbst die Produktion von medizinischen Masken ist in Deutschland wieder angelaufen.

3.2 Resilienz und Innovation

Wie wird hier die mittel- und langfristige Entwicklung nach COVID-19 aussehen?

Last, but not least: Informationstechnik. Ausgehend vom Aufschwung des Bereichs Homeoffice erfolgte eine Ausweitung in Richtung Digitalisierung in allen deutschen Unternehmen. Selbst stark gesetzlich regulierte Geschäftsbereiche konnten zur Bewältigung der Pandemie einige Präsenzpflichten aufheben (z. B. im Banken- und Versicherungssektor). Es wird vermehrt auf virtuelle Lösungen und den Einsatz von Tools gesetzt (im eben thematisierten Bereich Supply-Chain-Management wurde der größte Anstieg mit über 40 % verzeichnet). Die IT-Abteilungen in den deutschen Unternehmen haben eine Herkules-Arbeit verrichtet: Nicht nur die digitale Ausstattung der Mitarbeiter:innen ist rasant schnell erfolgt, auch der anfängliche Schluckauf bei weniger vorbereiteten Unternehmen bzgl. Server-Kapazitäten und Verfügbarkeit von VPN-Verbindung am heimischen Küchentisch wurde in der Regel gut bewältigt.

Dabei steht die staatliche Rolle beim Ausbau der digitalen Infrastruktur, insbesondere der Ausbau des Breitbandnetzwerks, im Fokus und begrenzt die Möglichkeiten von allen Organisationen (Unternehmen, Behörden, aber auch Schulen etc.). In den letzten Jahren wurde eher im Schritttempo als auf der Überholspur gearbeitet. Die Kluft zwischen Stadt und Land zu schließen und damit gesellschaftsverträgliche Lösungen zu bieten, ist eine staatliche Aufgabe für die Zukunft, die lieber in den nächsten Monaten als in den nächsten Jahren engagiert vorangetrieben werden muss.

> **Merke:**
> Beim Ausbau der digitalen Infrastruktur ist die Politik maßgeblich gefordert und Investitionen sind zukunftsbildend.

Die Digitalisierung bringt nicht nur in einer Krise viele Vorteile, sie birgt leider auch ein erhöhtes Risiko in Bezug auf Cyber-Kriminalität. 2020 gab es in diesem Bereich erhebliche Wachstumsraten und einen enormen finanziellen Schaden (obwohl die Statistiken sicher nur die Spitze des Eisbergs kennen). Der gesteigerte Datenverkehr führt zu einer hohen Auslastung (bis hin zu Be- und Überlastung) der Netze, die VPN-Server und Firewalls am Rande ihrer Kapazitäten zum Absturz bringen können. Das wiederum öffnet die Schleusen für alle Arten von Cyber-Attacken. Das BSI stellte eine gestiegene Intensität von Distributed-Denial-of-Service (DDoS)-Angriffen fest: im 1. Quartal 2020 ein Zuwachs um 81 %. Die momentan so viel genutzten Videokonferenzanwendungen sind ebenfalls ein lohnendes Ziel für das kriminelle Abziehen von Daten. Der Anbieter Zoom ging bereits im Frühjahr 2020 durch die Medien.

Die Bundesanstalt für Finanzdienstleistungsaufsicht (BaFin) ist dementsprechend nicht die einzige Aufsichtsbehörde, die in ihren Aufsichtsschwerpunkten die Digitalisierung, IT- und Cyberrisiken als zentrales Schwerpunktthema avisiert. Die meisten deutschen Unternehmen richten Ihr ITSCM, BCM und Krisenmanagement in Richtung dieses Ausfallszenarios aus.

3.3 Gesellschaft und Wertschöpfung im Umbruch

Was hat denn Greta 2020 gemacht? Interessanterweise hat COVID-19 die Fridays-for-Future-Bewegung zunächst ins Hinterzimmer verbannt – aktuell werden die Themen Klimaschutz, Nachhaltigkeit, »global denken, regional handeln« auch mit der Anpassung und Neuausrichtung der Geschäftsmodelle wieder wichtiger. In der letzten Phase des Bundestagswahlkampfs und mit Perspektive auf die Flutkatastrophe im Ahrtal sowie den Starkregen-Ereignissen in anderen Regionen Deutschlands rückt der Klimawandel und seine Auswirkungen wieder in den Vordergrund.

Gerade in den zurückliegenden Pandemie-Monaten wurden einige interessante Themen angestoßen, die vorher unantastbar schienen: Wer ist nicht alles auf das Rad gestiegen (die Fahrradindustrie ist ein echter Gewinner der Pandemie und kommt dem Bedarf in Produktion und Vertrieb kaum hinterher?)? Elektro-Mobilität ist in aller Munde und präsent in der Werbung, Pop-Up-Radwege und Umwandlung von Straßen in Fußgängerzonen verbreiten sich in den Städten. Kaum ein Produkt (von Lebensmitteln über das neue Sofa bis hin zum Eimer Wandfarbe) lässt sich noch ohne Nachhaltigkeitslabel verkaufen. Einige Gesetze sind während der Pandemie umgesetzt worden (Stichwort: Plastikmüllvermeidung). Das frühere Wachstumsparadigma hat einen neue Partnerin: die Nachhaltigkeit.

Deutsche Unternehmen setzen mehr und mehr auf zirkuläres Wirtschaftswachstum:
Die gute Nachricht: Die Reduktion von Treibhausgas-Emissionen wurde 2020 etwa um 7 % weltweit reduziert, der Strombedarf sogar um 15 % (Unterschiede je nach Industrialisierungsgrad). Leider wird dies kein nachhaltiger Trend sein, sondern insgesamt nur eine kurze Verschnaufpause. Die zukünftige Herausforderung liegt, wie so oft, in der Finanzierbarkeit und dem gesellschaftlich-politischen Willen zur Umsetzung von Energiewende und CO_2-neutraler Wirtschaft:

- Die Gesamtverschuldung liegt seit der industriellen Revolution bei einem Maximalwert von etwa 120 %. In den Monaten der COVID-19-Pandemie ist sie auf 130 bis 140 % gestiegen.

3.3 Gesellschaft und Wertschöpfung im Umbruch

- Wirtschaftsunternehmen müssen aktuell erhebliche Rückstellungen bilden, um faule Kredite und nicht einschätzbare Pandemiebelastungen abzusichern.
- Bereits 2020 erfolgte in diesem unsicheren Finanzumfeld eine Stagnation des globalen Ausbaus von erneuerbaren Energien.
- Schaffen es Gesellschaft und Politik sowohl über die Bewusstseinsbildung als auch über Finanzinstrumente, ein entsprechend freundliches »Klima« fürs Klima zu erzeugen?

Ein weiterer Blick auf die Globalisierung ist wertvoll: Im Frühsommer 2021 erhält die kritische Auseinandersetzung mit der Belt-and-Road-Initiative (Chinas neuer Seidenstraße) wieder Fahrtwind. Das Projekt umfasst 2.500 Einzelprojekte im Bereich KRITIS und Verkehr weltweit und soll die Handelskorridore Chinas ausbauen und stärken. Das strategische Ziel ist die konkrete Einflussnahme, die wir in einigen politischen Facetten bereits beobachten (Griechenland und Ungarn haben sich im letzten Jahr gegen europäische Resolutionen gegen China ausgesprochen und diese im EU-Parlament blockiert). Dabei geht es schon in den letzten Jahren auch um Investitionen in Stromnetze und -versorgung weltweit. China beteiligt sich bereits an europäischen Energieunternehmen in Italien, Großbritannien, Griechenland und Spanien. Die Mehrheitsbeteiligung an 50Hertz in Deutschland wurde 2018 behördlich verhindert. Im Oktober 2021 soll ein neues europäisches Gesetz zur Überprüfung ausländischer Investitionen in Kraft treten, das darauf abzielt, den Schutz für Kritische Infrastrukturen, einschließlich der Gesundheits-, Energie-, Verkehrs- und Finanzindustrie sowie für »kritische Technologien«, wie künstliche Intelligenz, Robotik und Halbleiter, zu erhöhen.

Seit den 90er-Jahren gilt in Deutschland das Paradigma vom schlanken Staat: Infrastrukturen wurden privatisiert und folgen nun den unternehmenspolitischen Vorgaben der Eigentümer:innen. Die Stadt Berlin beispielsweise hat in ihrer Finanzmisere 1997 ihre Mehrheitsbeteiligung am Stromnetz an einen privaten Stromversorger verkauft (von dort erfolgte die Weitergabe an einen Branchenriesen). Nach einem Volksentscheid 2013 sollte die Stromversorgung dann wieder re-kommunalisiert werden, um die externen Abhängigkeiten zu verringern. Die Umsetzung erfolgt nun 2021. Die Basisgedanken dabei sind die Versorgungspflicht und die Sicherheit der Bevölkerung. Diesen Trend gibt es nicht nur in Berlin und nicht nur bei Strom- und Wasserbetrieben sowie beim Verkehr. Gerade in der Pandemie sind die Versorgungslücken, z. B. in Krankenhäusern und Schulen, offensichtlich geworden und die Herausforderung der Kommunen, ihrer Versorgungspflicht auch im Sinne der Bürger:innen nachzukommen, rückt in die Öffentlichkeit.

3 Strategien/Stolpersteine/Situationsbewusstsein deutscher Unternehmen

- Wohin führt uns die aktuelle Entwicklung insbesondere mit Blick auf die Stärkung der Resilienz von gesellschaftlich wichtigen Einrichtungen?
- Welche Infrastrukturen gehören in staatliche Hand und welche können privatwirtschaftlich betrieben werden?
- Wie werden die Kommunen in die Lage versetzt ihrer Versorgungspflicht auch in wirtschaftlich nicht lohnenswerten Bereichen und/oder Regionen zu entsprechen?

Zurück zu meinem Schreibtisch: Homeoffice hat natürlich Vorteile auch in Bezug auf Vermeidung von Verkehr, Ressourcenbedarf der Unternehmen und wirkt gegen die Urbanisierung. Mein Unternehmen hat einen Stufenplan und will (wie viele deutsche Unternehmen) in Training und Awareness investieren, die BCM-/ITSCM- und Krisenmanagement-Organisation innerhalb stärken und nimmt auch Lieferant:innen und Dienstleister:innen in den Blick. Dieser Trend war bereits vor COVID-19 in regulierten Unternehmen ein Thema mit Bezug zur Reifegradentwicklung, Einbindung des Risikomanagements und Sicherung der Supply-Chain. Auch das ist ein Thema der Globalisierung – wir können das Rad also nicht zurückdrehen und so tun, als ob Europa einsam von einem Stier in der Ägäis abgesetzt wird.

Nach 15 Monaten Pandemie schmore ich aber auch ein bisschen in der eigenen Suppe: Trotz aller Begeisterung für die digitalen Möglichkeiten und das, was wir gemeinsam geschafft haben, kann mein Bildschirm echte Menschen und den konstruktiven Austausch nur beschränkt ersetzen. Die Konzentrationsdichte und die Aufmerksamkeitsspanne im Miteinander hat sich in den letzten Monaten deutlich verringert. Wie schaffen wir es, die rasante technische Entwicklung und unsere menschlichen Fähigkeiten so einzusetzen, dass wir resilient, nachhaltig und ökologisch unsere globale Zukunft gestalten?

4 Aus- und Fortbildung

Anja Kleinebrahn

Wie wichtig Aus- und Fortbildung sowie Übungen auf allen Ebenen – operativ, taktisch, strategisch – sind, wird sowohl im Alltag, bei Notfällen, als auch in Krisensituationen immer wieder deutlich. Sie sind notwendig, damit gewisse Fähigkeiten aufgebaut, erhalten und verbessert und somit im Ernstfall schnell abgerufen bzw. effektiv und effizient angewandt werden können. Eine gewisse »Ironie des Schicksals« ist es, dass diese grundlegenden Bestandteile der Vorbereitung bzw. Vorsorge, und damit der Resilienzsteigerung, oft vernachlässigt werden. In Pandemie-Zeiten mitunter gezwungenermaßen?! Im vorliegenden Kapitel sollen einige Aspekte zum Thema Aus- und Fortbildung sowie Übungen während (und nach) COVID-19 betrachtet werden.

Die Begriffe Aus- und Fortbildung decken ein riesiges Spektrum ab; bspw. angefangen von der »normalen« Schul- und Berufsausbildung und dem Hochschulstudium, über Kurse in Volkshochschulen, Zertifikatskurse, Weiterbildungsprogramme etc. hin zu klassischen Grundausbildungen in Hilfsorganisationen und diversen anderen Aus- und Fortbildungen im Bereich des Zivil- und Katastrophenschutzes. Wie auch unter normalen Umständen, ist auch während COVID-19 grundsätzlich zwischen Schulbildung von Kindern und Jugendlichen sowie Erwachsenenbildung zu unterscheiden. Gleichwohl es eine grundlegende Gemeinsamkeit gibt, nämlich dass das »Bildungswesen in Deutschland auf eine länger andauernde, großflächige und derart komplexe Krisenlage offenbar nur unzureichend vorbereitet [war]« (Karutz/Posingies 2020, 18), geht es im Folgenden ausschließlich um Aus- und Fortbildung von Erwachsenen, insbesondere im Bereich des Bevölkerungsschutzes.

4.1 Voraussetzungen und Herausforderungen für digitale Aus- und Fortbildung

Flexibel lernen, wann und wo man möchte und kann. Worauf teilweise Geschäftsmodelle von (konventionellen) Bildungsanbieter:innen beruhen, wurde bei vielen Akteur:innen im Bereich des Bevölkerungsschutzes lange etwas vernachlässigt. So kam es, dass viele, genau wie diverse andere Bereiche und Akteur:innen, kalt erwischt wurden, als es im März 2020 aufgrund des behördlichen Verbots plötzlich hieß: keine

4 Aus- und Fortbildung

Präsenzveranstaltungen mehr. Ein großer Teil des gesellschaftlichen Lebens, wie Verwaltungsdienstleistungen, Besprechungen, Veranstaltungen und eben auch der Aus- und Fortbildungsbetrieb, durfte und musste eine Zeit lang nur noch in digitalen Räumen stattfinden.

Grundvoraussetzungen
Musste die Umstellung von Präsenz- in digitale Veranstaltungsformate von jetzt auf gleich erfolgen, blieb natürlich wenig Zeit, sich um wesentliche Aspekte zu kümmern, die für eine erfolgreiche »Transformation« unbedingt notwendig und natürlich am besten vorgeplant werden. Dazu zählen insbesondere:
- funktionierende Hardware,
- funktionierende Software,
- stabile und leistungsfähige Internetverbindung,
- methodisch-didaktische Konzepte,
- ausreichend geschultes Personal.

Letzteres gilt sowohl für die Bereiche Administration und Technik als auch insbesondere für den Bereich Pädagogik – und geht somit sehr eng mit dem Aspekt der methodisch-didaktischen Konzepte einher. Im Bereich des Bevölkerungsschutzes wurde Pädagogik lange vernachlässigt; ihre Bedeutung und Relevanz finden erst seit einigen Jahren zunehmend Beachtung (vgl. Karutz/Mitschke 2018). Neben diesen Voraussetzungen sollten darüber hinaus auch wichtige rechtliche Aspekte, die z. B. den Umgang mit Datenschutz betreffen, nach Möglichkeit vorab geklärt sein.

Digitale Souveränität
Wichtig bzw. Grundvoraussetzung für die Durchführung von digitalen Aus- und Fortbildungsangeboten sind außerdem Veränderungsbereitschaft und digitale Souveränität aller Beteiligten. Doch was genau ist digitale Souveränität? Eine mögliche Definition lautet: »Die Fähigkeiten und Möglichkeiten von Individuen und Institutionen, ihre Rolle(n) in der digitalen Welt selbstständig, selbstbestimmt und sicher ausüben zu können« (IT-Planungsrat 2020). Dabei ist digitale Souveränität kein Zustand, sondern ein Prozess. Ein Prozess, bei dem alle Beteiligten, also insbesondere Lehrende und Lernende, aber auch das Personal »drumherum«, miteinbezogen und entsprechend für die Umsetzung befähigt werden müssen. Nur dann lässt sich das Potenzial der Digitalisierung in Aus- und Fortbildung letztlich entfalten. Auch was diesen Aspekt anbelangt, gab es zu Beginn bei einigen sicherlich Nachholbedarf. Um diesen aufzuholen und anschließend auf einen aktuellen Stand beizubehalten, kam und kommt es neben Unterstützung vor allem auch auf den Willen und die

4.2 Vielfältige Online-Angebote

Bereitschaft aller Beteiligten an. Auch die intensive und mannigfaltige Nutzung digitaler Möglichkeiten selbst ist ein Lern- und Weiterentwicklungsprozess. Während zu Beginn oftmals beobachtet werden konnte, dass bspw. das Mikrofon und/oder die Kamera nicht im richtigen Moment an- oder ausgeschaltet werden konnte, man ungewollt private Räumlichkeiten zeigen oder sehen musste, oder das Diskussionen darüber stattfanden, ob nun Zoom oder Skype sicherer ist, etablierten sich bald schon gemeinsame digitale Mindmaps, individuelle Hintergründe, spontane Abfragen und separate Besprechungsräume.

4.2 Vielfältige Online-Angebote

Vor allem zahlreiche, schon vor der Pandemie und häufig von Privatpersonen initiierte Angebote auf Plattformen wie Youtube oder auch verschiedene Wikis, Blogs und Fachforen haben einen wichtigen Beitrag dazu geleistet, dass sich Bevölkerungsschutz-Angehörige auch von Zuhause aus mit fachspezifischen Themen beschäftigen und sich weiterbilden konnten. Derartige Angebote waren und sind in aller Regel kostenlos und frei zugänglich. So wertvoll diese (insbesondere für die persönliche Weiterbildung) sind, sie können eine strukturierte und didaktisch-methodisch aufbereitete – und letztlich auch »qualifizierte« bzw. »zertifizierte« – Aus- und Fortbildung der jeweiligen Organisation/Einrichtung natürlich nicht ersetzen.

Qualifikation kann definiert werden als »klar zu umreißende Komplexe von Wissen im engeren Sinne, Fertigkeiten und Fähigkeiten, über die Personen bei der Ausübung beruflicher Tätigkeiten verfügen müssen, um anforderungsorientiert handeln zu können« (Erpenbeck/Sauter 2013, 32). Dies gilt für die Ausübung ehrenamtlicher Tätigkeiten im Bereich des Bevölkerungsschutzes gleichermaßen. Dabei ist Qualifikation nicht zu verwechseln mit – jedoch ein wesentlicher Bestandteil von – (anzustrebender) Handlungskompetenz.

Zahlreiche Einrichtungen und Angebote
Nach den bundes- und landesrechtlichen Regelungen gibt es in Deutschland acht wesentliche Akteur:inne im Bereich der Zivil- und Katastrophenschutz Aus- und Fortbildung, nämlich das Bundesamt für Bevölkerungsschutz (BBK), das Technische Hilfswerk (THW), die Landesfeuerwehrschulen sowie die Hilfsorganisationen Arbeiter-Samariter-Bund (ASB), Deutsche Lebens-Rettungs-Gesellschaft (DLRG), das Deutsche Rote Kreuz (DRK), Johanniter Unfall-Hilfe (JUH) und Malteser Hilfsdienst (MHD).

Wie zuvor erwähnt, sind Qualifikationen nur ein Bestandteil von Handlungskompetenz. Diese wiederum kann als Fähigkeit definiert werden »in offenen, unüberschaubaren, komplexen dynamischen und zuweilen chaotischen Situationen kreativ und selbstorganisiert zu handeln.« (Erpenbeck/Sauter 2013, 33). Kompetenzentwicklung wird durch Motivation, Emotionen, Erleben und Erfahren sowie durch die Lösung von realen oder realitätsnahen Herausforderungen und deren Reflexion begünstigt. In diesem Zuge werden auch Werte und Normen vermittelt (vgl. Sauter/Staudt 2016). Sowohl für die Qualifizierung als auch für die Förderung von Kompetenzen sind die aufgezählten Akteur:innen zuständig.

Diese betreiben in Deutschland insgesamt 61 Bildungseinrichtungen (Guerrero Lara 2020). Zwar weisen sie mitunter eine hohe Heterogenität bei ihren Bildungsangeboten und Themeninhalten auf (die sich »insbesondere durch die unterschiedlichen Katastrophenschutzgesetze der Bundesländer sowie die Besonderheiten der einzelnen Verbände und Organisationen« (ebd., 21) ergeben), doch gibt es auch inhaltliche Übereinstimmungen und Ähnlichkeiten. Diese Übereinstimmungen und Ähnlichkeiten würden sich als Grundlage dafür anbieten, Bildungsangebote zu harmonisieren und teilweise organisationsübergreifende Aus- und Fortbildung durchzuführen (ebd.). Eine solche Harmonisierung und organisationsübergreifende Zusammenarbeit auch in Bezug auf Aus- und Fortbildung wiederum würde sich insbesondere in Pandemie-Zeiten an sich, als auch der im Zuge dessen stattfindenden Transformation von Präsenz- zu Online-Angeboten anbieten bzw. Synergieeffekte nutzen. Getreu dem Motto: »Zwei Fliegen mit einer Klappe schlagen«. Gesammelte Erfahrungen, erstellte Konzepte und Materialien könnten ausgetauscht und/oder gemeinsam (weiter)entwickelt und genutzt werden.

Zielgruppen festlegen und Konzept erstellen
»Eine besonders wichtige Aufgabe (…) ist es, ideale Rahmenbedingungen und eine motivierende Atmosphäre für den Ausbildungs- und Übungsdienst zu schaffen.« (Runte et al. 2021, 65). Ob die Rahmenbedingungen unter COVID-19-Bedingungen »ideal« sein können, darüber ließe sich sicherlich streiten. Zumindest aber können und sollten sie den Umständen entsprechend »bestmöglich« sein.

Das kann schon vor der eigentlichen Veranstaltung beginnen. Damit möglichst sichergestellt wird, dass sowohl Teilnehmer:innen als auch Ausbilder:innen den jeweiligen Erwartungen einer Aus- und Fortbildungsmaßnahme entsprechen, sollten, analog zu wichtigen Aspekten, die auch bei der Auswahl von externen Aus- und Fortbildungsangeboten eine Rolle spielen, diese auch bei dem (künftigen) Anbieten von eigenen digitalen Angeboten besonders berücksichtigt werden. Dazu zählen leicht zugängliche Informationen zur

4.2 Vielfältige Online-Angebote

- Organisation, d. h. zu Dauer, ggf. zu Gebühren, zu Teilnehmerzahl, zu Teilnahmevoraussetzungen und etwaigen notwendigen Vorkenntnissen, zu Lehrenden und zu nötiger (technischer) Ausstattung/Ausrüstung,
- Struktur, d. h. zum Ziel des Angebotes, zu Lernmitteln, zu Aufbau und angewendeter Methodik und Didaktik und zu
- Sonstigem, bspw. über den Erhalt einer Bescheinigung, Anerkennungsmöglichkeiten etc. (vgl. Josse/Dombrowski 2020, 33 ff.)

Genaue und transparente Informationen zu einer jeweiligen Aus- und Fortbildungsmaßnahme sind wichtige Voraussetzungen dafür, dass eine solche für alle Beteiligten möglichst erfolgreich und zufriedenstellend durchgeführt und gegenseitige Erwartungen erfüllt werden können.

Ebenso wie bei »konventionellen« Aus- und Fortbildungsmaßnahmen spielt, wie bereits angeklungen, eine gute Vorbereitung mit einem methodisch-didaktischen Konzept auch bei Online-Angeboten eine grundlegende Rolle für das Erzielen eines Lernerfolgs. Durch das Anwenden von sogenannten konstruktivistischen Methoden werden nicht nur bloße Lehrinhalte an sich vermittelt, sondern das Lernen als Prozess der Selbstorganisation von Wissen wird gefördert. Der gegenseitige Austausch, das Einbringen von eigenen Erfahrungen, selbst Ausprobieren etc. können sich zum einen an sich motivierend auf die Lernenden auswirken und zum anderen gleichzeitig dazu befähigen, »auch unbekannte und komplexe Einsatzsituationen sicher sowie psychisch und physisch widerstandsfähig bewältigen zu können« (Guerrero Lara 2020, 21 nach Hoffmann 2017). Hier wird deutlich, dass das Erstellen derartiger methodisch-didaktisch durchdachter und teilnehmer- und handlungsorientierter Konzepte viel Zeit beansprucht und somit nicht »mal eben« gemacht ist.

Kurz- und langfristige Angebote
Online-Angebote können also sowohl langfristig und vorausschauend geplant, aber auch situationsbedingt dafür genutzt werden, mitunter auch kurzfristig möglichst viele Personen für das Ausüben bestimmter Tätigkeiten aus- und fortzubilden. Beide Varianten wurden und werden während COVID-19 von den genannten Akteur:innen genutzt. Im Folgenden werden lediglich kurz exemplarische Beispiele genannt.

Das THW beispielsweise hat sich schon vor knapp zehn Jahren recht intensiv mit dem Thema »mobiles Lernen« beschäftigt und wollte mit teilweise sehr flexibel nutzbaren Angeboten der sich abzeichnenden, zunehmenden Entkopplung von Zeit und Ort bei Aus- und Fortbildung gerecht werden. Mitglieder wurden nach ihren Wünschen und Bedürfnissen gefragt und Angebote entwickelt. Wurde bereits Vorarbeit geleistet, so konnte mit Beginn der Pandemie auf Bestehendes aufgebaut

4 Aus- und Fortbildung

und dieses ausgeweitet werden. Auch die JUH hat 2018 damit begonnen, ihre Führungskräfteausbildung in ein Blended-Learning-Format zu überführen. Auch hier konnte auf diesem Prinzip aufgebaut und viele Kurse mussten nicht einfach abgesagt werden. Die Praxisphase wurde dann so umgestaltet, dass sie auch mit entsprechenden Hygienekonzepten durchgeführt werden konnten.

Blended Learning:

Bezeichnet eine universelle Lernform in der die Vorteile von Präsenzveranstaltungen und E-Learning didaktisch sinnvoll kombiniert werden (integriertes Lernen). Online Phasen und Präsenzphasen sind funktional aufeinander abgestimmt (Wikipedia, Blended Learning).

Der ASB hat während der COVID-19-Pandemie eigene, als Sanitäter:in ausgebildete Mitglieder per Online-Schulungen, die mit einer Lernerfolgskontrolle abgeschlossen wurden, als dringend benötigte Impfhelfer:innen qualifiziert. Innerhalb einer recht kurzen Zeit von acht Wochen konnten so 240 eigene Kräfte ausgebildet und in verschiedenen Impfzentren eingesetzt werden. Neben diesem Konzept für die Fortbildung eigener Kräfte wurde auch eines für Personen ohne spezifische Vorkenntnisse erstellt. Dieses war entsprechend umfangreicher und endete mit einer Prüfung (Schäfer et al. 2021). Auch für die Qualifizierung zur Durchführung von Antigen-Schnelltests hat der ASB auf Online-Ausbildung gesetzt und ärztlich geleitete Online-Einweisungen durchgeführt. Diese haben laut interner Evaluation zu vergleichbar genauen Testergebnissen geführt wie Präsenzschulungen (ebd.). Doch natürlich bergen auch das Anbieten und die Nutzung von Online-Angeboten Probleme bzw. Risiken. Die schon vor COVID-19 bei mehreren Einrichtungen etablierte Software ILIAS, die insbesondere zum Betreiben von Lernplattformen dient, konnte in der Vergangenheit bspw. beim BBK für längere Zeit nicht genutzt werden, da sie von einem Hackerangriff betroffen war. Auch hier stellt sich also die Frage nach möglichen Redundanzen.

4.3 Digitale Möglichkeiten für praktische Aus- und Fortbildung sowie Übungen

Trotz zahlreicher potenzieller Möglichkeiten und durchaus positiver Erfahrungen beim Verlegen der Aus- und Fortbildung von der analogen in die digitale Welt: Die meisten werden sich inzwischen einig sein, dass Videobesprechungen, Online-

4.3 Digitale Möglichkeiten für praktische Aus- und Fortbildung

Dienstabende etc. gerade in derartigen Zeiten zwar eine sinnvolle Alternative bzw. zeitweise »Ersatz« waren bzw. sind – insbesondere was die zuvor beschriebenen theoretischen Aspekte betrifft. Denn die Vermittlung theoretischer Inhalte ist ungleich einfacher als die von praktischen. Gerade im operativ(-taktisch)en Bereich kommt es auf ›echte‹ Handgriffe an; Schläuche müssen verlegt, Standrohre gesetzt oder Verbände gelegt werden. Digitale Angebote stellen also insbesondere hier mehr eine Ergänzung zur praktischen Ausbildung dar. Doch selbst bei dieser gibt es verschiedene Möglichkeiten, moderne Technik zu nutzen und auch praktische Übungen ein Stück weit zu digitalisieren (wobei der Aspekt von COVID-19 bedingter Kontaktvermeidung hier nur bedingt Berücksichtigung findet), nämlich durch:

Virtual Reality
Seit einigen Jahren gibt es immer mehr Anbieter von Systemen im Bereich der Virtual Reality (VR). So divers wie die Zielgruppen im Bereich von VR sind, so unterschiedlich sind auch die Umsetzungen von virtuellen Welten sowie deren Steuerung. So gibt es Systeme, bei denen der Spielende bzw. Übende eine VR-Brille trägt, welche die virtuelle Welt wiedergibt, oder aber der Spielende hat eine Leinwand oder einen Bildschirm vor sich, auf der die virtuelle Welt dargestellt wird. Die Darstellung des Übenden selbst ist ebenfalls verschieden. Bislang wurde der Übende meist entweder als Avatar dargestellt, welcher durch den Spielenden aus der »Vogelperspektive« gesteuert wird, oder aber er sieht die virtuelle Welt durch die Augen des Avatars. Ältere Trainingssysteme bieten z. B. Ablauf-Simulationen für standardisierte Einsatzfälle. Dabei betrifft ein großer Teil der Szenarien die Wegführung und Positionierung von Einsatzkräften, welche über Kartendarstellung, abstrakte Beobachterperspektiven oder simulierte Leitstellen kommuniziert werden. Dies wurde meist auf Monitoren oder mittels Projektoren dargestellt. Nur ein Teil der älteren Produkte besteht inhaltlich aus dreidimensional gebauten Szenerien, in denen Anwender:innen herumgehen oder -fahren können. Die Steuerung dieser Systeme erfolgte i. d. R. mithilfe von Computermaus und -tastatur, ein mit Pedalen und Lenkrad ausgestattetem Cockpit oder Joysticks.

Bei anderen VR-Anwendungen bewegt sich der Übende nicht nur rein virtuell, sondern durch reale Bewegung; die eigenen Arme und Hände können dargestellt werden. Kabelgebundene Geräte bieten dabei einer Person, entweder sitzend oder auf der Stelle stehend, die Möglichkeit, die Sicht per Kopfausrichtung zu ändern. Alle anderen Interaktionen, insbesondere die Fortbewegung im virtuellen Raum, werden auch hier durch Controller gesteuert. Bei diesen Systemen kann durch sog. Headtracking und stereoskopische Sicht bereits ein deutlich besserer räumlicher Eindruck vermitteln werden.

4 Aus- und Fortbildung

Bei moderneren VR-Systemen ist der bzw. sind die Übende(n) stets in Bewegung und (gegenseitig) in Echtzeit als Avatar sicht- und erlebbarer Bestandteil der jeweiligen Übungsumgebung. Dadurch ist ein gemeinsames Agieren in der digitalen Übungsumgebung möglich. Ebenso bspw. eine realistische Erst-Begehung und Erkundung der jeweiligen Lage durch mehrere Einsatzkräfte gleichzeitig. Hier sind also interaktive Aus- und Fortbildung bzw. Übungen sowohl mit einer als auch mit mehreren Personen, wie z. B. einem selbstständigen Trupp, möglich.

Reale Objekte, wie Wände, Türen oder sonstigen Gegenstände können in die Übung eingebunden werden. Entweder sie werden als genau solche oder, abhängig vom Übungsszenario, bspw. als Tür von einem Bahn-Waggon oder eines Aufzuges genutzt. Dadurch ist die Erarbeitung eines räumlichen Bewusstseins durch sprichwörtliche Begehung (noch besser) möglich. Auch mit anderen realen, beweglichen Objekten bzw. Gegenständen, z. B. Notöffnungen oder Schläuchen, kann interagiert und durch Einspielung von Geruch, Wind, Wärme und Vibration können weitere Sinne angesprochen werden. Diese Kombination der Sinnesreize schafft einen sehr hohen Grad an Realismus der virtuellen Darstellung, die sog. Immersion.

Immersion:

Die Immersion ist ein wesentliches Medienmerkmal. Sie definiert das Ausmaß, in dem eine eingesetzte Technologie (z. B. VR) in der Lage ist eine umfassende lebendige Illusion der Realität zu bieten (Wikipedia, Immersion).

Für die Bereiche Erkundung und Lagebeurteilung bspw. sind die räumliche Orientierung, eine natürliche Fortbewegung und sensorisches Feedback von sehr großer Bedeutung. Durch die grundsätzlich mögliche gleichzeitige Anwesenheit von mehreren Nutzer:innen im selben realen Raum wird die Immersion noch zusätzlich gesteigert.

Von einem Administrationsterminal aus können Übungsablauf und -verlauf überwacht und bei Bedarf in das Szenario eingegriffen werden. Eine Sprachkommunikation für die Nutzer:innen untereinander sowie mit dem Übungsleiter oder der Übungsleiterin unterstützt derartige Übungen. Alle Vorgänge in der Szenerie können von frei wählbaren Positionen live beobachtet und/oder aufgezeichnet werden. Dadurch sind auch Auswertung und Übungsnachbereitung sehr gut möglich. Der Bestand wissenschaftlicher Publikation zu dem Thema ist bislang noch nicht allzu umfangreich; nichtsdestotrotz konnte bereits anhand einiger Studien ein positiver Trainingseffekt durch den Einsatz von VR-Übungen nachgewiesen werden.

4.3 Digitale Möglichkeiten für praktische Aus- und Fortbildung

Das Ziel von praktischen Übungen sollte sein, auch eine hohe psychische Präsenz der Übenden zu erreichen. Und ebendieses Zusammenspiel zwischen körperlicher und psychischer Anwesenheit während Übungen ist ein entscheidender Erfolgsfaktor: Denn das allgemeine Ziel ist, eine Übung so realistisch wie möglich zu gestalten, um die Übenden möglichst präzise auf einen Einsatz bzw. eine bestimmte Situation vorbereiten zu können. Hilfreich ist daher eine möglichst realistisch dargestellte Umwelt sowie eine möglichst realistische Erlebbarkeit. Zudem ist die Aktivierung möglichst vieler Sinne entscheidend, denn wenn eine Umwelt auch emotional erlebbar wird, fühlt sie sich für den Nutzenden echter (vgl. Riva et al. 2007, 46) und damit realistischer und einem echten Einsatz vergleichbarer an.

Diese Art der Ausbildung ist wie gesagt längst nicht neu. Sie hat sich aber in den letzten Jahren deutlich weiterentwickelt und bietet den, auch in Bezug auf COVID-19, großen Vorteil, dass mit verhältnismäßig wenig Personal an einem Ort, auch komplexe Szenarien geübt werden können. Anfänglich großer Aufwand und hohe Kosten zur Erstellung einer Trainingswelt rentieren sich durch die Möglichkeit »unendlich« viele Anwendungen/Wiederholungen durchführen zu können. VR-Übungen bietet sich also v. a. auch für Übungsszenarien an, die, bei realitätsnaher Durchführung, mit sehr viel Aufwand verbunden sind. Sie können, wie andere moderne Simulationstrainings auch, zu einem enormen Zuwachs an Sicherheit führen (vgl. Sudowe/Hackstein 2020).

Digitale Übungen – Beispiel einer Online-Stabsübung bei der Bundeswehr in Hamburg[5]

Die Zusammenarbeit von virtuellen Teams ist nach über eineinhalb Jahren COVID-19-Pandemie in vielen Bereichen Routine geworden. Dies kann über die Ausbildung von Stäben noch nicht gesagt werden. Erste Beispiele jedoch zeigen Möglichkeiten – und auch Grenzen – von virtuellen Stabsübungen auf. Eine solche Stabsübung, mit einem Bevölkerungsschutz-Szenario, wurde im Sommer 2021 mit und für Offiziere der Helmut-Schmidt-Universität/Universität der Bundeswehr Hamburg durchgeführt. Dabei befanden sich sowohl die Übenden als auch die Mitglieder der Übungssteuerung alle in separaten Räumen. Während der Übungsdurchführung wurden folgende sechs Kommunikationskanäle aufgebaut:

1. Telefonie, wie bei einer üblichen Stabsübung zwischen Stab und Übungssteuerung,

---

5 Die Informationen zur Übung stammen von Andreas H. Karsten.

2. ein E-Mail-Austauschfach für die Kommunikation vom Stab zur Übungssteuerung,
3. ein E-Mail-Austauschfach für die Kommunikation von der Übungssteuerung zum Stab,
4. ein E-Mail-Austausch zwischen den Stabsangehörigen,
5. eine Web-Konferenz für die Übenden,
6. ein E-Mail- Austausch zwischen den Steuernden.

Alte »Stabshasen« werden erkennen, dass die Austauschfächer dem Stabsaus- und -eingang entsprechen. Die Web-Konferenz konnte zur Evaluation von den Übungssteuernden beobachtet werden. Nach den ersten kleinen Schwierigkeiten, die einzelnen Kommunikationskanäle auseinanderzuhalten, wurde schnell die übliche Dynamik einer operativ-taktischen Stabsübung erreicht. Somit entsprachen die Belastungen sowohl der Übenden als auch der Steuernden denen einer »herkömmlichen« Übung.

Als Ergebnisse der Übung lässt sich subsumieren: Alle Teilnehmer:innen haben eine neue Erfahrung gemacht und virtuelle Stabsübungen können den gleichen Fortbildungswert wie Präsenzübungen haben. Nebenbei konnte bewiesen werden, dass virtuelle Stäbe durchaus in der Lage sind, Einsätze des Katastrophenschutzes zu führen, wenn deren Mitglieder entsprechend geschult sind. Und virtuelle Stäbe sind nicht nur in Pandemie-Zeiten ein probates Mittel, sondern in jeder Anfangsphase einer Krise oder Katastrophe, wenn die Stabsmitglieder noch nicht in der Lage waren, den Stabsraum physisch zu erreichen. Mit entsprechender Software bzw. sog. Multi-Nutzer-Funktionalität lassen sich derartige Übungen auch dahingehend ausweiten, dass Personen von völlig unterschiedlichen räumlichen Standorten aus auf dieselbe (virtuelle) Lage zugreifen und miteinander interagieren. Dies ist sowohl für interne Übungen (also bspw. mit Personal im Homeoffice), als auch interorganisationale Übungen, also mit Personal aus verschiedenen Organisationen, interessant.

4.4 Einbindung und Ausbildung von Bevölkerung und Freiwilligen

Sowohl die COVID-19-Pandemie als auch verschiedene andere Katastrophen, Krisen und Großschadenlagen haben gezeigt, dass bestehende Hilfeleistungssysteme mitunter enorm strapaziert werden und so auch die Bevölkerung eine wichtige Rolle bei deren Bewältigung einnimmt. Dies gilt einerseits allgemein, andererseits insbeson-

4.4 Einbindung und Ausbildung von Bevölkerung und Freiwilligen

dere für Personen, die sich über ihr unmittelbares, privates Umfeld hinaus organisationsungebunden engagieren (möchten). Damit dies möglich wird und ebenfalls entsprechende Fähigkeiten aufgebaut, erhalten und verbessert werden können, sollten auch hier zielgruppenspezifische und, wie bei Angehörigen der Hilfsorganisationen mitunter flexibel nutzbare, Aus- und Fortbildungsmaßnahmen angeboten werden. Dabei könnte bspw. an die Ausbildung »Erste Hilfe mit Selbstschutzinhalten« angeknüpft werden, deren Ziel es ist, die Resilienz und praktische Fähigkeit der Bevölkerung zur Selbst- und Fremdhilfe in außergewöhnlichen Notlagen zu steigern.

Um das Unterbreiten und Durchführen von Aus- und Fortbildungsangeboten zu vereinfachen und gleichzeitig einen besseren Überblick über Hilfspotenziale zu er-/behalten, bietet es sich an, Teile der Bevölkerung, wie Spontanhelfende und »Interessierte« sowie deren bisherige bzw. erworbene Qualifikationen strukturiert zu erfassen. Eine vorherige Registrierung hat u. a. den Vorteil, dass freiwillige Helfer:innen mit ihren jeweiligen Fähigkeiten und Vorkenntnissen gezielter eingesetzt und integriert werden können. Außerdem kann sie auch die Planung von Personal vereinfachen.

Auf Länderebene wurde ein solcher Weg inzwischen eingeschlagen. So hat das Land NRW im Zuge der COIVD-19-Pandemie die Bildung eines Freiwilligenregisters angestoßen. NRW greift damit im entfernten Sinne auf ein Phänomen zurück, das bei außerordentlichen Ereignissen wie Großschadenlagen seit der Etablierung sozialer Medien festzustellen ist, dass sich Spontanhelfende selbständig zu Gruppen bilden. Ein Beispiel hierfür ist die private Initiative »Essen packt an«, die 2014 wegen der großen Schäden, die durch das Orkantief »Ela« verursacht wurden, als Facebook-Gruppe entstanden ist. Bereits nach wenigen Stunden hatten sich über 4.000 Freiwillige mit entsprechenden Hilfsmitteln organisiert, um Sturmschäden zu beseitigen und Betroffenen zu helfen. Im Gegensatz zu »Essen packt an« richtet sich das Freiwilligenregister des Landes NRW jedoch nicht primär an die Gesamtbevölkerung, sondern explizit an vollständig bzw. nahezu vollständig ausgebildete Fachkräfte. Beiden Initiativen ist jedoch der Ansatz gemein, ein akutes, temporäres Defizit von Arbeitskraft, Material und Expertise mit einem, oftmals in gleicher Weise vorhandenen, freiwilligen Hilfsangebot, insbesondere über eine digitale Plattform, effektiv und zeitnah zusammenzubringen.

Im entsprechenden Entschließungsantrag von März 2021 heißt es:

»In der aktuellen Corona-Pandemie erleben wir ein hohes Maß an Solidarität in der Gesellschaft. Viele Freiwillige aus den Gesundheitsberufen melden sich, um sich in Impf- oder Testzentren einzubringen und dort helfen zu können. Mit dem »Gesetz

4 Aus- und Fortbildung

> zur konsequenten und solidarischen Bewältigung der COVID-19-Pandemie in Nordrhein-Westfalen und zur Anpassung des Landesrechts im Hinblick auf die Auswirkungen einer Pandemie« vom 14. April 2020 hat der Landtag ein Freiwilligenregister eingeführt. Im Falle einer epidemischen Lage können also Personen, die sich in diesem Freiwilligenregister registriert haben und zur Ausübung der Heilkunde befugt sind oder über eine abgeschlossene Ausbildung in der Pflege, im Rettungsdienst, in einem anderen Gesundheitsberuf oder in einem Verwaltungsberuf des Gesundheitswesens verfügen, auf freiwilliger Basis zur Erbringung von Dienst-, Sach- und Werkleistungen eingesetzt werden« (Landtag Nordrhein-Westfalen 2021).

Die hier angesprochene gesellschaftliche Hilfsbereitschaft kann generell im Bereich des Bevölkerungsschutzes eine große Unterstützung sein und sollte genutzt und gefördert werden. Eine beidseitige Integration von Spontanhelfenden ins Einsatzgeschehen fällt sicherlich leichter, wenn Kenntnisse über und Verständnis für gewisse Vorgehensweisen und Führungshierarchien vorhanden sind. Mit Angeboten wie bspw. einem »Online-Einführungskurs Bevölkerungsschutz«, könnten relativ schnell und einfach viele Interessierte mit grundlegenden Informationen erreicht werden. Idealerweise lässt sich so auch ein gewisser Teil der Bevölkerung für ein dauerhaftes Ehrenamt in einer Hilfsorganisation gewinnen.

4.5 Evaluierung als wesentlicher Bestandteil stetiger Verbesserung

Egal ob Aus- und Fortbildung von Fachleuten und Ehrenamtlichen, Durchführung von verschiedenen Übungen, kurz-, mittel- oder langfristige Transformationsprozesse, Implementierung von Helferregistern etc., es ist immer sinnvoll, Tun und Handeln im Zuge der Nach- und gleichzeitig Vorbereitung zu begleiten und auszuwerten. Was für die Auswertung und Weiterentwicklung von Übungen gilt, gilt natürlich auch für andere Maßnahmen, die im Bereich der Aus- und Fortbildung getroffen werden. Insbesondere dann, wenn neue Wege eingeschlagen werden, ist es für alle Beteiligten hilfreich, wenn Aussagen über qualitativen und quantitativen Nutzen getroffen werden können. Dies ist die Voraussetzung für Verbesserung, Weiterentwicklung und nachhaltigen Nutzen. Evaluationen und Zwischenerkenntnisse sollten dabei nach Möglichkeit regelmäßig, d. h. auch während des jeweiligen laufenden Vorgangs/Umstellungsprozesses, wie die Realisierung von Online-Schulungen etc., durchgeführt werden.

4.5 Evaluierung als wesentlicher Bestandteil stetiger Verbesserung

Es gibt zahlreiche Arten und Methoden von Evaluationen, die allgemein definiert werden können als »Instrument, mit dem sowohl summativ beobachtete […] Veränderungen gemessen, analysiert und bewertet, als auch formativ Daten für die rationale Steuerung von Prozessen generiert werden können« (Stockmann/Meyer 2014, S. 22) oder als »Sammelbezeichnung für den systematischen Einsatz von Methoden, die dazu dienen, die Erreichung eines vorab festgelegten Ziels einer Intervention (…) nach deren Durchführung zu überprüfen« (Nissen o. J.). An dieser Stelle wird nicht weiter auf verschiedenen Varianten eingegangen. Vielmehr soll darauf hingewiesen werden, was für eine große Bedeutung diese haben.

Oftmals ist es durchaus sinnvoll und ratsam, nicht erst und nur am Ende eines Projektes (im engeren und weiteren Sinn) eine Evaluierung durchzuführen, sondern auch zwischendurch. Insbesondere die (kurzfristige) Umstellung von Präsenz ins Online-Lehrangebot sollte genauer »beobachtet« bzw. begleitet werden, um nach Möglichkeit noch im laufenden Prozess Änderungen und Anpassungen vornehmen zu können. Die Auswertung und Beurteilung sowohl von Aus- und Fortbildungsmaßnahmen als auch von Übungen ist ein ganz wesentlicher Teil bzw. Grundlage eines stetigen Verbesserungsprozesses – bzw. sollte es sein. Diese fällt bei standardisierten Übungen, wie sie mit VR möglich sind, etwas leichter (und spart ggf. knappe personelle und zeitliche Ressourcen), als bei komplexen Transformationsprozessen.

Werden Evaluierungen entweder zu unregelmäßig oder spät durchgeführt, besteht die Gefahr, dass gesammelte Erfahrungen und Erinnerungen oftmals schon verblasst sind und eine objektive Auswertung nicht mehr so gut möglich ist, wie sie es zu einem früheren Zeitpunkt gewesen wäre. Das wiederum kann dazu führen, dass bestehendes Verbesserungspotenzial nur unzureichend erkannt, aufgearbeitet und umgesetzt wird. Gerade auch bei Übungen gilt: Fehlende oder halbherzige Evaluierung kann den potenziellen Mehrwert deutlich verringern.

Spiewok und Kling (2020, S. 15) empfehlen die Methode des »Appreciative Inquiry«, die es »ermöglicht, dass sich die Mitarbeiter lösungsorientiert statt fehlerorientiert an Veränderungsprozessen beteiligen«. Durch die Betonung von Stärken und Erfolgen, auf die aufgebaut werden kann, fallen Anpassung und Veränderung leichter; insbesondere während »Krisensituationen, die alle Beteiligten kontinuierlich durch ständige Anpassung und Veränderung fordern« (ebd., 16). Das gilt bspw. auch für die Umstellung von Präsenz- in Online-Lehrangebote.

Auch bei der Evaluierung von Übungen sollte eine offene und sichere Umgebung herrschen, in der es darum geht, gemeinsam zu lernen. Denn letztlich ist es immer im Sinne aller, gemeinsam Verbesserungsbedarfe und -möglichkeiten zu erkennen und umzusetzen. Eine konsequente Evaluierung kann und soll einen Übungszyklus komplettieren und durch die gewonnenen Erkenntnisse, sowohl auf Seiten der Übenden als auch auf Seiten der Lehrenden/Übungsleiter dazu beitragen, künftige Übungen zu verbessern, wodurch sich im Idealfall ein kontinuierlicher Verbesserungsprozess ergibt.

4.6 Zusammenfassung und Fazit

Wie schon an anderen Stellen erwähnt: COIVD-19 kann als Beschleuniger betrachtet werden, wenn es um das Thema Digitalisierung allgemein, aber auch um Digitalisierung in Aus- und Fortbildung im Besonderen geht. Natürlich wäre es wünschenswert gewesen, wenn alle wesentlichen Akteur:inne schon zu Beginn der Pandemie besser aufgestellt gewesen wären, aber die in verschiedener Hinsicht großen Sprünge, die dann in relativ kurzer Zeit gemacht wurden, machen doch deutlich, dass hier großes Potenzial vorhanden ist. Die erwähnten »idealen Rahmenbedingungen« und »eine motivierende Atmosphäre« für Aus- und Fortbildung sowie Übungen waren und sind zu Pandemiezeiten oft nicht allzu einfach zu schaffen. Doch das Verständnis dafür dürfte größer sein, wenn den Beteiligten – insbesondere den Lernenden – bewusst ist, dass zumindest aktiv versucht wird, diese zu erreichen. Digitale Aus- und Fortbildungsangebote können bzw. sollten nicht nur für angestellte Kräfte, sondern auch für Freiwillige genutzt werden. Sie haben das Potenzial, einen wichtigen Beitrag zur Katastrophenvorsorge und -bewältigung zu leisten.

Aus- und Fortbildung sowie Übungen sind von grundlegender Bedeutung, um Handlungssicherheit und -fähigkeit zu fördern, zu verbessern und zu erhalten und somit auch eine Steigerung der Resilienz zu erzielen. Insbesondere auch im Bereich des Bevölkerungsschutzes besteht die Gefahr, dass je länger Aus- und Fortbildung ausfallen oder nur im Notbetrieb stattfinden, die Einsatzfähigkeit der benötigten Kräfte und somit wiederum Bewältigungskapazitäten und -geschwindigkeit sinken. Diese sind insbesondere auch hinsichtlich der vorhandenen Charakteristika von Krisen, bspw. ihrer i. d. R. Unvorhersehbar-, Neuartig- und Einmaligkeit bedeutsam. Denn neben Erlenen und Üben bestimmter Maßnahmen an sich, spielt auch der Umgang mit und das Agieren in unerwarteten, neuen Situationen eine wichtige Rolle.

Neben einer möglichst sorgfältigen Vorbereitung und Planung von Aus- und Fortbildungsmaßnahmen und Übungen und deren Durchführung ist insbesondere auch die Nachbereitung/die Evaluierung von großer Bedeutung. Es gilt, Fehler bzw. Verbesserungspotenzial zu erkennen, daraus zu lernen und entsprechende Anpassungen vorzunehmen. Die vielen Erfahrungen, die in verhältnismäßig kurzer Zeit

4.6 Zusammenfassung und Fazit

gewonnen wurden, sollten unbedingt genutzt und bislang Erreichtes ausgebaut werden. Dabei sollte die Digitalisierung von Aus- und Fortbildungsmaßnahmen und Übungen kein Selbstzweck sein, sondern »nur« soweit eingesetzt und genutzt werden, wie sie zweckdienlich ist, sprich Handlungskompetenz fördert. Altbewährtes und Neues sollten sinnvoll kombiniert und die sich daraus ergebenen Chancen und Potenziale für die Aus- und Fortbildung im Bevölkerungsschutz genutzt werden.

D Hilfe durch Künstliche Intelligenz

1 KI-gestützte Lagebilder in der Pandemiebekämpfung – Möglichkeiten und Grenzen in einer digitalisierten Gesellschaft

Francesca Sonntag, Ramian Fathi und Frank Fiedrich

1.1 Einleitung

Für die erfolgreiche Bewältigung von Krisen- und Katastrophen spielt die ressort- und fachübergreifende Zusammenarbeit eine entscheidende Rolle. Krisenstäbe beschäftigen sich in diesem Zusammenhang mit operativen und administrativen Aspekten der Lagebewältigung. Krisenmanagement kann dabei allerdings nur dann funktionieren, wenn es gelingt, die unterschiedlichen relevanten Daten zügig in ein gemeinsames Lagebild zu überführen und für ein koordiniertes Handeln nutzbar zu machen. Ansätze der Künstlichen Intelligenz (KI) und des maschinellen Lernens können die beteiligten Akteur:innen bei der Identifikation, Aggregation, Analyse und Bewertung relevanter Daten unterstützen und die Entscheidungskompetenz der Krisenstäbe erhöhen.

Durch eine wachsende Vernetzung und Digitalisierung stehen in der Bekämpfung der Corona-Pandemie Entscheidungsträger:innen eine Vielzahl an Daten aus unterschiedlichen Systemen und in diversen Formaten zur Verfügung. Dies können einerseits öffentlich-verfügbare Daten wie z. B. Daten sozialer Medien oder Bewegungsdaten sein. Andererseits können dies auch nichtöffentliche Daten wie die Informationen zu Einsatzaufgaben, -dauer, -ort oder die Anzahl eingesetzter Einsatzkräfte sein. Krisen- und Katastrophenlagen, wie jüngst die Corona-Pandemie, haben die bedeutende Rolle sozialer Medien und anderen öffentlich-verfügbaren Daten im staatlichen Krisenmanagement nochmal verdeutlicht. Die veränderte Kommunikationskultur in der Gesellschaft führt zu einem Paradigmenwechsel, der mit einem Wandel von einer ausschließlich informierenden zu einer interaktiven Kommunikation in der Krise einhergeht (Kashif et al. 2020). Daten von z. B. Google ermöglichen über die kommunikative Ebene hinaus einen Einblick in physische Daten, die Veränderungen der Bewegungsprofile aufzeigen.

Um das Lagebild von Krisenstäben über konkrete Zahlen in der Pandemie zu erweitern, können potenziell lagerelevante Daten diverser Quellen unter Zuhilfe-

1 KI-gestützte Lagebilder in der Pandemiebekämpfung

nahme von geeigneten KI-gestützten Algorithmen in eine einheitliche Struktur überführt und zusammengefasst visualisiert werden.

1.2 Lagebilder und Entscheidungsfindung

Krisenstäbe agieren disloziert zum Geschehen und können lageabhängig eine äußerst heterogene Zusammensetzung aufweisen. Das gezielte und konsistente Informationsmanagement hat daher eine große Bedeutung (Queck/Gonner 2016). Ein Lagebild beinhaltet den aufbereiteten Wissensstand als einheitliche Übersicht und ist damit Grundlage für die Einsatzplanung und Führung. Der hierauf aufbauende Entscheidungsprozess verläuft zeitlich stringent vom Erhalt der Daten, der Überführung in Informationen und Verknüpfung mit vorhandener Expertise bis hin zur Handlung (Möws 2012). Die Interpretation und Aufbereitung der Daten ist aufgrund des Volumens, der Vielfalt, Erzeugungsgeschwindigkeit und Verifizierung vielfach komplex.

Vergangene Katastrophen konnten bereits aufzeigen, dass diverse Daten verfügbar sind, diese jedoch nicht vollständig verknüpft und folglich wertvolle Synergieeffekte nicht gewinnbringend genutzt werden.

Bereits 1854 analysierte der britische Arzt John Snow räumliche Zusammenhänge in der ersten bekannten Form zur Identifikation der Verbreitungsursache für die Cholera-Epidemie (Fortin 2005). Durch eine kartographische Darstellung der Krankheitsfälle und Wasserbrunnen konnte der direkte Zusammenhang der Krankheitsverbreitung in London mit verseuchtem Wasser im Bereich einer Wasserpumpe hergestellt und entsprechende Handlungsmöglichkeiten abgeleitet werden (siehe Bild 8) (Thomas 2009).

In der Corona-Pandemie erfolgt eine analoge Darstellung, pandemisch bedingt auf internationaler Ebene, über sogenannte Dashboards, welche im interaktiven Format z. B. absolute Zahlen der Krankheitsfälle, die 7-Tage-Inzidenz oder die Bettenauslastung der Intensivstationen abbilden (siehe Bild 9).

1.2 Lagebilder und Entscheidungsfindung

Bild 8: *Die Karte von John Snow*

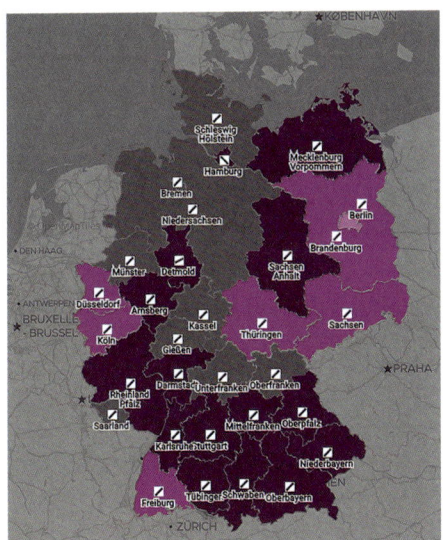

Stand: 31.01.2022

Bild 9: *Robert Koch-Institut: COVID-19-Dashboard [3], Stand: 31.10.2020 (Bild: Universität Konstanz)*

1   KI-gestützte Lagebilder in der Pandemiebekämpfung

Die interaktive, digitale und Online-Darstellung konkreter Kennzahlen der Corona-Pandemie ist eine Form des digitalen Lagebildes, welches sowohl für Krisenstäbe als auch für die Kommunikation in der breiten Bevölkerung geeignet scheint. Im Vergleich zu der räumlichen Analyse von John Snow verfolgt dieses Dashboard vom Robert Koch-Institut (RKI) das Ziel, tagesaktuell die verfügbaren Daten zu visualisieren und nicht den Ursprung der Pandemie zu identifizieren. Die Integration, Zusammenstellung und Aufbereitung der Daten kann eine fundierte Entscheidungsfindung fördern, die Resilienz der Bevölkerung unterstützen und mittels KI-gestützten Algorithmen zur Erstellung von Prognosen zu zukünftigen Lageentwicklungen verwendet werden (Hälterlein 2020).

1.3 Künstliche Intelligenz und Bevölkerungsschutz

Künstliche Intelligenz, als Sammelbegriff für einen Teilbereich des maschinellen Lernens auf Basis statistischer Algorithmen, kann eine technische Unterstützung zur Automatisierung der Datensammlung, -aufbereitung und -verwertung darstellen. Maschinelles Lernen umfasst das Erkennen und Treffen von Vorhersagen auf Basis von Zusammenhängen in bestehenden Datensätzen. Spezifiziert ermöglicht überwachtes Lernen die Reproduktion von Entscheidungen auf Basis klassifizierter Datensätze (Buxmann/Schmidt 2019). Die zunehmende Verbreitung digitaler Kommunikationstechnologien und Sensorsysteme erhöht den Bedarf, multisensorische Massendaten zu filtern und thematisch zu strukturieren (Zeller 2017). Um etwa Daten aus sozialen Medien, wie z. B. Berichte von Augenzeug:innen, im Text-, Bild- oder Videoformat von Situationen während einer Pandemie durch eine digitale Lageerkundung auszuwerten und in ein konsistentes Lagebild zu integrieren, müssen die Daten zugänglich gemacht und aufbereitet werden (Kaufhold et al. 2020). Anwendungsfelder für KI-gestützte Systeme im Bevölkerungsschutz können vielfältig sein: Selbstlernende Systeme können z. B. bei der intelligenten Rettung von verschütteten Menschen unterstützen, Frühwarnsysteme können basierend auf KI-gestützter Massendatenauswertung Warnungen gezielter und bedarfsgerechter formulieren oder sog. Fake News können in den sozialen Medien automatisierte identifiziert und Gegendarstellungen veröffentlicht werden.

1.4 Unterstützung der Entscheidungsfindung durch KI

Im Bevölkerungsschutz kann, trotz der daraus resultierenden ethischen Fragestellungen, eine KI-gestützte Videoanalyse helfen, das Verhalten von Menschenmengen einzuschätzen oder eine automatisierte Sprachanalyse und Übersetzung bei internationalen Hilfseinsätzen zu unterstützen (Kohler/Scharte 2020). Darüber hinaus kann die Verwendung von KI-gestützten Datenanalysen die Prognose zukünftiger Ereignisse ermöglichen und damit handlungsentlastend auf Entscheidungen unter Unsicherheit wirken (Hälterlein 2020). Die Datenbasis für entsprechende Analysen kann öffentlich oder nichtöffentlich verfügbar sein.

Ein zentraler Aspekt ist dabei das Thema der Datensicherheit und des Datenschutzes (Schneier 2018). Hier besteht immer wieder Nachholbedarf bei der juristischen Regulierung (Calo 2017). Hinzukommt, dass KI-Systeme durch Angriffe auf Vorhersagen, Angriffe während der Lernphase oder Angriffe auf den Datenschutz attackiert werden können (Müller-Quade et al. 2019). Darüber hinaus stellt eine Nutzung im Bevölkerungsschutz spezielle Anforderungen an die Robustheit, Sicherheit, Fairness und Interpretierbarkeit (Kohler/Scharte 2020). Ethische Herausforderungen liegen hier insbesondere in der Frage nach der Rolle der menschlichen Letztentscheidung in der Kooperation mit KI sowie der Frage nach der Transparenz (Erklärbarkeit).

Die Transparenz der Entscheidungen ist nicht zuletzt relevant, um im Zuge eines pandemischen Ereignisses die Akzeptanz und das Verständnis der Bevölkerung zu fördern. Zahlreiche Großschadenereignisse haben in der Vergangenheit deutlich gemacht, dass Betroffene, Augenzeug:innen oder Spontanfreiwillige die digitalen Möglichkeiten zur Information, Kommunikation und Katastrophenbewältigung aktiv nutzen (Castillo 2016). Wie bereits EU-Projekte, z. B. Opti-Alert, Emergent und isar+ zeigen konnten, existieren jedoch diverse Verhaltensweisen innerhalb unterschiedlicher Bevölkerungsgruppen. Darüber hinaus konnte im BBK-Projekt KOLIBRI die internationale Bedeutung von Katastrophenkommunikation und allen voran der sozialen Medien im Bevölkerungsschutz vergleichend aufgezeigt werden (Wahl/Gerhold 2021). Um diese Entwicklungen in strategischen Krisenmanagementübungen zu berücksichtigen, wurde der Umgang mit sozialen Medien als öffentliche Datenquelle und die Integration von sogenannten Virtual Operations Support Teams (VOST) erstmals bei der vom BBK durchgeführten länder- und ressortübergreifenden Krisenmanagementübung (LÜKEX) 2018 geübt (Pankratz et al. 2018). VOST gründeten sich mit dem Ziel, öffentlich zugängliche Informationen aus sozialen Medien für Entscheider:innen von Krisenstäben aufzubereiten und zu visualisieren (Martini et al. 2015). Dabei verfolgen die digitalen Helfer:innen das Ziel, durch eine engere Anbindung an BOS Daten aus sozialen Medien effektiver in das staatliche Krisenmanagement zu integrieren. Unterteilt in Arbeitsgruppen führen VOST bei Einsätzen mithilfe von KI diverse Aufgaben, wie z. B. Monitoring von sozialen Medien inkl. Datenverarbeitung, Aus- und Bewertung, Visualisierung und die Verifizierung und Geolokalisierung von Informationen für Einsatzleitungen und Krisenstäbe aus.

Während Krisen und Katastrophenlagen werden Bedarfe und Ressourcen bzgl. Informationen, sozialem Austausch und Unterstützung nicht nur bei der betroffenen Bevölkerung, sondern auch bei Angehörigen und anderen indirekt Betroffenen sichtbar. Dies spiegelt sich in der Nutzung sozialer Medien wider: Bei einer repräsentativen Befragung im Auftrag des Digitalverbands Bitkom gaben 75 % der Internetnutzer:innen in Deutschland an, während der Corona-Pandemie soziale Medien intensiver zu nutzen. Fast alle Altersgruppen verbrachten mehr Zeit auf Plattformen wie Facebook und Instagram als vor der Pandemie, aber auch Instant-Messenger-Dienste wie z. B. WhatsApp wurden von weiten Teilen der Bevölkerung regelmäßig genutzt (Paulsen 2020). Dabei besteht allerdings die Gefahr, dass sich Falschmeldungen (Fake News) innerhalb von Minuten in sozialen Medien verbreiten können, was gravierende Auswirkungen auf das Vertrauen, die Kommunikation psychosozialer Bedarfe sowie das staatliche Krisenmanagement haben kann (Fathi et al. 2019).

Über die öffentlich verfügbaren Daten sozialer Medien hinaus wurden im Zuge der Pandemie weitere Datensätze öffentlich zugänglich gemacht, um hierdurch die Eindämmung des Virus zu unterstützen. Hierzu zählt beispielsweise der Mobilitätsbericht von Google (Maurer 2020), welcher nach Orten aufgeschlüsselt die Veränderung der Besucherzahlen an Orten wie Lebensmittelgeschäften und Parks aufzeigt. Die Daten verdeutlichen, dass während der ersten Corona-Welle in Deutschland eine Zunahme von ca. 11 % für das Verweilen im eigenen Haus zu vermerken ist. Solche Daten können kartographiert und aggregiert mit weiteren Informationen einen erheblichen Mehrwert für Entscheidungsfindung im Krisenstab darstellen.

Eine weitere Informationsebene dieser Karten kann die Darstellung psychosozialer Bedarfe sein, welche im Zuge der Corona-Pandemie nicht zuletzt durch die verringerten sozialen Kontakte gestiegen sind. Ein psychosoziales Lagebild stellt für Entscheider:innen der BOS systematisch Informationen dar, die z. B. Bedürfnisse von Betroffenen einer Krise oder Katastrophe abbilden.

1.5 Betrachtung digitaler Lagebilder

1.5 Zukunftsorientierte Betrachtung der Erstellung und Anwendung digitaler Lagebilder

Die alleinige Verfügbarkeit aufbereiteter Daten genügt nicht, damit diese einen positiven Einfluss auf die Krisenbewältigung haben. Wesentlich ist die Fähigkeit der kommunalen Einsatzleitungen und Krisenstäbe mit der verfügbaren Information umzugehen, um eine Entscheidung auf Basis selbstlernender Algorithmen verstehen und erklären zu können. Bislang ist weitgehend unklar, über welche Fähigkeiten die Verantwortlichen im Umgang mit digitalen und KI-gestützten Lagebildern verfügen. Weder die Feuerwehr-Dienstvorschrift 100 (FwDV 100) noch hierauf aufbauende Dienstvorschriften zur Führung im Einsatz benennen explizit entsprechende Aspekte bei der Lagefeststellung. Dementsprechend ist es notwendig, zu erheben, welche Anforderungen KI-gestützte Lagebilder erfüllen müssen, um mit entsprechenden Maßnahmen seitens der Entscheidungsträger:innen sowie einer ausreichenden Transparenz beantwortet werden zu können. Dabei ist ein zentrales Problem, dass die große Menge von vielfältigen Daten aus den multisensorischen Quellen nicht zwingend diejenigen Informationen beinhalten, die für ein Lagebild erforderlich sind. Die Herausforderung wird als Information Gap bezeichnet. Vollautomatische Analyseverfahren können vor allem bei textuellen Daten Kontextwissen, unerwartete und semantische Beziehungen oder Expertenwissen nur bedingt abbilden (Thom et al. 2015).

Information Gap:
Bedeutet im Zeitalter der sozialen Medien die Schwierigkeit, aus den teilweise riesigen Datenmengen die notwendigen und passgenauen Informationen zu extrahieren und aussagekräftig in ein Lagebild zu integrieren (Endsley 2000).

In einer Studie der Bergischen Universität Wuppertal konnten durch teilnehmende Einsatz-Beobachtungen die Mechanismen und Arbeitsweisen eines VOST, wie z. B. die Informationsübermittlung von digitalen Lagebildern, erstmals wissenschaftlich analysiert werden. Darüber hinaus konnten organisatorische, prozessuale und technische Voraussetzungen für die erfolgreiche Integration virtueller Teams in Strukturen der BOS aufgezeigt werden (Fathi et al. 2020). Hierbei wurde deutlich, dass in zahlreichen Fällen Echtzeitinformationen aus sozialen Medien zu einem Lagebewusstsein beigetragen und in zeitkritischen Entscheidungen des Krisenstabs Eingang gefunden haben (Fathi et al. 2020).

1 KI-gestützte Lagebilder in der Pandemiebekämpfung

Die Sammlung, Aufbereitung und Verknüpfung verschiedener Informationen und Echtzeitinformationen durch ausschließlich KI-gestützte Algorithmen ist aktuell noch nicht möglich. Jedoch zeigen sich an der Arbeit des VOST bereits Symbiose-Effekte durch die Verwendung von KI-gestützten Methoden der Datenauswertung in Kombination mit personeller Fachexpertise als Schnittstelle zum Krisenstab.

1.6 Diskussion und Ausblick

Die Integration von Informationen in ein digitales und KI-gestütztes Lagebild basierend auf unterschiedlichen Datenquellen geht mit zahlreichen technischen, organisatorischen und prozessualen Herausforderungen einher (Schmidt/Taddicken 2017). Im Bevölkerungsschutz können aufbereitete Daten aus sozialen Medien, öffentlich zugängliche Bewegungs- oder Gesundheitsdaten sowie weitere individuell zugängliche Datenquellen eine fundierte Entscheidungsfindung unterstützen und die kontinuierliche Risiko- und Krisenkommunikation erleichtern (Kohler/Scharte 2020).

Durch die Corona-Pandemie wurden diverse Fortschritte in vielen Bereichen der Digitalisierung gemacht. Obwohl viele Lösungen, wie beispielsweise die kartographische Darstellung von Informationen, um Zusammenhänge aufzuzeigen, bereits seit vielen Jahren existieren, werden diese Methoden vermehrt an eine digitale und beschleunigte Version adaptiert. Soziale Medien ermöglichen als Plattform die Zugänglichkeit zu nutzergenerierten Daten und darauf aufbauend die Ableitung von Ausschnitten zu Stimmungsbildern, psychosozialen Bedarfen oder die Ableitung von Bevölkerungsverhalten. Die Erforschung sozialer Medien in Krisen und Katastrophen konzentriert sich bisher jedoch primär auf öffentlich-zugängliche Informationsquellen, wie Twitter, und englischsprachigen Diskurs. Daher existieren nur wenige Arbeiten, die den Fokus auf das Nutzungsverhalten in Deutschland richten. Eine weitere Forschungslücke stellt die Tatsache dar, dass die veröffentlichten Studien überwiegend auf großen Datenmengen beruhen, jedoch keine Repräsentativität in Bezug auf Alter, Bildung, Einkommen oder Geschlecht abbilden (Reuter et al. 2019). Zudem sind Anforderungen an psychosoziale Lagebilder weitgehend defizitorientiert. Eine Lage kann auch Teile der Bevölkerung motivieren, eigene Beiträge zur Krisenbewältigung zu entwickeln. Diese Initiativen sind nicht nur Ausdruck der psychischen Verfassung, sondern auch von hoher Relevanz für die Einsatzbewältigung. Virtual Operations Support Teams stellen als digitale und personelle Unterstützungseinheit der Krisenstäbe eine Möglichkeit dar, Informationen aus öffentlich-

1.6 Diskussion und Ausblick

verfügbaren Datenquellen in Form von bedarfsgerechten Lagebildern zugänglich zu machen und die Entscheidungsfindung dadurch zu unterstützen.

Insgesamt zeigt sich ein Trend zur vermehrten Nutzung digitaler Methoden, auch im Bevölkerungsschutz. Das KI-gestützte Lagebild wird nach der Bekämpfung der Corona-Pandemie auch für die Bewältigung weiterer Krisen- und Katastrophensituationen einen Mehrwert bieten.

2 Visualisierung der COVID-19-Inzidenzen und Behandlungskapazitäten mit CoronaVis

Wolfgang Jentner, Fabian Sperrle, Daniel Seebacher, Matthias Kraus, Rita Sevastjanova, Maximilian T. Fischer, Udo Schlegel, Dirk Streeb, Matthias Miller, Thilo Spinner, Eren Cakmak, Matthew Sharinghousen, Philipp Meschenmoser, Jochen Görtler, Oliver Deussen, Florian Stoffel, Hans-Joachim Kabitz, Daniel A. Keim, Mennatallah El-Assady, Juri F. Buchmüller

Die COVID-19-Pandemie und ihre rasante Entwicklung innerhalb weniger Wochen stellen völlig neue Anforderungen an die Auswertung von Infektionsstatistiken. CoronaVis stellt interaktive Visualisierungen zur Verfügung, durch die Fallinzidenzen und die Bettenkapazitäten von Intensivstationen (englisch: Intensive Care Unit [ICU]) in ganz Deutschland analysiert werden können. CoronaVis ist in erster Linie dazu bestimmt, Ärzt:innen, Krisenstäbe und medizinische Entscheidungsträger:innen zu unterstützen und informierte Entscheidungen, zum Beispiel zur Patientenverteilung bei drohender Überlast, zu ermöglichen. CoronaVis skaliert durch flexible Aggregationsmöglichkeiten von der lokalen bis auf die nationale Ebene. Dieser Beitrag stellt die Analysemöglichkeiten von CoronaVis vor und geht näher auf die Leistungsfähigkeit interaktiver Visualisierungen in Hinsicht auf die Unterstützung bei dynamischen Lagen ein.

2.1 Entstehung von CoronaVis:

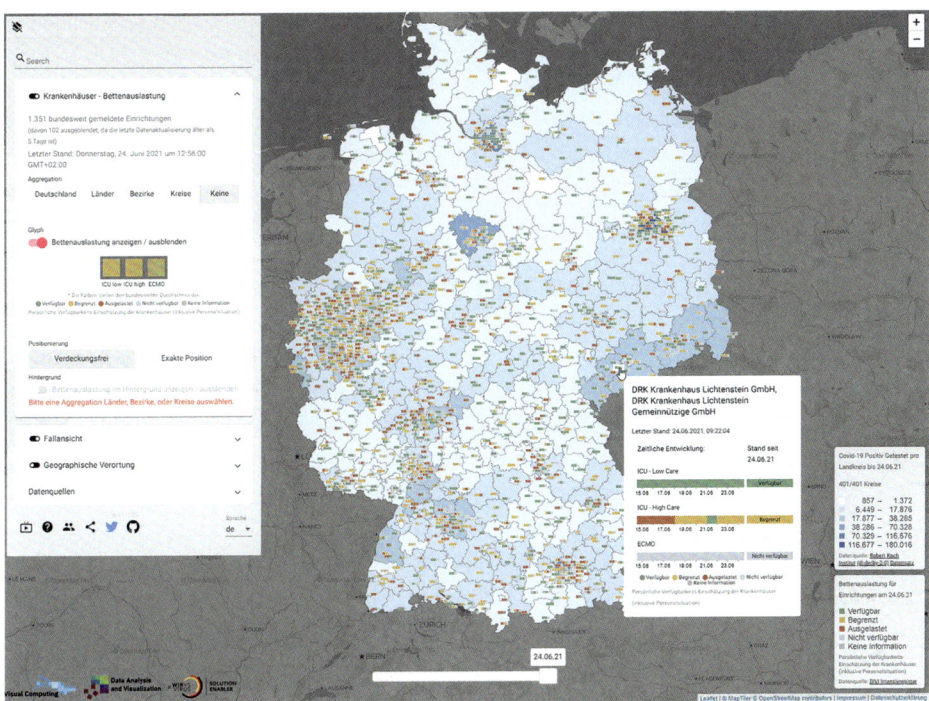

Bild 10: *Die Hauptansicht von CoronaVis, welche die Verfügbarkeit von Intensivbetten für alle Krankenhäuser in Deutschland in den Kategorien Low Care, High Care, ECMO zeigt. Die Choroplethenkarte im Hintergrund zeigt die regionale Entwicklung der Corona-Fälle normiert auf die Einwohnerzahl (Bild: Universität Konstanz).*

2.1 Entstehung von CoronaVis:

CoronaVis ist zu Beginn der COVID-19-Pandemie im März 2020 entstanden, nachdem ein Chefarzt aus dem Klinikum Konstanz mit der Bitte um Unterstützung auf unsere Forschungsgruppe zugekommen war. Aus Sorge vor einer ähnlichen Entwicklung wie in Bergamo, Italien, wo um diese Zeit viele Kliniken überlastet waren, ist den Entscheider:innen in der Klinik bewusst geworden, dass die bestehenden Informationssysteme und Statistikquellen zur Vorbereitung auf die bevorstehenden Patientenzahlen nicht ausreichen. Sie baten daher um die Entwicklung einer Überblicklösung, die in der Lage ist, die Behandlungskapazitäten der Krankenhäuser großflächig, aber gleichzeitig kleinteilig darzustellen und diese in Kontext der sich entwickelnden Fallzahlen setzen zu können, um auf Patientenwellen und drohende Überlastungen der Intensivstationen (ICU) reagieren zu können. Aus dieser Anfrage entstand innerhalb weniger Tage ein Prototyp, auf dem das heutige CoronaVis aufsetzt. Im Unterschied zur normalen Herangehensweise entstand so in kurzer Zeit ein auf mehrere Tausend Nutzer:innen gleichzeitig skalierbares, schnelles und produktiv nutzbares System.

2.2 Zielgruppen- und Anforderungsanalyse

CoronaVis wurde von einem Team von 16 Doktorand:innen und vier wissenschaftlichen und medizinischen Berater:innen, darunter einem Chefarzt des örtlichen Klinikums, entwickelt. Der erste Schritt, die initiale Anforderungsanalyse, wurde innerhalb von zwei Tagen in enger Zusammenarbeit zwischen den Entwickler:innen und den medizinischen Berater:innen durchgeführt. Im Folgenden beschreiben wir die von uns identifizierten Zielgruppen und Anwendungsfälle.

Medizinische Expert:innen und Ärzt:innen: CoronaVis wurde durch diese Nutzergruppe initiiert. Die Nutzer:innen in dieser Gruppe arbeiten auf einer detaillierten Ebene, die sich auf das Krankenhaus konzentriert, in dem sie tätig sind. In einigen Fällen, in denen Krankenhäuser mehrere Standorte haben, kann dies auf eine kleine Anzahl von regionalen Krankenhäusern ausgeweitet werden. Der wichtigste Anwendungsfall ist die Vorausplanung für eine hohe Anzahl neuer Patient:innen, die stationär aufgenommen werden müssen, sowie die Verlegung von Patient:innen für den Fall, dass das örtliche Krankenhaus nicht genügend Betten auf der Intensivstation hat.

Krisenstäbe: Diese Teams arbeiten aufgrund der hierarchischen Verwaltungsstruktur auf verschiedenen administrativen Ebenen. Auf der lokalen Ebene sind einige der medizinischen Expert:innen Mitglieder der Teams, während auf höheren Ebenen wie Bezirks- oder Landesebene die Krisenstäbe losgelöst von den medizinischen Versorgungseinrichtungen arbeiten. Ihre Hauptaufgabe in Bezug auf die ICU-Kapazitäten ist die frühzeitige Erkennung von lokalen Ausbrüchen und darauf folgenden Engpässen sowie die Verteilung der Patient:innen, um eine Überlastung der Krankenhäuser innerhalb einer Region zu verhindern.

Politiker:innen: Diese Anwender:innen sind meist an aggregierten Statistiken von der Kreisebene bis hin zur nationalen Ebene interessiert. Einzelne Krankenhäuser sind hier weniger im Fokus, während sich das Interesse eher auf räumliche und zeitliche Vergleiche konzentriert, die die Auswirkungen von politischen Entscheidungen wie Corona-Verordnungen zeigen können. Im Bund können solche Maßnahmen regional sehr unterschiedlich ausfallen, und CoronaVis kann helfen, die Auswirkungen zu visualisieren.

Medien und Öffentlichkeit: Dies ist die unschärfste Benutzergruppe mit Informationsinteressen auf allen Aggregationsebenen. Bürger:innen oder Medien können sich für die Bedingungen im lokalen Krankenhaus, aber gleichzeitig auch für die landesweite Situation interessieren. Dazu muss das bereitgestellte System intuitiv und leicht verständlich sein. Relevante Informationen müssen sofort oder mit wenig Aufwand dargestellt werden können.

2.3 Zentrale Aufgaben

Wir identifizierten zwei Kernaufgaben für CoronaVis, die über verschiedene Zielgruppen hinweg gültig sind. Beide Aufgaben müssen vom einzelnen Krankenhaus über verschiedene Ebenen der Verwaltungshierarchie hinweg bis hin zur staatlichen Ebene skaliert werden können.

Krankenhauskapazitäten: Verfolgung der Entwicklung von Krankenhausbettenkapazitäten und Kipp-Punkten: Die Benutzer:innen müssen in der Lage sein, den aktuellen Stand der ICU-Kapazitäten sowie deren zeitlichen Verlauf in verschiedenen Kategorien effizient analysieren zu können. Um mögliche aktuelle oder zukünftige Engpässe oder Überlastsituationen zu identifizieren, sollen die Statistiken mit Vorhersageansichten kombiniert werden, die Benutzer:innen dabei unterstützen, Kipp-Punkte zu antizipieren.

Krankheitsausbreitung: Verfolgung der Entwicklung der Anzahl positiv getesteter Personen beziehungsweise des Prozentsatzes der Personen, die ins Krankenhaus eingeliefert werden: Statistische Informationen über Infektionsfälle und Todesfälle solange sie den Benutzer:innen ermöglichen, die Dynamik der Epidemie in bestimmten Regionen abzuschätzen. Die Benutzer:innen müssen in der Lage sein, die Fallstatistiken absolut und im Verhältnis zur Bevölkerungsdichte sowohl insgesamt als auch in Entwicklungen der letzten 24 oder 72 Stunden zu untersuchen. Außerdem müssen die Anwender:innen diese Informationen in einen Kontext mit den Bettenkapazitäten setzen können, um abzuschätzen, ob eine sich entwickelnde Situation zu Kapazitätsengpässen führen könnte oder nicht.

Info:
Die Webseite CoronaVis ist weitgehend öffentlich zugänglich und kann unter https://coronavis.dbvis.de/ **(Stand Januar 2022)** abgerufen werden.

2 Visualisierung der COVID-19-Inzidenzen

2.4 Daten

CoronaVis basiert auf öffentlich verfügbaren Daten, kann je nach Auftraggeber:in aber auch auf interne Daten angepasst werden. Die Bettenkapazitäten der Intensivstationen stammen aus dem Intensivregister der DIVI (Deutsche Interdisziplinäre Vereinigung für Intensiv- und Notfallmedizin), an welches alle Krankenhäuser in Deutschland ihre ICU-Belegungskapazitäten in drei Kategorien melden:
(1) »ICU low care«, das sind ICU-Betten mit nicht-invasiver Beatmung, bei denen keine Organersatztherapie durchgeführt wird;
(2) »high care« sind Betten mit invasiver Beatmung und Organersatztherapie, bei denen eine komplette intensivmedizinische Therapie durchgeführt wird und
(3) »ECMO«, was für Extrakorporale Membranoxygenierung steht, eine Technik bei der das Blut eines Patienten oder einer Patientin außerhalb des Körpers mit Sauerstoff angereichert wird. Diese Therapieoption gilt als letzte Möglichkeit bei besonders schweren Verläufen und ist nicht an allen Kliniken verfügbar.

Die Verfügbarkeiten werden als Tendenzen in den Farben grün (Kapazitäten verfügbar), gelb (Kapazitäten begrenzt) und rot (»ausgelastet«) in jeder Kategorie erfasst und sollen nicht nur die exakte Anzahl an freien Betten, sondern auch die Personalverfügbarkeit berücksichtigen.

Die Infektionsstatistiken werden vom Robert Koch Institut (RKI) bereitgestellt, werden täglich aktualisiert, und enthalten pro Landkreis Informationen über die Anzahl der COVID-19-Fälle und der damit verbundenen Todesfälle. Dennoch unterliegen sie einem Meldeverzug, der bei der Übermittlung der Daten von den Gesundheitsämtern über die Landesgesundheitsbehörden bis zum RKI entsteht und der etwa 24 bis 48 Stunden beträgt. Wir verwenden daher neben den RKI-Quellen auch Daten der Risklayer GmbH, welche durch Crowdsourcing der Infektionszahlen direkt aus den Landkreisen deutlich aktuellere Werte liefern können.

2.5 Das CoronaVis-System

CoronaVis ist ein web-basiertes Analysesystem und befindet sich im öffentlichen Produktivbetrieb. In diesem Abschnitt stellen wir die interaktiven Analysekomponenten des Systems vor und demonstrieren die Fähigkeiten von CoronaVis exemplarisch anhand von vier Nutzungsszenarien. Genauere Ansichten, die sensible Daten wie exakte Belegungszahlen der Kliniken enthalten, sind möglich und prototypisch

2.5 Das CoronaVis-System

implementiert. Aufgrund der Sensibilität solcher teils personenbezogener Daten werden diese nicht öffentlichen Versionen des Systems in diesem Beitrag nicht im Detail besprochen.

Basierend auf den definierten Anforderungen zeigt CoronaVis die wesentlichen Informationen farblich auf einer Landkarte. Die interaktive Kartenansicht bietet den Nutzer:innen die Möglichkeit, die Karte nach Bedarf zu zoomen oder zu verschieben. Die wichtigsten visuellen Komponenten von CoronaVis sind interaktive Karten-Overlays, die die Nutzer:innen durch das Auswahlmenü auf der linken Seite bedienen können. CoronaVis unterstützt dabei drei verschiedene Ansichten: Primär bietet CoronaVis eine Ansicht von Symbolen auf der Karte, welche ICU-Kapazitäten in den drei genannten Kategorien, codiert in den Farben grün, gelb und rot, darstellen. Ein Symbol repräsentiert ein Krankenhaus, kann aber auch auf höhere Ebenen (z. B. Landkreise, Regierungsbezirke, Bundesländer) aggregiert werden, wobei die Farben interpoliert werden. Erwähnenswert ist, dass CoronaVis in der Lage ist, durch eine überlappungsfreie Visualisierungslösung die Kapazitäten aller Kliniken in Deutschland gleichzeitig darzustellen.

Weitere Informationen können zusätzlich auf dem Kartenhintergrund in einer sogenannten Choroplethenkarte angezeigt werden. Diese Choroplethenkarten können als Kontextualisierung für die Symbole oder als eigenständige Komponente für eine Übersichtsanalyse verwendet werden. Darstellbar sind neben den freien ICU-Kapazitäten auch die COVID-19-Inzidenzen oder die Todesfälle für verschiedene Zeiträume (z. B. gesamter Datensatz, Veränderung über 24 oder 72 Stunden). Diese Daten können pro 100.000 Einwohner:innen normiert und auf die vorgenannten administrativen Einheiten aggregiert werden.

Für die Inzidenzen werden für Kreise, Bezirke, Länder und ganz Deutschland weiterhin Trendindikatoren als einfaches Symbol mit einer schwarzen Linie auf weißem Grund dargestellt, welche die Veränderung der Inzidenz innerhalb der vergangenen sieben Tage aufzeigt.

CoronaVis bietet eine Reihe von Möglichkeiten, Detailinformationen über Kliniken, Landkreise, Bezirke, Bundesländer und ganz Deutschland in Abhängigkeit vom gewählten Datensatz anzuzeigen. So kann durch Anklicken eines Krankenhauses der zeitliche Verlauf der ICU-Kapazitäten dargestellt werden. Bei der Auswahl von Kreisen, Bezirken und Ländern wird entsprechend die Auslastung aller örtlicher Kliniken in einem farblichen Verlauf über die Zeit dargestellt. Ebenso können Detailinformationen über diese Gebiete in der »Lockdown-Ansicht« abgerufen werden (siehe Bild 11), wobei besonders die zeitlichen Verläufe von Inzidenzen und Todesfällen exploriert werden können.

2 Visualisierung der COVID-19-Inzidenzen

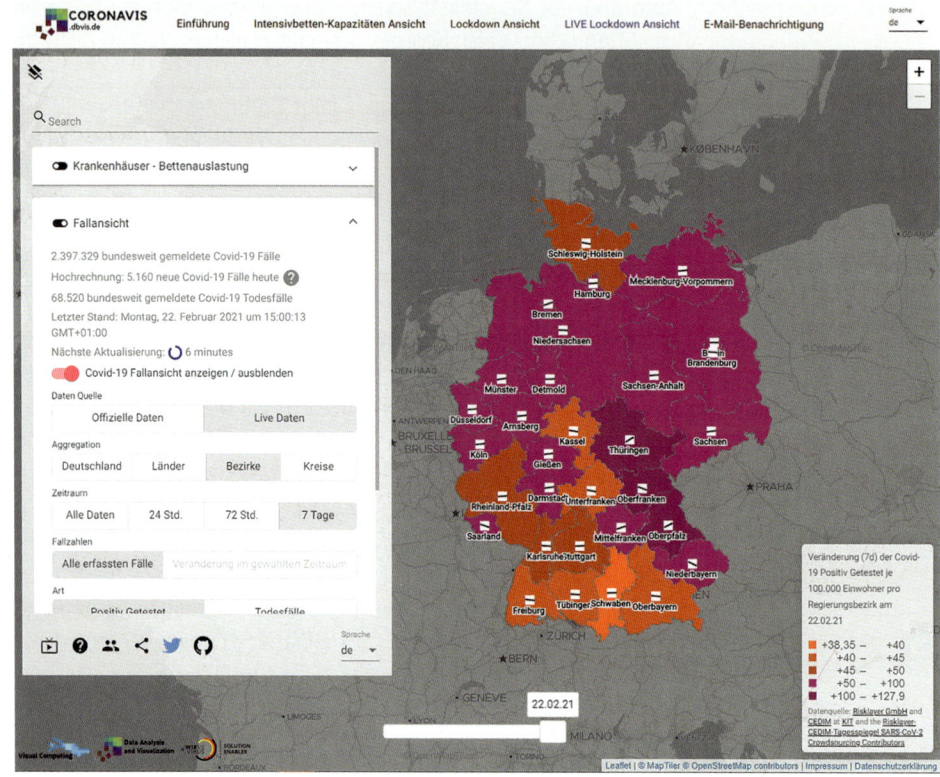

Bild 11: *Die Inzidenzen auf Ebene von Regierungsbezirken stellt den Trend der Inzidenzwerte über die letzten 7 Tage dar (Bild: Universität Konstanz).*

Besonders erwähnenswert ist hier auch die nach Altersgruppen aufgeschlüsselte Ansicht, die einen detaillierten Einblick in die Verteilung der Inzidenzen und Todesfälle gibt und die auch über einen Klick auf z. B. einen Landkreis aufgerufen werden kann. Zahlreiche statistische Optionen erlauben den Nutzer:innen dabei, die Darstellung an ihre Informationsinteressen anzupassen. CoronaVis erlaubt es weiterhin, die gesamte zeitliche Entwicklung der Pandemie nachzuvollziehen. Dazu kann mit einem Zeitschieber, der sich am unteren Ende der Kartendarstellung befindet, zu einem beliebigen Zeitpunkt gesprungen werden.

2.6 Analyseszenarien

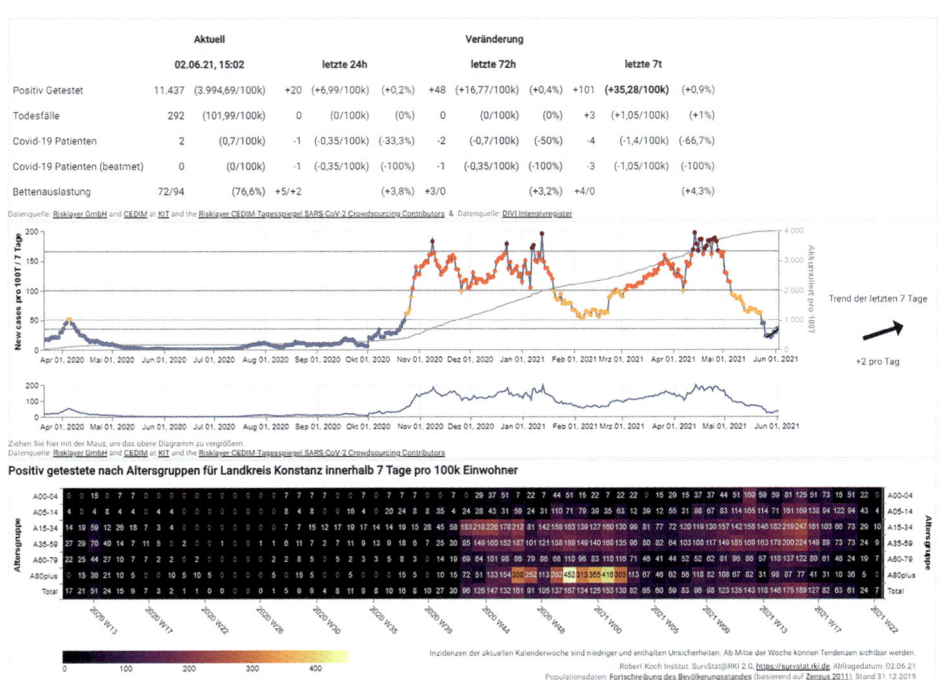

Bild 12: *Eine Detailansicht für den Landkreis Konstanz. Die wichtigsten Variablen werden tabellarisch dargestellt. Ein zeitlicher Verlauf der Inzidenzwerte inklusive Trendanalyse und die Inzidenzwerte nach Altersgruppen sind ebenfalls vorhanden (Bild: Universität Konstanz).*

2.6 Analyseszenarien

Wir unterstützen derzeit vier Analyseszenarien, das fünfte ist teilweise noch in der Entwicklung.

1. Übersichtsszenario und individuelle Dashboards

Die Choroplethenkarte ist der zentrale Einstiegspunkt für Analysen mit überregionalen Vergleichsaufgaben. Auf der Karte können sowohl Live-ICU-Bettenkapazitäten als auch Inzidenzstatistiken einzeln oder nach Verwaltungsregionen mit Hilfe von interaktiven Visualisierungen betrachtet werden. Diese Ansichten werden mit Legenden und Texten ergänzt, die die Daten und die Visualisierungen erklären. Um jederzeit einen relevanten Einstieg zu ermöglichen, kann eine individuelle Zusammenstellung von Kartendarstellung, Datenauswahl und Statistischen Visualisierungen erstellt und als Dashboard gespeichert werden, welches dann bei jeder weiteren Nutzung direkt aufgerufen werden kann.

2. Interaktive Karte
In der interaktiven Karte kann räumlich navigiert werden, und es können verschiedene Overlays sowie deren Einstellungen ausgewählt werden. Diese Ansicht ist speziell für die Analyse von regionalen Krankenhäusern bzw. Einrichtungen gedacht. Zusätzlich können die Choroplethenkarten im Hintergrund geladen werden, um einen visuellen Vergleich entweder von höheren Aggregationen von Bettenkapazitäten oder einen Kontrast zur Entwicklung der COVID-19-Fälle durchzuführen.

3. Vergleichsszenario
Mithilfe von benutzerdefinierten Dashboards können Anwender:innen flexible Analysen durchführen und mehrere Regionen miteinander vergleichen sowie verschiedene Variablen der Pandemie in einem zeitlichen Kontext betrachten. Dashboards können gespeichert und per Link geteilt werden. Eine Versionshistorie der Dashboards ist ebenfalls vorhanden.

4. Zeitliche Analyse
Dieses Szenario wird auf mehrere Arten unterstützt: Mit einem Zeitschieberegler im Übersichtsmodus und im interaktiven Kartenmodus können die Daten für einen bestimmten Tag angezeigt werden. Zusätzlich kann eine Animation ausgelöst werden, die das Bildmaterial über die Zeit aktualisiert. In den Detailansichten sind alle Daten mit der zeitlichen Historie visualisiert, womit sich diese Ansicht besonders für Krisenstäbe und politische Entscheider:innen eignet.

5. Vorhersage-Szenario
Dieses Szenario unterstützt die Anwender:innen bei der Einschätzung, wie viele Intensivbetten demnächst benötigt werden. Die Vorhersage ist Teil des privaten DIVI Datensatzes und basiert auf Eingaben der medizinischen Expert:innen der jeweiligen Einrichtungen, wie viele Patient:innen innerhalb von vierundzwanzig Stunden erwartet werden und wie viele Intensivbetten in dieser Zeit zur Verfügung gestellt werden können.

Außerdem arbeiten wir daran, die Infektionsdynamik zu prognostizieren, in dem berücksichtigt werden soll, wie viele infizierte Personen nach einer bestimmten Zeit ins Krankenhaus eingeliefert werden und wie viele davon beatmet werden müssen. In Kombination mit den täglichen Falldaten können diese Daten verwendet werden, um die Anzahl der benötigten Intensivbetten näherungsweise vorherzusagen. In der zweiten Stufe werden die demografischen Daten wie Altersstrukturen eingesetzt, um das Modell zu verbessern.

2.7 Fazit

In diesem Beitrag stellen wir CoronaVis vor, ein visuell-interaktives System zur Analyse und Auswertung von COVID-19-Statistiken und Intensivstationsauslastungen. Ziel von CoronaVis ist es, möglichst viele Informationen konzentriert darzustellen, ohne dabei die verschiedenen Nutzergruppen zu überfordern. Dazu wurde das System basierend auf einer Anforderungsanalyse entwickelt, die die Nutzerinteressen dezidiert abbildet. CoronaVis erlaubt die skalierbare Analyse von COVID-19-Statistiken entlang aller administrativen Aggregationsebenen und soll perspektivisch um verifizierte Prognosemodelle und automatisch erstellte Handlungsempfehlungen erweitert werden.

E Vorbereitung auf die nächste Pandemie

1 Allgemeine Erkenntnisse

Andreas H. Karsten

Pandemien sind nicht die einzigen Gefährdungen, denen sich Deutschland gegenübersieht. Deshalb ist es wenig sinnvoll, jetzt eine Strategie für eine Pandemiebekämpfung zu erarbeiten. Denn mehrere Langzeitkrisen können und werden gleichzeitig auftreten. Die nächsten, anders geartete Krisen werden Deutschland (ebenfalls) treffen.[6] Entsprechend einem Allgefahrenansatz sind zwei Generalmaßnahmen anzugehen:

1. Die Bevölkerung und die Wirtschaft sind davon zu überzeugen, dass die zukünftigen Krisen nur mit entsprechender eigener Vorbereitung und Selbsthilfekompetenz beherrscht werden können. Einige Gesichtspunkte zu diesem Themenbereich zeigen die vorherigen Kapitel auf.
2. Es muss eine Steigerung der Krisenfestigkeit aller deutschen Behörden bezüglich Erhöhungen des allgemeinen Stresspegels und bezüglich unerwarteter Schockereignissen erfolgen.

Aus den in den vorherigen Kapiteln beschriebenen Erfahrungen aus ausgewählten Bereichen unserer Gesellschaft soll nun versucht werden, einen Weg aufzuzeichnen, die deutsche Gesellschaft resilienter zu gestalten.

Als erstes wird deutlich, dass die COVID-19-Pandemie Defizite im Krisenmanagement offengelegt hat. Wir sollten aus ihr lernen und sie nicht als ein singuläres Ereignis oder als ein mangelndes Krisenmanagement einzelner Bereiche abtun. Vielmehr muss diese Krise als eine unbefriedigende Leistung der gesamten Gesellschaft angesehen werden. Kein Bereich darf bei der Evaluation ausgelassen werden. Neben der Analyse innerhalb der einzelnen Bereiche – Politik, staatliche Verwaltung, Wirtschaft, Medien, Zivilgesellschaft etc. – muss die Zusammenarbeit der unterschiedlichen Stakeholder betrachtet werden. Eine Generalinventur Deutschlands ist notwendig. Werden die Maßnahmen der letzten 20 Monate nicht evaluiert und die daraus gewonnenen Erkenntnisse umgesetzt, dann wäre dies grob fahrlässig. Es ist aber stets zu beachten, dass »Lessons learnt« erst dann wirklich gelernt wurden, wenn die notwendigen Veränderungen auch tatsächlich in den Behörden, Unter-

---

6 Dieser Absatz wurde zwei Wochen nach der Flutkatastrophe in Westdeutschland geschrieben.

1 Allgemeine Erkenntnisse

nehmen und Organisationen umgesetzt sind. Andernfalls ist der Evaluationsbericht nur ein weiterer »Schubladen-Bericht«.

Um eine resiliente Organisation aufzustellen, bedarf es zwei Voraussetzungen:
1. die transparente Festlegung von Mindestversorgungsniveaus und die dafür benötigten Ressourcen sowie
2. ein effektives und effizientes Krisenmanagementsystem.

Die erste Voraussetzungen bedingt eine kritische Betrachtung aller Aufgaben einer Organisation. Welche Aufgaben können in einer Krise für wie lange eingestellt bzw. mit verringerter Leistung angeboten werden? Die Antwort kann jahreszeitlichen Schwankungen unterliegen. So kann das Grünflächenamt einer Stadt sicherlich je nach Jahreszeit beispielsweise Baumschnittarbeiten einstellen und die dafür eingestellten Arbeitskräfte für die Krisenreaktion einsetzen, allerdings sind die Folgen – beispielsweise zukünftige Stürme – zu beachten. Herabstürzende Äste und umstürzende Bäume aufgrund reduzierte Pflegemaßnahmen können Menschenleben gefährden und zu erheblichen Behinderungen in der Kritischen Infrastruktur »Verkehr« führen.

Wie beim Business Continuity Management für Betriebe muss auch die Verwaltung definieren, welche Leistungen immer erbracht werden müssen und welche Leistungen:

- durch andere wahrgenommen werden können oder
- auf welches Maß (ggf. auf null) heruntergefahren werden können und
- wie lange diese verminderten Leistungen dann toleriert werden können.

Diese Festlegung muss eine politische sein und fällt somit in die Zuständigkeit der Legislative.

In Anschluss an Evaluationen werden in der Regel öffentlichkeitswirksam die Ergebnisse dargestellt. Übliche Erkenntnisse/Empfehlungen sind:
1. Einführung neuer Technologien (besonders aus dem Bereich IT),
2. Neubesetzung wichtiger Stellen,
3. Verbesserung der Krisenaufbau- und -ablauforganisation,
4. Verbesserung der Kompetenzen der Mitarbeiter:innen.

Die Schwierigkeit der erfolgreichen Umsetzung steigt von 1. nach 4. an. Dies hat zur Folge, dass regelmäßig neue Technologien eingeführt werden. Derzeit sind Apps, Stabs- und Leitstellensoftware und Prognosetools besonders beliebt. Es ist erstaunlich, dass sich die Krisenreaktion gerade der Verwaltungen in den letzten Jahren nicht wesentlich verbessert hat. Die moderne Technologie hat sicherlich dazu geführt, dass

1 Allgemeine Erkenntnisse

das Alltagsgeschäft (z. B. der Feuerwehren) und vorgeplante Notfälle besser als früher abgearbeitet werden, allerdings sind die Leistungen der Verwaltungen in der Beherrschung der COVID-19-Krise und der Flutkatastrohe doch eher durchwachsen gewesen. Technik muss von den Menschen bedient werden können: Warn-Apps von der Bevölkerung, Stabssoftware von den Krisenmanager:innen usw. Positive Beispiele, wie Technologie die Beherrschung von Krisen verbessern könnte, finden sich in diesem Buch, negative regelmäßig nach Krisen oder Übungen in der Presse.

In diesen Tagen stehen Führungskräfte der allgemeinen Verwaltungen und die höheren Führungskräfte der BOS – sicherlich in vielen Fällen zu Recht – in starker Kritik. In manchen Zeitungsartikeln werden sie als »Ehrenamtliche« den »Profis« aus Bundeswehr und Polizei gegenübergestellt. Zwei Gesichtspunkte werden dabei übersehen. Erstens gibt es auch bei den »Profis« Einsätze, die erhebliche Kritik erzeugten: z. B. die Bombardierung zweier Tanklastwagen in der Nähe von Kunduz, Afghanistan 2009 oder der G7-Gipfel-Einsatz in Hamburg 2017. Zweitens gibt es deutlich weniger zu schulende höhere Führungskräfte bei den Polizeien und der Bundeswehr, die sich darüber hinaus ihr gesamtes Berufsleben auf Krisen vorbereiten, beginnend als einfache Streifenpolizist:in und Soldat:in bis hin zur Polizeiführer:in und General:in.

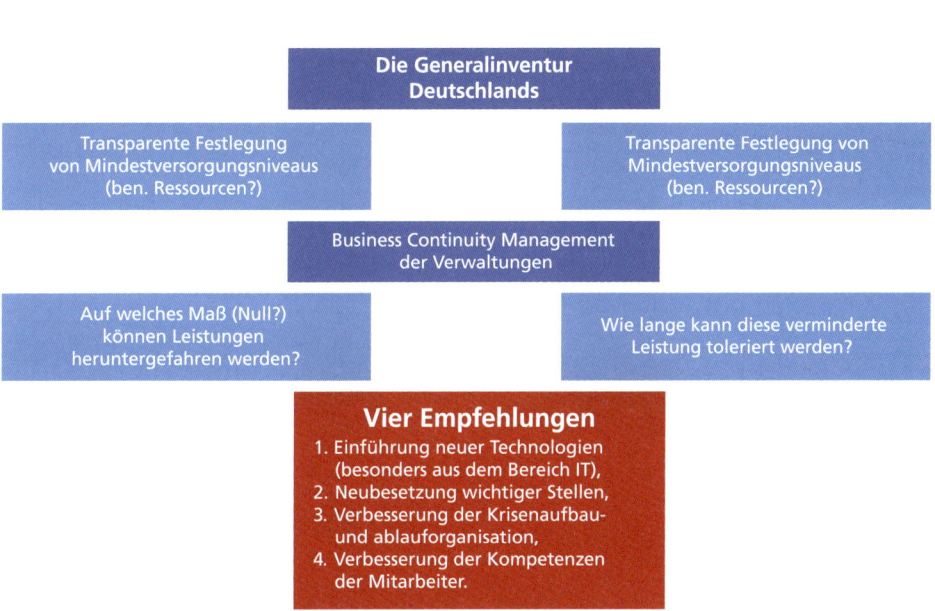

Bild 13: *Übersicht zu den allgemeinen Erkenntnissen*

1 Allgemeine Erkenntnisse

Möchte man eine ähnliche Professionalität auch im Bereich des Bevölkerungsschutzes, der sich aus Ehren- und Hauptamtlichen und Menschen der staatlichen Verwaltung zusammensetzt, erreichen, bedarf es erheblicher rechtlicher – vermutlich grundgesetzlicher – Veränderungen.

Aber eins muss auf jeden Fall erfolgen: der Punkt 4. Die Kompetenz aller Mitarbeiter:innen der Katastrophenschutzbehörden (dies sind derzeit die gesamte Verwaltung der Land- und Stadtkreise, nicht einzelnen Ämter) wie der Unternehmen im Bereich Krisenmanagement muss deutlich und nachhaltig verbessert werden.

2 Evaluation des Krisenmanagements während der COVID-19-Pandemie

Andreas H. Karsten

Obwohl die Pandemie zwischenzeitlich in die fünfte Welle hineinläuft, werden schon vielfältig Evaluationen durchgeführt und erste Erkenntnisse können bereits festgestellt werden. Diese können vor dem Ende des Krisenmanagements natürlich nur vorläufig sein. Aber die zwei vermutlich entscheidenden Ergebnisse können schon heute festgehalten werden:

1. Die staatliche Krisenreaktion ist zu langsam.
2. Die staatliche Krisenkommunikation ist nicht in der Lage, genügend Menschen zu überzeugen, den staatlichen Ratschlägen/Anordnungen zu folgen.

Im Folgenden sollen einige mehr generische Aussagen festgehalten werden. Die Ergebnisse der Evaluation sind in drei Kategorien einzuordnen:

1. Erkenntnisse, die hilfreich sind, zukünftig eine COVID-19 ähnliche Pandemie oder andere langanhaltende Krisen, wie die westdeutsche Flutkatastrophe 2021, zu beherrschen.
2. Erkenntnisse, die hilfreich sind, zukünftig jede Pandemie zu beherrschen.
3. Erkenntnisse, die hilfreich sind, zukünftig jede Krise zu beherrschen.

Der Wert der Erkenntnisse steigt von 1. Nach 3. an. Damit eine Evaluation einen wirklichen Mehrwert erbringt, müssen folgende Punkte erreicht werden:

1. **Eine lückenlose Dokumentation über das Geschehen:** Was ist gut und was nicht so gut gelaufen während der COVID-19-Krise innerhalb des eigenen Zuständigkeitsbereichs und in der Zusammenarbeit mit anderen Stakeholdern? (retrospektive Betrachtung)
2. **Eine Auflistung der Optimierungsmöglichkeiten** des eigenen Krisenmanagements und der Zusammenarbeit der verschiedenen Stakeholder. (prospektive Betrachtung)
3. **Wiedererschaffen, verbessern und/oder erhalten des Vertrauens** der Menschen in die Krisenbewältigungskompetenz des Staates bzw. der deutschen Wirtschaft.

2 Evaluation des Krisenmanagements während der COVID-19-Pandemie

Es soll ausdrücklich darauf hingewiesen werden, dass das Ziel einer Evaluation – anders als bei einem Ermittlungsverfahren – nicht ist, Schuldige zu identifizieren. Vielmehr ist der Fokus auf die Zukunft zu richten: Schaffen einer resilienten Gesellschaft.

3 Krisenfrüherkennung, Krisen verstehen und Prognosen

Andreas H. Karsten

Umso eher eine Krise als solche erkannt wird, desto leichter und eher wird man vor die Lage kommen, d. h. man wird agieren können und nicht nur reagieren müssen. Gerade vorab nicht bedachte Ereignisse – so genannte »Schwarzen Schwäne« – sind schwer, frühzeitig zu erkennen. Dazu bedarf es einer Abkehr von der »Controlling-Mentalität« bei der Krisenfrüherkennung. Nicht nur bekannte Parameter sind zu beobachten, sondern das gesamte zu beobachtende System ist nach Auffälligkeiten, nach Abweichungen vom »Normalzustand«, nach neuen Mustern abzusuchen. Bei der COVID-19-Pandemie hätte man z. B. nach Mustern suchen müssen, die anzeigen, dass sich dieser Virus anders verhält als seine Vorgänger SARS-CoV und MERS-CoV. Damit hätte man unter Umständen zwar noch nicht erkannt, wie sich der Virus verhält, aber ein Warnzeichen hätte eingehen können.

Merke:
Frühwarnung muss zukünftig vor allem die Suche nach dem Unbekannten beinhalten.

Wenn man der Auffassung ist, das Entstehen einer Krise erkannt zu haben, muss man diese auch verstehen. Was sind Ursachen und was sind die Auswirkungen? Dies ist in komplexen, rückkoppelnden Systemen nicht immer leicht zu erkennen. Heterogene Gruppen aus kreativen Köpfen sind hier den üblichen Krisenmanagementstäben deutlich überlegen.

Merke:
Krisen müssen verstanden werden.

Der dritte Schritt ist es, Prognosen zu erstellen. Erstens, wie wird sich die Krise weiterentwickeln, bis wir in der Lage sind, erste Gegenmaßnahmen einzuleiten? Und zweitens, wie wird sich die Krise weiterentwickeln, wenn diese Gegenmaßnahmen umgesetzt werden (siehe hierzu Karsten 2021). Gerade die Corona-Erkrankung mit ihrer langen Inkubationszeit von fünf bis sechs Tagen hat zur Folge, dass die Erfolge bzw. Misserfolge von Maßnahmen erst nach ca. 14 Tagen in den Infektionszahlen sichtbar werden.

> **Merke:**
> Es müssen Prognosen darüber erstellt werden, wie sich die Krise entwickeln wird.

Der letzte Schritt ist zu prognostizieren, wie die Entwicklung der Krise beeinflusst werden muss, um nicht kritische Kipppunkte zu erreichen. Werden Kipppunkte des Systems erreicht, entwickelt sich das gesamte System extrem negativ und vermutlich nicht mehr beherrschbar weiter. In der Diskussion der Klimakrise wird eine mittlere Erderwärmung von 2 °C als Kipppunkt betrachtet. Um solche Kipppunkte zu kennen, bedarf es im Vorfeld einer genauen Prozess- und Schwachstellenanalyse des eigenen Systems, z. B. seiner Verwaltung, seiner Gemeinde oder seines Unternehmens.

> **Merke:**
> Es müssen Prognosen darüber erstellt werden, wann kritische »Kipppunkte« erreicht werden, die ein Krise extrem negativ beeinflussen oder gar nicht mehr beherrschbar machen.

Die heutigen und die zukünftigen Herausforderungen an unsere Gesellschaft können nicht von einer Institution allein gemeistert werden. Es bedarf die Zusammenarbeit aller (siehe die Beiträge in diesem Buch): von den einzelnen Bürger:innen, über die Unternehmen und nichtstaatlichen Organisationen bis zu den staatlichen Behörden. Um gemeinsam agieren zu können, bedarf es einer gewissen Schnittmenge in den jeweiligen Zielvorstellungen. Diese Schnittmenge zu finden und dann entsprechend zu vermitteln, ist eine Aufgabe der politischen Führungskräfte auf allen Ebenen unseres Staates.

> **Merke:**
> Zukünftige Krisen können nur gemeinsam beherrscht werden. Es ist notwendig, eine Schnittmenge der Zielvorstellungen aller Akteur:innen festzulegen und zu vermitteln.

4 Krisenreaktion und in der Krise leiten

Andreas H. Karsten

Um vor die Lage zu kommen, muss die Organisation erst einmal schneller als die Krise sein. Dazu bedarf es eines Alarmierungs- und Aktivierungsverfahrens, das die Organisation dazu befähigt, schnell erste Entscheidungen zu treffen. Bei vielen derzeit vorstellbaren Krisen kann dies nur mittels eines virtuellen Krisenstabes erreicht werden. Je nach Art, Dynamik und Dauer der Krise kann dieser virtuelle Krisenstab in einen hybriden oder einen physisch tagenden Krisenstab überführt werden. Gerade Pandemielagen können aber dazu zwingen, sich nur in der virtuellen Welt zu Krisenstabssitzungen zu treffen.

Das Zusammenkommen und Diskutieren ist eine notwendige Fähigkeit, aber sie ist nicht ausreichend. Zusätzlich bedarf es der Fähigkeit, Entscheidungen entsprechend der Lage ausreichend schnell genug treffen zu können. Umso schneller Entscheidungen getroffen werden müssen, desto eher sind sie aus dem Bauch oder intuitiv zu treffen. Solche Bauchentscheidungen beinhalten ein großes Risiko. Nur wenn die verantwortliche Person gefestigt genug ist, auch eigene Entscheidungen als fehlerhaft zu erkennen und entsprechend zu korrigieren, wird sie zu schnellen Entscheidungen fähig sein. Menschen, die ihre Angst nicht überwinden können und eine Versicherungsmentalität besitzen, sollten keine verantwortlichen Positionen in der Krisenreaktion übernehmen.

Ein weiterer Aspekt ist gerade in Pandemielagen zu berücksichtigen: die langandauernde Krisenreaktion. Die Krisenorganisation muss entsprechend aufgebaut sein, um ggf. monatelang im Krisenmodus arbeiten und parallel dazu ein Mindestmaß an Alltagsaufgaben weiterhin meistern zu können. Dazu bedarf es zum einen eines breit aufgestellten Krisenteams und zum anderen entsprechender arbeitsorganisatorischer Planungen. Und das Krisenteam muss nicht nur fachlich, sondern auch psychisch in der Lage sein, die Krise zu beherrschen. Letzteres kann z. B. bei Erkrankungen im nahen Umfeld von Mitgliedern des Krisenteam erheblich eingeschränkt sein.

Merke:
Es wird ein Alarmierungs- und Aktivierungsverfahren benötigt, das die Organisation dazu befähigt, schnell erste Entscheidungen zu treffen.
Verantwortliche Positionen sollten nur von Personen übernommen werden, die auch in Krisen bereit und in der Lage sind, Entscheidungen zu treffen.

4 Krisenreaktion und in der Krise leiten

> Krisenorganisationen müssen so aufgebaut sein, dass sie lange im Krisenmodus arbeiten und parallel dazu ein Mindestmaß an Alltagsaufgaben weiterhin meistern können.

5 In der Krise leiten und Beenden einer Krise

Andreas H. Karsten

Unabhängig von der Art der Krise bedarf es einiger allgemeiner Grundbedingungen, um die Folgen für die Menschen, die Gesellschaft, die Wirtschaft und den Staat so gering wie möglich zu halten. Beeinträchtigungen wird jede Krise generieren, ansonsten wäre sie definitionsbedingt keine Krise.

Damit Menschen auch eine Krise durchleben können, benötigen sie
- Hoffnung, dass sich die Situation bessert und
- Vertrauen in die Personen, die die Krise meistern sollen.

Dies den Menschen innerhalb und außerhalb der eigenen Organisation zu vermitteln, ist eine der Hauptaufgaben der obersten Führungskraft, des Bundeskanzlers oder der Bundeskanzlerin, der Ministerpräsident:innen, der Landrät:innen, der (Ober-)Bürgermeister:innen, des CEO oder der Geschäftsführer:innen oder der Inhaber:innen. Gerade in der Chaosphase müssen diese Führungspersonen
- der Leuchtturm sein, der die anderen leitet und
- der Fixpunkt, an dem sich die anderen aufrichten können, um sich der Krise zu stellen.

Daneben müssen die Personen, die die Krise beherrschen sollen, wissen, in welche Richtung sie ihre Bemühungen ausrichten sollen. Während einer Pandemie muss jeder Person klar sein, welche großen Ziele erreicht werden sollen. Solche Ziele festzulegen, führt in Krisen leicht in moralische Dilemmata. Die verantwortlichen Personen müssen diese Dilemmata auflösen. Dabei ist zu beachten, dass Führungskräfte zwar die Ziele vorgeben, die Ausarbeitung des Weges zum Erreichen aber den unterstellten Fachleuten überlassen müssen. Dieses alte preußisches Prinzip des »Führens mit Auftrag« ist der Schlüssel bei dynamischen, komplexen Lagen.

Wichtig ist auch, dass gerade in scheinbar aussichtslosen Situationen kein Zweifel aufkommt. Zweifel sind infektiöser als der COVID-19-Virus. Von der Spitze des Krisenmanagementsystems bis zu den Menschen, die vor Ort versuchen die Situation zu verbessern, muss stets Zuversicht ausgestrahlt werden.

5 In der Krise leiten und Beenden einer Krise

Merke:
Führungspersonen müssen Vorbild sein, Vertrauen und Zuversicht ausstrahlen und ihrerseits Vertrauen in die handelnden Personen haben.

Jede Krise endet einmal: entweder im Guten oder im Schlechten. Die meisten Krisen enden deutlich später als das operative Krisenmanagement. Die Überleitung der Krisenorganisation in die Alltagsorganisation ist dabei noch die kleinere Herausforderung. Schwieriger ist die Beantwortung der Frage: »Wer ist verantwortlich?« Jede Verantwortung tragende Person sollte sich frühzeitig Gedanken machen, wie sie dieser Frage gegenübertritt, wenn sie gestellt wird. Andere zu beschuldigen und somit ein sogenanntes »Blame Game« zu eröffnen, ist in der Regel die falsche Strategie. Selbstkritik und Demut sind ein guter Ausgangspunkt, um die Krise nach der eigentlichen Krise zu meistern. Bei aller Transparenz ist allerdings zu beachten, dass straf- und zivilrechtliche Verfahren lauern.

Merke:
Nach der Krise gilt es, Verantwortung zu übernehmen und sich ggf. auf persönliche Folgen/Krisen nach der Krise einzustellen.

6 Was sollten Sie morgen tun?

Andreas H. Karsten

Die COVID-19-Pandemie ist wie jede Pandemie eine Krise, die einige Besonderheiten aufweist:
- sie ist langanhaltend,
- ein Ende ist während der Krise nicht abschätzbar,
- jeder Mensch kann unmittelbar betroffen werden,
- jeder Mensch ist mittelbar betroffen.

Trotz dieser Besonderheiten können aus dieser Pandemie allgemeine Erkenntnisse für das Krisenmanagement gewonnen werden. Die einzelnen Aspekte der verschiedenen Kapitel dieses Buches lassen sich zu einigen allgemeinen Grundsätzen für ein erfolgreiches Krisenmanagements zusammenfassen:

1. Fangen Sie an, ein Netzwerk aufzubauen. Sie sollten dem Leitspruch der Bundesakademie für Sicherheit folgen: »In Krisen Köpfe kennen«. Dazu müssen Sie aber diese Köpfe vor der Krise kennenlernen.
2. Überzeugen Sie alle Personen Ihrer Organisation, dass jede Person Teil des Krisenmanagements ist und benötigt wird. Deshalb haben sich alle entsprechend mental darauf einzustellen.
3. Schulen Sie Ihr Personal in Krisenmanagement.
4. Legen Sie eine Krisenstrategie fest.
5. Zeigen Sie Zuversicht!
6. Führen Sie immer mit Auftrag!
7. Loben Sie in der Krise Ihr Krisenteam und stellen Sie sich schützend vor Ihr Team.
8. Gestalten Sie Ihr Leben so, dass Sie jederzeit von Ihrer Funktion zurücktreten können, ohne in ein persönliches »Loch zu fallen«.
9. Bereiten Sie sich auch persönlich auf die nächste Krise vor, die unter Umständen schon morgen eintreten wird.
10. Hoffen Sie stets darauf, dass Sie all Ihre Krisenkompetenz niemals einsetzen müssen – Wir wünschen Ihnen das vom ganzen Herzen!

Fazit

Andreas H. Karsten und Stefan Voßschmidt

Die Corona-Pandemie hat Deutschland und die Welt seit dem Frühjahr 2020 fest im Griff. Viele Maßnahmen veränderten seitdem das Leben der Menschen, am fühlbarsten sind die verfügten Beschränkungen, die auf den Veränderungen der Lage und veränderten Lagebewertungen beruhen. Ein derartiges reaktives Krisenmanagement kann nicht als ein gutes Krisenmanagement bezeichnet werden. Es ist kein »vor die Lage kommen« – kein Agieren.

Die fehlende Erkenntnis und/oder der Verzicht, frühzeitig weitreichende Maßnahmen zu ergreifen, führte zu einem Krisenmanagement mittels »Versuch und Irrtum«. So haben auch erfolgreiche Maßnahmen gravierende Nachteile gezeigt, die unter Umständen schwerer wiegen als die Erfolge. Beispielhaft zu nennen wäre die Schließung der Schulen als eine zentrale Maßnahme zur Verlangsamung der Ausbreitung der Corona-Pandemie im Jahr 2020. Wissenschaftliche Studien zeigen nun, dass durch die Schulschließungen die Lernzeit der Schüler:innen drastisch reduziert wird. Dies gilt besonders für Leistungsschwächere, die häufig in ihrem familiären Umfeld auch nicht die notwendige Unterstützung erfahren. Dies könnte dazu führen, dass Schüler:innen den schulischen Anforderungen nicht mehr gerecht werden können. Welche kurz- und langfristigen Folgen die Schulschließungen haben, ist schwer absehbar. Auch der Wechsel zwischen Präsenz- und Digitalunterricht führte zu Lernverlusten. Aufgrund dieser Defizite besteht trotz des Ansteckungsrisikos durch die besonders ansteckende Omikron Variante keine Alternative mehr zu der Devise, die Schulen in jedem Fall bis zu den Weihnachtsferien 2021 offen zu halten, obwohl die Impfungen für Kinder erst anlaufen und erst seit dem 9. Dezember 2021 von der ständigen Impfkommission (STIKO) empfohlen werden (RKI 2021 b).

Weitere Probleme entstehen durch eine Rechtslage, die zwar das Fälschen von Impfpässen und den Gebrauch gefälschter Impfpässe unter Strafe stellt, den Stand der Apotheker aber derart verunsichert, dass einige es unter dem Aspekt der Schweigepflicht nicht vereinbaren können, Anzeige zu erstatten, wenn ihnen Fälschungen zur Digitalerfassung vorgelegt werden, obwohl es um den Schutz von Leib und Leben geht (Becker et al. 2021, 1). Auch ist manches aus dem Bewusstsein geraten. Seuchenbekämpfung (der alte Name für Pandemiebekämpfung) in Deutschland war von jeher Sache der Länder, auch nach dem Reichsseuchengesetz von 1900 und dem Bundesseuchengesetz von 1961. Einschränkun-

Fazit

gen der Grundrechte zur Seuchenbekämpfung sind wegen der Schutzpflichten des Staates für Leib und Leben nach Art. 2 GG geboten. Derartige Einschränkungen sind in einigen Grundrechten ausdrücklich angesprochen: Reisefreiheit: Art. 11 Abs. 2, Unverletzlichkeit der Wohnung: Art. 13 Abs. 3 GG. In die anderen Grundrechte darf durch ein Gesetz oder aufgrund eines Gesetzes eingegriffen werden. Ein derartiges Gesetz ist das IfSG (Thießen 2021, 73 f). Die Corona-Maßnahmen und Gesetzesänderungen haben keinen Ausnahmezustand kreiert, sondern bestehendes Recht an die Lage angepasst. Ob und wieweit sich der Föderalismus im Zeitalter der Globalisierung verändern bzw. anpassen wird, ist eine politische Frage. Schon im Grünbuch des Zukunftsforums öffentliche Sicherheit von 2008 war das Fehlen einer einheitlichen Notfallplanung kritisiert worden (Thießen 2021, 16,102). Das Ergebnis ist bekannt. Sechs Monate vor Ausbruch der Pandemie formulierte Sylvie Brand, Leiterin der WHO-Pandemieabteilung: »Denn eins ist klar: Es ist keine Frage 'ob'[,] sondern 'wann' eine neue Pandemie kommt« (Thießen 2021, 17). Aber noch Ende Februar 2020 stellte das Bundesgesundheitsministerium auf einer Pressekonferenz fest: »Gegenwärtig gibt es keine Hinweise für eine anhaltende Viruszirkulation in Deutschland, sodass die Gefahr für die Gesundheit der Bevölkerung in Deutschland aktuell weiterhin gering bleibt« (Thießen 2021, 17). Teilweise wird von einem kollektiven Versagen gesprochen (Thießen 2021, 17). Vor allem handelt es sich um eine kollektive Risikoverdrängung, die ebenso beim Klimawandel zu beobachten ist. Dessen ungeachtet besteht der Primat der Politik zu handeln (Thiessen 2021, 190).

Als besonders brisant, aber (leider) auch als besonders zukunftsweisend, ist die Lage zu bewerten, weil es zwei Pandemien gibt: Die Pandemie des Virus und die ›Infodemie‹, die Informations-Pandemie der Fake News und Desinformationen. Auch die Fehlinformationen breiten sich epidemisch aus, wie dies schon bei der SARS-Pandemie der Fall war. Auch hier sind die Reproduktionszahlen größer als eins (Anderl 2021, N1). Die in den Social Media empfangenen Informationen sind für viele Menschen verhaltensbestimmend. Sind sie impfkritisch, verstärken sie die Impfskepsis. Dabei spielt das Präventions-Paradox eine Rolle: Je besser die Maßnahmen gegen die erste Welle der Pandemie wirkten, umso leichter lassen sich Gefahren herunterspielen. Es war doch nicht so schlimm. Gerade abgeschlossene Gruppen wie Telegram fördern diese Aspekte und lassen es gleichzeitig nicht zu, festzustellen, ob einige Fehlinformationen bewusst und interessegeleitet eingeschleust werden. Bedeutsam ist aber auch ein weiterer psychologischer Aspekt: Das Nicht-Aufgeben-Können einer vehement vertretenen Position ohne Gesichtsverlust, der »Stolz der Ungeimpften«. Viele Impfskeptiker:innen sind unglücklich in ihrer Isolation. Daher gibt es Ärzt:innen, Psycholog:innen und Politiker:innen, die meinen: Für diese

Fazit

Menschen ist die Impfpflicht eine Erlösung, der Weg aus der Sackgasse herauszukommen (Gerster 2021, 10).

Stellt nun die Pandemie den demokratischen Zusammenhalt und die Überlebensfähigkeit unserer Gesellschaft in ihrer demokratisch-freiheitlichen Ausrichtung existenziell in Frage? Sieht die Mehrheit tatenlos zu, wie sich Minderheiten immer weiter vom gesamtgesellschaftlichen Konsens entfernen und dabei ignorieren, dass die Bedingung der Freiheit und der vom Grundgesetz gewährleisteten Freiheitsrechte die Verantwortung jedes Einzelnen für sich selbst und sein Tun ist. Passt es noch zu diesem Grundkonsens von Freiheit und Verantwortung, die Menschen, die auf den Intensivstationen arbeiten seit zwei Jahren zu überlasten und eine weitere Steigerung dieser Überlastung in Kauf zu nehmen, um die vermeintliche Freiheit des Nichtimpfens zu praktizieren?

Schon vor Jahrzehnten hat der Philosoph Hans Jonas in seinem Hauptwerk »Das Prinzip Verantwortung – Versuch einer Ethik für die technologische Zivilisation« (1979) die Grundlagen für die Beantwortung derartiger Fragen gelegt und eine Ethik im technischen Zeitalter begründet oder zumindest zu begründen versucht. Seine Kernaussage lautet, in Krisen ist die Beachtung der Grundprinzipien notwendiger, aber auch komplexer denn je. Er entwickelt Kants kategorischen Imperativ weiter zu »Handle so, dass die Wirkungen deiner Handlung verträglich sind mit der Permanenz echten menschlichen Lebens auf Erden« (Prinzip Verantwortung, 36).

Die Krisen Pandemie, Klimawandel und klimawandelbedingte Katastrophen (Ahrtal) und damit einhergehende Umbrüche der Gesellschaft führen zu zentralen, einschneidenden Fragestellungen. Es könnte sein, dass die Frage schon heute nicht mehr lautet: Wollen wir eine Impfpflicht?, sondern kommen wir an einer Impfpflicht vorbei und was sind die Alternativen zu einer Impfpflicht, wenn wir unsere freiheitlich demokratische Gesellschaft erhalten wollen?

Für unsere Gesellschaft während und nach COIVD-19 muss das Konzept der Resilienz zum Leitprinzip werden. An die Stelle der Betonung von Kostenminimierungsgesichtspunkten und Effizienzgewinnen muss die widerstandsfähige Gesellschaft treten, die in der Lage ist, derartige Krisen zu verarbeiten und sie zu meistern. Bei Resilienz geht es darum, auch gesamtgesellschaftlich Wendepunkte ins Negative und Fehlentscheidungen mit bedeutenden Auswirkungen zu vermeiden. Der Resilienzansatz geht damit weit über das klassische Risikomanagement hinaus und bezieht die gesamte Gesellschaft, konkret alle in Deutschland lebenden Menschen, mit ein. Dies ist notwendiger denn je, denn wir können nicht wissen, wieweit sich verschiedene Krisen oder Risiken über Kaskaden steigern, wir können und müssen uns aber vorbereiten. Nach dem Jahrhunderthochwasser am Rhein im Dezember 1993 kam das nächste Jahrhunderthochwasser im Januar 1995, nach der

Fazit

Magdalenenflut am 22. Juli 1342 kam der Hunger und dann die Pest, eine weitere Pandemie kurz nach Corona ist nicht ausgeschlossen. Ebenso wenig ist ein weiteres Hochwasser ausgeschlossen, im Winter mit gesteigerten Omikron Risiken. Denn warum die Flut im Westen an Erft und Ahr nicht zu einer nachweisbaren Steigerung der Corona-Inzidenz geführt hat, ist nur zu vermuten (Fast alle Helfer:innen trugen Masken), gesicherte Erkenntnisse gibt es nicht.

Also gilt es vorbereitet zu sein. Wir hoffen, dass dieses schmale Werk einen Beitrag zu dieser Vorbereitung leistet.

Literatur- und Quellenverzeichnis

Akademie der Katastrophenforschungsstelle (AKFS) (2021): 5. KFS-Corona-Befragung (Dez 2020 – Jan 2021), online abrufbar unter: https://a-kfs.de/kfs-corona-befragung/5-kfs-corona-befragung-dez-2020-jan-2021/, letzter Zugriff: 16.06.2021.

Aldrich, D. P. (2017): The Importance of Social Capital in Building Community Resilience, in: W. Yan und W. Galloway (Hg): Rethinking Resilience. Adaptation and Transformation in a Time of Change (S. 357–364), Springer International.

Aldrich, D. P. (2012): Building Resilience. Social Capital in Post-Disaster Recovery, University of Chicago Press.

Anderl, S. (2021): Im Griff der zwei Pandemien. Nicht nur das Stocken der Impfkampagne hat gezeigt: Mit der Bekämpfung des Virus allein ist es nicht getan. Auch der Infodemie an Desinformationen muss begegnet werden. Kann hier die Verhaltenspsychologie helfen?, FAZ 15.12.2021, S. N1.

Andersen-Ipsen U., Woyke, W. (Hg) (2013): Handwörterbuch des politischen Systems der Bundesrepublik Deutschland, 7. Auflage Heidelberg.

Apelt, M. (2014): Organisationen des Notfalls und der Rettung – Eine Einführung aus organisationssoziologischer Perspektive, in: M. Jenki et al. (Hg): Organisationen und Experten des Notfalls. Zum Wandel von Technik und Kultur bei Feuerwehr und Rettungsdiensten. Münster: LIT, S. 69-84.

Arbeiter- Samariter-Bund (ASB), Deutsches Rotes Kreuz (DRK), Johanniter-Unfall-Hilfe (JUH), Malteser in Deutschland, Evangelische und Katholische Notfallseelsorge (Hg) (2013): Gemeinsame Qualitätsstandards und Leitlinien zu Maßnahmen der Psychosozialen Notfallversorgung für Überlebende, Angehörige, Hinterbliebene, Zeugen und/oder Vermissende im Bereich der Psychosozialen Akuthilfe, online abrufbar unter: https://notfallseelsorge.de/2014%20Qualitaetsstan¬dards%20und%20Leitlinien%20PSNV_Ergaenzung_NFS.pdf, letzter Zugriff: 12.01.2021.

Ärzteblatt (2021): Biden korrigiert Trump-Kurs bei Gesundheit und Klima, online abrufbar unter: https://www.aerzteblatt.de/nachrichten/120356/Biden-korrigiert-Trump-Kurs-bei-Gesundheit-und-Klima, letzter Zugriff: 12.01.2022.

Ärzteblatt (2021 a): Ruf nach Nachbesserung bei Coronaindikatoren, Debatte um Impfpflicht durch die Hintertür, online abrufbar unter: https://www.aerzteblatt.de/nachrichten/126294/Ruf-nach-Nachbesserung-bei-Coronaindikatoren-Debatte-um-Impfpflicht-durch-die-Hintertuer, letzter Zugriff: 11.01.2022.

Babcicky, P., Seebauer, S. (2019): Collective efficacy and natural hazards. Differing roles of social cohesion and task-specific efficacy in shaping risk and coping beliefs. Journal of Risk Research. doi: 10.1080/13669877.2019.1628096.

Barczak, T. (2021): Die »Stunde der Exekutive«, Recht und Politik. Zeitschrift für deutsche und europäische Rechtspolitik, Beiheft 7, S. 129-139.

Beck, U. (2007): Weltrisikogesellschaft. Auf der Suche nach der verlorenen Sicherheit, Frankfurt.

Becker, W., Bender, J., Pröll, F. (2021): Schweigepflicht der Apotheker erschwert Kampf gegen gefälschte Impfpässe, FAZ, 18.12.2021.

Becker, K. B. (2021): Der Kampagne dritter Akt. Weil unklar ist, wie lange sich Geimpfte vor dem Coronavirus in Sicherheit wiegen können, wollen Bund und Länder im September mit Auffrischungen beginnen. Doch noch sind viele Fragen offen, FAZ, 06.08.2021, S. 3.

Becker, K. J. (2021): Abschied von der Inzidenz, FAZ, 24.08.2021, S. 1

Becker, K.J., Müller-Jung, J. (2021): Was heißt Virusvariantengebiet? Wer bestimmt, welche Gegenden zu Virusvariantengebieten erklärt werden und nach welchen Kriterien? Antworten auf die wichtigsten Fragen zum Umgang mit den Mutanten, FAZ, 30.06.2021, S.2.

Benight, C. C. (2004): Collective efficacy following a series of natural disasters. Anxiety, Stress, and Coping, 17, 401–420.

Benz, W. (Hg) (2010): Handbuch des Antisemitismus, Band 3: Begriffe, Theorien, Ideologien, Berlin, S. 164–166 und S. 111–113).

Literatur- und Quellenverzeichnis

Bernau, P. (2021): Amtsmüde. FAS, 27.06.2021 (25), S. 21.
Bernau, P. (2021 a): Das Impf-Rätsel. Arbeitgeber dürfen ihre Mitarbeiter nicht nach der Corona-Impfung fragen. Das führt zu absurden Situationen, FAS, 15.08.2021, S. 19.
BertelsmannStiftung (2019): Eine bessere Versorgung ist nur mit halb so vielen Kliniken möglich, online abrufbar unter: https://www.bertelsmann-stiftung.de/de/themen/aktuelle-meldungen/2019/juli/eine-bessere-versorgung-ist-nur-mit-halb-so-vielen-kliniken-moeglich, letzter Zugriff: 23.09.2021.
Bingener, R. (2021): Dieser Wahlkampf macht dumm, FAS 1.8.2021,8.
Bloch, F., Mayer, E. (2021): Das EU-Wissensnetz für Katastrophenschutz, Crisis Prevention 2, 41-43.
Böge, F. (2021): In der U-Bahn ertrunken. In der chinesischen Provinzhauptstadt Zhengzhou hat Starkregen zu einer »Jahrtausendflut« geführt: Es gibt zahlreiche Todesopfer, viele Staudämme sind in Gefahr, Peking, FAZ, 22.07.2021,7.
Bogumil, J., Hafner J. und Kuhlmann, S. (2016): Verwaltungshandeln in der Flüchtlingskrise. Die Erstaufnahmeeinrichtungen der Länder und die Zukunft des Verwaltungsvollzugssystems Asyl, Verwaltung und Management, 22. Jg., Heft 3, 126-136.
Bollmann, R. (2021): Nehmt der Bahn die Schienen weg, FAS, 15.08.2021, S. 18.
Bohn, A. (2021): Nicht zu fassen. Die Zeit macht uns oft irre: Immerzu scheint sie zu fehlen, zu rasen oder gar nicht zu vergehen. Und wenn wir sie dank der Pandemie auch noch selbst ganz neu für uns organisieren müssen, ist für viele wirklich alles zu spät. Aber es gibt Hoffnung: Vier Experten helfen mit neuen Perspektiven auf ein altes Problem, Frankfurter allgemeine Quarterly 03/2021, 130-139.
Bölting, T., Eisele, B. und Kurtenbach, S. (2020): Nachbarschaftshilfe in der Corona-Pandemie, Ministerium für Arbeit, Gesundheit und Soziales des Landes Nordrhein-Westfalen.
Bonner, S., Weiss, A. (2019): Generation Weltuntergang. Warum wir schon mitten im Klimawandel stecken, wie schlimm es sein wird und was wir jetzt tun müssen, München 2017, überarbeitete Ausgabe 2019.
Bonß, W. (2015): Karriere und sozialwissenschaftliche Potenziale des Resilienzbegriffs, in: M. Endreß und A. Maurer (Hg): Resilienz im Sozialen, 15–31.
Brandt, M. (2021): EM wird in Deutschland von vielen kritisch gesehen, online abrufbar unter: https://de.statista.com/infografik/25035/umfrage-dazu-ob-euro-2020-waehrend-corona-eine-gute-idee-ist/, letzter Zugriff: 9.8.2021.
Bubrowski, H., Lohse, E. (2021): Was lernen wir aus der Krise? FAZ, 09.05.2021.
Budras, C. (2021): Ungeimpfte müssen leider draußen bleiben. Dem Staat fällt es schwer, eine allgemeine Impfpflicht zu verhängen. Die Privatwirtschaft hingegen kann wesentlich leichter auf Impf- oder Testnachweise pochen – doch auch für Arbeitgeber gibt es Grenzen, FAZ, 11.08.2021, S. 3.
Bundesamt für Bevölkerungsschutz und Katastrophenhilfe (BBK) (Hg) (2019): Leitfaden Risikoanalyse im Bevölkerungsschutz. Ein Stresstest für die Allgemeine Gefahrenabwehr und den Katastrophenschutz.
Bundesamt für Bevölkerungsschutz und Katastrophenhilfe (BBK) (2019 a): Schutz Kritischer Infrastrukturen – Identifizierung in sieben Schritten: Arbeitshilfe für die Anwendung im Bevölkerungsschutz, in: Praxis im Bevölkerungsschutz. Band 20. Bonn.
Bundesamt für Bevölkerungsschutz und Katastrophenhilfe (BBK)(2020): Das Lagebild Bevölkerungsverhalten in der Stabsarbeit (LaBS), online abrufbar unter: https://www.bbk.bund.de/SharedDocs/Downloads/DE/Forschung/Projektinformation/_forschungsfoederung/LaBS.pdf?__blob=publica¬tionFileundv=1, letzter Zugriff: 12.01.2022.
Bundesamt für Bevölkerungsschutz und Katastrophenhilfe (BBK) (2021): FAQ für Kritische Infrastrukturen, online abrufbar unter: https://www.bbk.bund.de/DE/Infothek/Fokusthemen/Corona-Pan¬demie/_documents/unternehmen-behoerden.html?nn=64234, letzter Zugriff: 12.01.2022.
Bundesamt für Bevölkerungsschutz und Katastrophenhilfe (BBK) (2021), Baukasten KRITIS: Krisenvorsorge und Krisenbewältigung im Kontext Kritischer Infrastrukturen, online abrufbar unter:

Literatur- und Quellenverzeichnis

https://www.bbk.bund.de/DE/Themen/Kritische-Infrastrukturen/Schutzkonzepte-KRITIS/Krisenbewaeltigung-KRITIS/krisenbewaeltigung_node.html, letzter Zugriff: 12.01.2022.

Bundesministerium für Ernährung und Landwirtschaft (BMEL) (2020): Leitlinie: Unternehmen der KRITIS Ernährung (Ernährungsunternehmen), online abrufbar unter: https://www.bmel.de/SharedDocs/Downloads/DE/_Ernaehrung/leitlinie-kritis.html, letzter Zugriff: 12.01.2022.

Bundesamt für Migration und Flüchtlinge (BAMF) (2017): Aktuelle Zahlen zu Asyl. Tabellen, Diagramme, Erläuterungen, Berlin.

Bundesamt für Sicherheit in der Informationstechnik (BSI) (2021): BSI-Wirtschaftsumfrage: Home-Office vergrößert Angriffsfläche für Cyber-Kriminelle«, online abrufbar unter: https://www.bsi.bund.de/DE/Service-Navi/Presse/Pressemitteilungen/Presse2021/210415_HO-Umfrage.html, letzter Zugriff: 30. August 2021.

Bundesamt für Verfassungsschutz (Hg) (2020), Verfassungsschutzbericht 2020, Berlin 2020.

Bundesanstalt für Finanzdienstleistungsaufsicht (BaFin) (2021): Aufsichtsschwerpunkte 2021, April 2021.

Bundeskriminalamt (BKA) (2020), Sonderauswertung Cybercrime in Zeiten der Corona Pandemie, https://www.bka.de/SharedDocs/Downloads/DE/Publikationen/JahresberichteUndLagebilder/Cybercrime/cybercrimeSonderauswertungCorona2019.html, letzter Zugriff: 30. August 2021.

Bundeskriminalamt (BKA) (2021): Gemeinsames Terrorismusabwehrzentrum (GTAZ), online abrufbar unter: https://www.bka.de/DE/UnsereAufgaben/Kooperationen/GTAZ/gtaz_node.html, letzter Zugriff 23.09.2021.

Bundeskriminalamt (BKA) (2021 a):Bundeslagebild Cybercrime 2020, online abrufbar unter: https://www.bka.de/SharedDocs/Downloads/DE/Publikationen/JahresberichteUndLagebilder/Cybercrime/cybercrimeBundeslagebild2020.html?nn=28110, letzter Zugriff: 13.01.2022.

Bundeskriminalamt (BKA) (2021 b): Partnerschaftsgewalt. Kriminalstatistische Auswertung – Berichtsjahr 2020, online abrufbar unter: https://www.bka.de/SharedDocs/Downloads/DE/Publikationen/JahresberichteUndLagebilder/Partnerschaftsgewalt/Partnerschaftsgewalt_2020.html;jsessionid=9B4006103F7C1155321F41C888E3575D.live612?nn=63476, letzter Zugriff: 13.01.2022.

Bundesministerium des Inneren (BMI) (2009): Nationale Strategie zum Schutz Kritischer Infrastrukturen (KRITIS-Strategie), Berlin.

Bundesministerium des Inneren (BMI) (2011): Schutz Kritischer Infrastrukturen – Risiko- und Krisenmanagement. Leitfaden für Unternehmen und Behörden, Berlin.

Bundesministerium des Innern (BMI) (2021): Polizeiliche Kriminalstatistik 2020, online abrufbar unter: https://www.bmi.bund.de/SharedDocs/downloads/DE/publikationen/themen/sicherheit/pks-2020.pdf?__blob=publicationFile&v=2, letzter Zugriff: 13.01.2022.

Bundesregierung (2018): Strategie Künstliche Intelligenz der Bundesregierung. https://www.ki-strategie-deutschland.de/home.html, letzter Zugriff: 12.01.2022.

Bundesregierung (2021): Generationenvertrag für das Klima, online abrufbar unter: https://www.bundesregierung.de/breg-de/themen/klimaschutz/klimaschutzgesetz-2021-1913672, letzter Zugriff: 3.8.2021.

Bundestag (2007): Zur Kompetenz des Bundes für den Bevölkerungsschutz, online abrufbar unter: https://www.bundestag.de/resource/blob/412762/e2918de45dab4107d5b0d5e06012159a/WD-3-423-07-pdf-data.pdf, letzter Zugriff: 12.01.2022.

Bundesverfassungsgericht (BVerfGE) (2009): BVerfGE 123, 186 (242), Urt. vom 10.6.2009, Bundesverfassungsgericht, Verfassungsmäßigkeit der Einführung des Basistarifs durch die Gesundheitsreform 2007 (Gesetz zur Stärkung des Wettbewerbs in der gesetzlichen Krankenversicherung).

Bundeswehr (2021): Informationen zur Amtshilfe bezüglich Corona, online abrufbar unter: https://www.bundeswehr.de/de/organisation/streitkraeftebasis/im-einsatz/der-inspekteur-der-streitkraeftebasis-informiert, letzter Zugriff: 11.01.2022.

Burger, R. (2021): In Krisen erprobt. FAZ, 30.01.2021, S. 8.

Burghardt, P. (2021), Warum Rostock bisher so gut durch die Pandemie kommt, online verfügbar unter: https://www.sueddeutsche.de/meinung/corona-rostock-oberbuergermeister-1.5185658, letzter Zugriff: 28.06.2021.

Literatur- und Quellenverzeichnis

Buschmann, M. (2021), Die rechtsstaatlichen Schwächen des neuen § 28 a Infektionsschutzgesetz als zentrale Eingriffsnorm zur Bekämpfung von COVID-19, Recht und Politik, Zeitschrift für deutsche und europäische Rechtspolitik, Beiheft 7, 120-128.

Buzer (2021): Bundesrecht, online abrufbar unter: https://www.buzer.de/gesetz/2148/l.htm, letzter Zugriff: 23.09.2021.

Buxmann, P. und Schmidt, H. (2019): Grundlagen der Künstlichen Intelligenz und des Maschinellen Lernens: Mit Algorithmen zum wirtschaftlichen Erfolg. Berlin, Heidelberg. https://doi.org/10.1007/978-3-662-57568-0_1.

Cagney, K. A., Wen, M. (2008): Social Capital and Aging-Related Outcomes, in I. Kawachi, S. V. Subramanian und D. Kim (Hg): Social Capital and Health, 239–258.

Calo, R. (2017): Artificial Intelligence Policy. A Primer and Roadmap, SSRN Journal, 1, 28.

Carson, R. (1976): Der Stumme Frühling, München, (original 1962).

Caspar D. (2021): Kritische Infrastruktur. Das wirtschaftliche Rückgrat unserer Gesellschaft.

Castillo, C. (2016): Big Crisis Data. Cambridge University Press, https://doi.org/10.1017/CBO9781316476840.

Christopher H. (2021): FBCI, Supply Chain Resilience Report 2021.

data4life (2021): Corona-Zahlen für Europa, abrufbar unter: https://www.data4life.care/de/corona-covid-19-statistik-europa/, letzter Zugriff: 11.01.2022.

Decker, M., Geyer, S., Niesmann, A., Peter, T. (2021): Die 10 größten Fehler der deutschen Corona-Politik, online abrufbar unter: https://www.rnd.de/politik/corona-pandemie-die-zehn-grossten-fehler-der-deutschen-politik-ER6S4LRZYFBHLETGMBBYHBOQBQ.html, letzter Zugriff: 012.01.2022.

Deckers, D. (2021): Störungen im Betriebsablauf, FAZ, 12.08.2021, S. 1.

Deutsche helfen Deutschen (2021): Homepage, online abrufbar unter: https://www.deutsche-helfen-deutschen.de/, letzter Zugriff: 27.08.2021.

Deutsche Welle (2021): Why 200-year-old shanty songs embody the spirit of 2021, online abrufbar unter: https://www.dw.com/en/why-200-year-old-shanty-songs-embody-the-spirit-of-2021/a-56223648, letzter Zugriff: 13.6.2021.

Deutsche Gesetzliche Unfallversicherung (DGUV) (2009): Handlungsanleitung für arbeitsmedizinische Untersuchungen nach dem DGUV Grundsatz G 33 »Aromatische Nitro- oder Aminoverbindungen« (wird aktuell überarbeitet).

Deutsche Gesetzliche Unfallversicherung (DGUV) (2020): Psychische Belastung und Beanspruchung von Beschäftigten während der Coronavirus-Pandemie, Fachbereich Aktuell (FBGIB-005).

Deutsche Interdisziplinäre Vereinigung für Intensiv- und Notfallmedizin (DIVI): DIVI-Intensivregister, abrufbar unter: https://www.intensivregister.de/#/index, letzter Zugriff: 12.01.2022.

Deutsches Institut für Medizinische Dokumentation und Information (DIMDI) (2019): International Classification of Deseases ICD 10, F 43.1, online abrufbar unter: www.dimdi.de/static/de/klassifikationen/icd/icd-10-gm/kode-suche/htmlgm2019/block-f40-f48.htm, letzter Zugriff: 13.01.2022.

Deutsche Welle (2021): USA: Die Pipeline-Attacke und ihre Folgen, online abrufbar unter: https://www.dw.com/de/usa-die-pipeline-attacke-und-ihre-folgen/a-57506155, letzter Zugriff: 13.01.2022.

DIN SPEC 91390:2019-12: Integriertes Risikomanagement für den Schutz der Bevölkerung.

Doll, N. (2021): Corona-Hilfen für islamische Extremisten: »Bandenmäßiges Vorgehen«, online abrufbar unter: https://www.welt.de/politik/deutschland/article228201629/Corona-Hilfen-fuer-islamische-Extremisten-Bandenmaessiges-Vorgehen.html, letzter Zugriff: 30. August 2021.

Drews, P., Betke, H., Voßschmidt, S., Rohde, A., Nell, R., Lindner, S., Sackmann, S. (2021): Acht Jahre Spontanhelfendenforschung. Was haben wir gelernt?, BRANDSchutz/Deutsche Feuerwehr-Zeitung 10/21, 858-865.

Dreier-Heun, Dreier, H. (Hg) (2008): Grundgesetz-Kommentar, Bd. 3, Vorbemerkungen zu Artikel 115a-115 l und Kommentierung der einzelnen Artikel der Notstandsverfassung (Werner Heun) 2. Auflage Tübingen.

Literatur- und Quellenverzeichnis

Deutsches Rotes Kreuz (DRK) (2018): Die vulnerable Gruppe »ältere und pflegebedürftige Menschen«, in: ebd. (Hg): Krisen, Großschadenslagen und Katastrophen. Teil 2: Vernetzung und Partizipation – auf dem Weg zu einem sozialraumorientierten Bevölkerungsschutz:
Deutscher Bundestag, 19. Wahlperiode (2021): Drucksache 19/28238 vom 6. April 2021, online abrufbar unter: https://dserver.bundestag.de/btd/19/282/1928238.pdf, letzter Zugriff: 13.01.2022.
Die Deutschen Versicherer (GDV) (2021): Zahl der Wohnungseinbrüche sinkt Corona-bedingt auf historisches Tief, online abrufbar unter:https://www.gdv.de/de/medien/aktuell/zahl-der-woh¬nungseinbrueche-sinkt-corona-bedingt-auf-historisches-tief–67062, letzter Zugriff: 13.01.2022.
Dynes, R. R. (2006): Social Capital: Dealing with Community Emergencies, Homeland Security Affairs, 2, 1–26.
Eckhard, S., Lenz, A. (2020): Die öffentliche Wahrnehmung des Krisenmanagements in der COVID-19-Pandemie. Working Paper/Technical Report. Universität Konstanz, online abrufbar unter: http://nbn-resolving.de/urn:nbn:de:bsz:352-2-uxhfn4noqkgi8, letzter Zugriff: 12.01.2022.
Eiselbrecher, K. R. (2020): Strategisches Risikomanagement für Verteilnetzbetreiber im liberalisierten Energiemarkt. Theorie und praktische Implikationen, Wiesbaden, 29 ff.
Ellebrecht, N. (2020): Organisierte Rettung. Studien zur Soziologie des Notfalls. Wiesbaden.
Endsley, M. (2000), Theoretical underpinnings of situation awareness: A critical review. Situation Awareness Analysis and Measurement, online abrufbar unter: https://www.researchgate.net/publication/230745477_Theoretical_underpinnings_of_situation_awareness_A_critical_review, letzter Zugriff: 13.01.2022.
Eppelsheim, P. (2021): Keine Gängelung, FAS, 15.08.2021, S. 8.
Erbguth, W.und Schubert, M. (2018): in Sachs, M. (Hg): Grundgesetz, 8. Auflage 2018, Art. 35, Rn 38.
Erdle, H. (2021): Kommentar zum Infektionsschutzgesetz, 8. Auflage, Landsberg am Lech.
Erkens, H. (2021): Reserve des Rechts in Zeiten von Coronaviren, asymmetrischen Bedrohungen und hybrider Kriegsführung. Notstandsverfassung, Vorsorge- und Sicherstellungsgesetze, in: Freudenberg, D., Kuhlmey, M. (Hg): Krisenmanagement, Notfallplanung, Zivilschutz, Festschrift anlässlich 60 Jahre Zivil- und Bevölkerungsschutz in Deutschland, Berlin, 567-639.
Erpenbeck, J. und Sauter, W. (2013): Kompetenzerwerb – mehr als Wissensaufbau und Qualifizierung, in: Erpenbeck, J.; Sauter, W. (Hg): So werden wir lernen! Kompetenzentwicklung in einer Welt fühlender Computer, kluger Wolken und sinnsuchender Netze. 27-44.
European Commission (ECML) (2020): The Commission proposes a new directive to enhance the resilience of critical entities providing essential services in the EU, online abrufbar unter: https://ec.europa.eu/home-affairs/news/commission-proposes-new-directive-enhance-resilience-critical-entities-providing-essential_en, letzter Zugriff: 12.01.2022.
European Comission (ECML) COVID (2021): Countries List, online abrufbar unter: https://covid-statistics.jrc.ec.europa.eu/RMeasures, letzter Zugriff: 11.01.2022.
European Comission (ECML) (2021):Proposal for a Regulation laying down harmonised rules on artificial intelligence, online abrufbar unter: https://www.europeansources.info/record/proposal-for-a-regulation-laying-down-harmonised-rules-on-artificial-intelligence-artificial-intelligence-act-and-amending-certain-union-legislative-acts/, letzter Zugriff: 13.01.2022.
Europäische Kommission (2021): Vertretung in Deutschland, online abrufbar unter: https://ec.europa.eu/germany/news/20210204-telekommunikationsvorschriften-vertragsverletzungsverfahren_de, letzter Zugriff: 5.8.2021.
Europäische Kommission (2021): Reaktion der EU auf COVID-19, online abrufbar unter: https://ec.europa.eu/commission/presscorner/detail/de/qanda_20_307, letzter Zugriff: 30.09.2021.
Fang F. (2020): Wuhan Diary. Tagebuch aus einer gesperrten Stadt. Aus dem Chinesischen von Michael Kahn-Ackermann, Hamburg.
Fathi, R. Brixy, A.-M.,Fiedrich, F. (2019): Desinformationen und Fake-News in der Lage: Virtual Operations Support Team (VOST) und Digital Volunteers im Einsatz, in: H.-J. Lange,M. Wendekamm (Hg): Postfaktische Sicherheitspolitik, Wiesbaden, 211–235, https://doi.org/10.1007/978-3-658-27281-4_11.

Literatur- und Quellenverzeichnis

Fathi, R., Thom, D., Koch, S., Ertl, T., Fiedrich, F. (2020): VOST: A case study in voluntary digital participation for collaborative emergency management, Information Processing und Management, 57, 4.

Frankfurter Allgemeine Zeitung (FAZ) (2015): Main-Taunus-Kreis ruft Katastrophenfall aus, online abrufbar unter: https://www.faz.net/aktuell/politik/fluechtlingskrise/fluechtlingskrise-main-tau¬nus-kreis-ruft-katastrophenfall-aus-13848476.html, letzter Zugriff: 22.09.2021.

Frankfurter Allgemeine Zeitung (FAZ) (2021): WHO kritisiert Auffrischungsimpfungen. »Hunderte Millionen warten noch auf erste Dosis«, FAZ, 06.08.2021, S. 3.

Frankfurter Allgemeine Zeitung (FAZ) (2021): Regierung verteidigt Drittimpfungen. Gesundheitsministerium: Gefährdete schützen. WHO mahnt gerechtere Verteilung an, FAZ, 06.08.2021, S.1.

Frankfurter Allgemeine Zeitung (FAZ) (2021 a): Bundesrat beschließt neues Infektionsschutzgesetz, FAZ 11.09.2021, S. 1

Frankfurter Allgemeine Zeitung (FAZ) (2021 b): Ungeimpfte verlieren Anspruch auf Quarantäne. Verdienstausfall wird nicht mehr ausgeglichen. Spahn: Frage der Fairness, FAZ 23.09.2021, S. 1

Frankfurter Allgemeine Zeitung (FAZ) (2021 c): G 20 uneins beim Klimaschutz. Einige Staaten gegen 1,5-Grad-Ziel bis 2030, FAZ 26.07.2021,2

Frankfurter Allgemeine Zeitung (FAZ) (2021 d): Neuer »Leitindikator« für Bewertung der Corona-Lage. Zahl der Krankenhauseinweisungen ergänzt Inzidenz. 43 Prozent der Bürger geimpft, FAZ, 13.07.2021, S. 1.

Fehn, K., Selen, S. (2021): Rechtshandbuch für Feuerwehr-, Rettungs- und Notarztdienst, 3. Auflage, Oldenburg.

Frey, A. (2021): Was uns die Fluten lehren. Nach dem Regen, ist vor dem Regen: Höchste Zeit, dass sich Städte und Kommunen auf den Klimawandel vorbereiten, FAS 1.8.2021, 60.

Fischer, G., Riedesser, P. (2020): Lehrbuch der Psychotraumatologie, München..

Flauger, J. (2020): Eon kaserniert Mitarbeiter zu Schutz des Stromnetzes, online abrufbar unter: https://www.handelsblatt.com/unternehmen/energie/energiekonzern-eon-kaserniert-mitarbeiter-zum-schutz-des-stromnetzes-/25680146.html?ticket=ST-2265451-2UrTSbbEO2 y0VdmyUaW1-ap5, letzter Zugriff: 04.07.2021.

Fortin, D. (2005): Spatial Analysis, Cambridge University Press.

Frick, H. (1954): Das Hochwasser von 1804 im Kreise Ahrweiler, in: Heimatjahrbuch Kreis Ahrweiler 1954, S. 42 ff.

Friedsam, G. (2021): Pandemien kennen keine Grenzen – wo der Katastrophenschutz noch optimiert werden kann, Bevölkerungsschutz 2, 17-19.

Fromm, S., Rosenkranz, D. (2019): Unterstützung in der Nachbarschaft. Struktur und Potenzial für gesellschaftliche Kohäsion.

Garces, M. (2019): Neue radikale Aufklärung, Wien/Berlin.

Gärditz, K. F., Meinel, F. (2020): Unbegrenzte Ermächtigung?, FAZ 26.03.2020, 6.

Gerster, L. (2021): Stolz der Ungeimpften, FAS 19.12.2021, 10.

Glas, O. (2021): Im Griff des Wetters. Klimaforscher warnen vor mehr Katastrophen, FAZ 16.07.2021, 3.

Götze, S. (2021): Neuer Uno-Klimabericht. Kritische Schwelle der Erderwärmung könnte schon 2030 gerissen werden. In neun Jahren könnte der Anstieg der globalen Mitteltemperatur 1,5 Grad überschreiten, prognostiziert der Weltklimarat – und warnt vor nie erreichten Extremwetterereignissen. Der Trend lässt sich nur verlangsamen, wenn man sofort handelt, Der Spiegel, 09.08.2021.

Gorzka, R.-J. (2018): Resilienz im Polizeidienst, Polizei und Wissenschaft, Nr. 3, 2018, 32-46.

Guerrero-Lara. A. (2020): Neukonzeption der Aus- und Fortbildung: Projekt »Bildungsatlas Bevölkerungsschutz«, Im Einsatz 4/2020, 20-22.

Gusy, C. (2013): Resilient Societies. Staatliche Katastophenschutzverantwortung und Selbsthilfefähigkeit der Gesellschaft, in D. Heckmann, R. P. Schenke, G. Sydow (Hg): Verfassungsstaatlichkeit im Wandel, Duncker und Humblot, 995–1010.

Literatur- und Quellenverzeichnis

Gusy, C. (2021): Grundrechte unter Quarantäne? Recht und Politik, Zeitschrift für deutsche und europäische Rechtspolitik, Beiheft 7, Berlin, S. 64-66.

Gutschker, T. (2021): Kein Geld aus EU-Corona-Fonds? Wo es Orbán am meisten wehtut, FAZ, 07.07.2021.

Gutschker, T. (2021): Orbans wundester Punkt. Kommissionspräsidentin von der Leyen besteht darauf, dass Ungarn erst Milliarden bekommt, wenn es zusätzliche rechtsstaatliche Vorkehrungen trifft, FAZ 08.07.2021,2.

Hase, F. (2020): Corona-Krise und Verfassungsdiskurs, Juristen Zeitung 2020, 697-704.

Hälterlein, J. (2020): Die Prognose sicherheitsrelevanter Ereignisse mittels Künstlicher Intelligenz: Zukunftsvorstellungen, Erwartungen und Effekte auf Praktiken der Versicherheitlichung, BEHEMOTH A Journal on Civilisation, 2020(13), 47–56.

Heesen, J., Müller-Quade, J., Wrobel, S. et al. (2020): Zertifizierung von KI-Systemen. Kompass für die Entwicklung und Anwendung vertrauenswürdiger KI-Systeme.

Heinze, R. G., Kurtenbach, S., Üblacker, J. (Hg) (2019): Digitalisierung und Nachbarschaft. Erosion des Zusammenlebens oder neue Vergemeinschaftung?

Hipp, J. R., Perrin, A. J. (2009): The Simultaneous Effect of Social Distance and Physical Distance on the Formation of Neighborhood Ties, City und Community, 8, 5–25.

Hoffmann, H. (2017): Sicherheit durch Kompetenzorientierung. Ein ressortgemeinsames Bildungskonzept für Einsatzkräfte.

Holl, T. (2021): Anreiz zum Impfen, FAZ 15.09.2021, S. 1.

Hübler, A.-K. J. (2021): Staatliche Verhaltenspflichten im Katastrophenfall, in: Schriften zum Völkerrecht Bd 227, Berlin.

infratest dimap (2021): ARD-DeutschlandTREND (August 2020), online abrufbar unter: https://www.infratest-dimap.de/umfragen-analysen/bundesweit/ard-deutschlandtrend/2020/august/, zuletzt abgerufen: 13.6.2021.

Innes, M. und Jones, V. (2006), Neighbourhood Security and Urban Change. Risk, Resilience and Recovery. Joseph Rowntree Foundation.

IT-Planungsrat (2020): Stärkung der Digitalen Souveränität der Öffentlichen Verwaltung. Eckpunkte – Ziel und Handlungsfelder.

Jewett, R. L., Mah, S. M., Howell, N. (2021): Social Cohesion and Community Resilience During COVID-19 and Pandemics: A Rapid Scoping Review to Inform the United Nations Research Roadmap for COVID-19 Recovery, International Journal of Health Services.

Jonas, H. (1979): Das Prinzip Verantwortung. Versuch einer Ethik für die technologische Zivilisation, Frankfurt.

Josse, F., Dombrowski, C. (2020): Checkliste für die Aus- und Weiterbildung: Die Auswahl des richtigen Anbieters, Taktik Medizin 2/2020, 32-35.

Kadetz, P. (2018): Collective efficacy, social capital and resilience, in M. J. Zakour, N. B. Mock, P. Kadetz (Hg): Creating Katrina, Rebuilding Resilience, Oxford University Press, 283–304.

Kaniasty, K., Terte, I. de, Guilaran, J., Bennett, S. (2020): A scoping review of post-disaster social support investigations conducted after disasters that struck the Australia and Oceania continent, Disasters, 44, 336–366.

Karlinsky, A., Kobak, D (2021): Tracking excess mortality across countries during the COVID-19 pandemic with the World Mortality Dataset, online abrufbar unter: https://elifesciences.org/articles/69336, letzter Zugriff: 11.01.2022.

Karsten, A. (2021): Strategische Aufgaben im Bevölkerungsschutz: Erste Erkenntnisse aus dem Jahr 2020, Notfallvorsorge 1/2021, 4-11.

Karsten, A. (2020a): Betriebliche Pandemieplanung: Was ist zu tun, um Unternehmen zukünftig besser auf Krisen vorzubereiten?, Notfallvorsorge 4/2020, 4-9.

Karsten, A. (2020b): Resiliente Verwaltungen nach Corona: Was ist zu unternehmen, um die Verwaltungen zukünftig besser auf Krisen vorzubereiten?, Notfallvorsorge 3/2020, 4-15.

Literatur- und Quellenverzeichnis

Karsten, A., Kleinebrahn, A., Vogt, D., Voßschmidt, S., Zisgen, J. (2021): Daseinsvorsorge und systemrelevante Infrastruktur in Zeiten von COVID-19 am Beispiel der Digitalisierung: Plädoyer für ein vernetztes Denken, Notfallvorsorge, 2/2021, 13-23.

Karutz, H., Mitschke, T. (2018): Grundzüge und Handlungsfelder einer »Bevölkerungsschutzpädagogik«, Notfallvorsorge 1/2018, 1-10.

Karutz, H., Posingies, C. (2020): Das Bildungswesen – eine Kritische Infrastruktur?, Bevölkerungsschutz Heft 4, 18-22.

Karutz, H., Posingies, C. und Dülks, J. (2022): Vulnerabilität und Kritikalität des Bildungswesens in Deutschland, Forschung im Bevölkerungsschutz. Band 31, Bonn.

Kashif, M., Aziz-Ur-Rehman, Javed, M. K. (2020): Social Media Addiction due to Coronavirus, International Journal of Medical Science in Clinical Research and Review, 3(04), 331–336.

Kaufhold, M.-A., Bayer, M., Reuter, C. (2020): Rapid relevance classification of social media posts in disasters and emergencies: A system and evaluation featuring active, incremental and online learning, Information Processing und Management, 57(1), 102132.

Kaufmann, S. (2012): Resilienz als ›Boundary Object‹, in C. Daase, P. Offermann, V. Rauer (Hg): Sicherheitskultur. Soziale und politische Praktiken der Gefahrenabwehr, Campus, 110–131.

Kersten, J., Rixen, S. (2021): Der Verfassungsstaat in der Corona-Krise, 2. Auflage, München.

Kind, C., Kaiser, T., Gaus, H. (2019): Methodik für die Evaluation der Deutschen Anpassungsstrategie an den Klimawandel, November 2019.

Kissel, L. (2021): Der Ausweis allein reicht nicht. Nach der Flut sind viele Opfer nicht identifiziert. Weil Häuser zerstört wurden, fehlt oft DNA-Material für eine sichere Zuordnung, FAZ, 5.8.2021, 8.

Karlsruher Institut für Technologie (KIT) (2021): Hochwasserrisiken wurden deutlich unterschätzt, online abrufbar unter: https://www.kit.edu/kit/pi_2021_070_hochwasserrisiken-wurden-deutlich-unterschatzt.php, letzter Zugriff: 13.01.2022.

Klatt, T. (2020): Islamistische Attentate/»Der Terrorismus hat enorm von der Pandemie profitiert«, online abrufbar unter: https://www.deutschlandfunk.de/islamistische-attentate-der-terrorismus-hat-enorm-von-der.886.de.html?dram:article_id=488202, letzter Zugriff: 30. August 2021.

Kleinebrahn, A., Wienand, I., Stock, E. (2021): Krisenbewältigung in der COVID-19-Pandemie: Stärkung der Zusammenarbeit von Katastrophenschutz und Betreibern Kritischer Infrastrukturen auf kommunaler Ebene, Crisis Prevention 2/2021.

Klima-Notfall (2021): Forscher rufen den Klima-Notfall aus. Experten schlagen Alarm. Auch Bonner unter den Unterzeichnern, General-Anzeiger Bonn 29.07.2021, 28.

Kohler, K., Scharte, B. (2020): Der Einsatz von KI im Bevölkerungsschutz.

Köln (o. A.): Das Kölsche Grundgesetz, online abrufbar unter: https://www.koeln.de/koeln/das-koelsche-grundgesetz-die-11-regeln-der-domstadt_1121331.html, letzter Zugriff: 11.01.2022.

Koliou, M., van de Lindt, J. W., McAllister, T. P., Ellingwood, B. R., Dillard, M.,Cutler, H. (2018): State of the research in community resilience: progress and challenges. Sustainable and Resilient Infrastructured.

Korfmann, M., Korte, M., Onkelbach C. (2021): Bedenken gegen Wiederaufbau. Experten fordern Konsequenzen: Städte müssen hochwassertauglich werden, WAZ, 22.07.2021, 1.

Krefting, M., Langenbein, D., Mergentheim, C. (2021): Zu viel Alarm ist kein Alarm. In der deutschen Wohlstandsgesellschaft hat sich die kollektive Erfahrung von Katastrophen verflüchtigt. Außerdem fehlt es vielen Bürgern an Risikokompetenz. Überspitzt: Mancher Zeitgenosse fürchtet einer giftigen Spinne zu begegnen, geht aber trotz einer Gewitterwarnung noch eine Runde joggen, General-Anzeiger 31.07./01.08.2021, Journal 1.

Krüger, M. (2019): Resilienz. Zwischen staatlicher Forderung und gesellschaftlicher Förderung, in M. Krüger,M. Max (Hg): Resilienz im Katastrophenfall.

Kuhlmey, M., Nagora, H. (2021): Krisenmanagementübungen – systematische und effektive Vorbereitung auf krisenhafte Ereignisse, in: Freudenberg, D; Kuhlmey, M. (Hg): Krisenmanagement, Notfallplanung, Zivilschutz. Festschrift anlässlich 60 Jahre Zivil- und Bevölkerungsschutz in Deutschland.

Literatur- und Quellenverzeichnis

Kühne, S., Kroh, M., Liebig, S., Rees, J., Zick, A. (2020): Zusammenhalt in Corona-Zeiten. DIW Berlin – Deutsches Institut für Wirtschaftsforschung.

Landtag Nordrhein-Westfalen (2021): Entschließungsantrag vom 23.03.2021 der Fraktion der CDU, der Fraktion der SPD, der Fraktion der FDP und der Fraktion BÜNDNIS 90/DIE GRÜNEN, Das Engagement von Freiwilligen fördern durch einen Ausbau des Freiwilligenregisters zu dem »Gesetz zur parlamentarischen Absicherung der Rechtsetzung in der COVID-19-Pandemie«, Gesetzentwurf der Fraktion der CDU und der Fraktion der FDP, Drucksache 17/12425.

Lee, J. (2020): Bonding and bridging social capital and their associations with self-evaluated community resilience. A comparative study of East Asia, Journal of Community und Applied Social Psychology, 30, 31–44.

Lemke, M. (2021): Deutschland im Notstand? Politik und Recht während der Corona-Krise, Frankfurt.

Landeszentrale für politische Bildung Baden-Württemberg (lpb B-W) (o. A.): Verschwörungstheorien, Warum sind sie so verbreitet und was kann man dagegen tun?, online abrufbar unter: https://www.lpb-bw.de/verschwoerungstheorien#c45486, letzter Zugriff: 13.6.2021.d

Lukas, T., Tackenberg, B., Kretschmer, S. (2021): Resilienz im Stadtquartier. Welchen Beitrag leistet der wahrgenommene soziale Zusammenhalt zur nachbarschaftlichen Unterstützungsbereitschaft in Krisen?, in: H.-J. Lange, C. Kromberg, A. Rau (Hg): Urbane Sicherheit. Migration und der Wandel kommunaler Sicherheitspolitik. Springer VS (im Erscheinen).

Macamo, E. (2003): Nach der Katastrophe ist die Katastrophe. Die 2000er Überschwemmung in der lokalen Wahrnehmung in Mosambik, in: Clausen, L.,Geenen, E. M. u. Macamo, E. (Hg): Entsetzliche soziale Prozesse. Theorie und Empirie der Katastrophen, Münster. S. 167–184.

Makrides, V. N., E. Sotiriou (2020): Der Westen und der Rest in den turbulenten Zeiten der Coronavirus-Pandemie, online abrufbar unter: https://www.uni-erfurt.de/forschung/aktuelles/forschungsblog-wortmelder/der-westen-und-der-rest-in-den-turbulenten-zeiten-der-coronavirus-pandemie, letzter Zugriff: 1.08.2021.

Von Mangold, H., Klein, F., Strack, C. (HG) (2010): Kommentar zum Grundgesetz, Artikel 115 a-115 l (Rainer Grote) 6. Auflage München.

Mansour, A. (2015): Generation Allah. Warum wir im Kampf gegen religiösen Extremismus umdenken müssen, Frankfurt.

Mayntz, G. (2021): Der Rechtsstaat und die Pandemie. Haben die Gerichte das richtige Maß zwischen persönlicher Freiheit und öffentlichem Gesundheitsschutz getroffen, General-Anzeiger, 09.07.2021, 4.

Martini, S., Fathi, R., Voßschmidt, S., Zisgen, J., Steenhoek, S. (2015): Ein deutsches VOST? Ein deutsches Virtual Operations Support Team – Potenziale für einen modernen Bevölkerungsschutz, BBK Bevölkerungsschutz, 2015(3), 24–26.

Mast, M., Gutensohn, D., Erdmann, E., Blickle, P., Fischer, L., Schöps, C., Venohr, S., Wüstenhagen, C. (2020): Gesundheitsämter: Hat Deutschland Corona unter Kontrolle? online abrufbar unter: https://www.zeit.de/wissen/gesundheit/2020-06/gesundheitsaemter-corona-infektionsketten-nachverfolgung-meldeverfahren-tests/komplettansicht, letzter Zugriff: 13.01.2022.

Maurer, J. (2020): Google veröffentlicht Bewegungsdaten zur Corona-Krise aus 131 Ländern, online abrufbar unter: https://www.fr.de/politik/corona-krise-google-veroeffentlicht-bewegungsdaten-daten-zeigen-mobilitaet-pandemie-zr-13639801.html,. letzter Zugriff: 13.01.2022.

Mengel, A. (2021): Quarantäne ist keine Arbeitsunfähigkeit, FAS, 15.08.2021, 43.

Meyer, S., Ratzsch, J., Hadem, M.: Für Ungeimpfte wird der Alltag bald teurer. Ab 1. November soll es keine Entschädigung mehr bei Quarantäne geben. Schnelltests kosten, Generalanzeiger, 23.09.2021, S. 1.

Ministerium des Inneren, für Digitalisierung und Kommunen Baden-Württemberg (2020): KRITIS-Liste BW, online abrufbar unter: https://wm.baden-wuerttemberg.de/fileadmin/redaktion/m-wm/intern/Dateien_Downloads/KRITIS-Liste_BW.pdf, letzter Zugriff: 12.01.2022.

Möws, H.-G. (2012): IT-basierte Entscheidungsunterstützung, in: BBK: Bevölkerungsschutz, 1, 110–112.

Literatur- und Quellenverzeichnis

Mühl, M. (2021): China ist grüner als wir. Die einen fürchten, dass eine ökologischere Politik unseren Wohlstand gefährdet. Die anderen pochen auf Klimaschutz. Dabei zeigt die Flutkatastrophe, dass für solche Debatten keine Zeit mehr bleibt, FAZ, 26.07.2021, 9.

Müller (2021): Müller beklagt »kurzsichtige« Politik. Minister: Klimawandel verschärft Flüchtlingslage.

Müller, R. (2021): Freiheit muss wieder normal sein, FAZ, 08.07.2021, 1.

Müller-Jung, J. (2021): Katastrophe mit unserer Handschrift, FAZ, 16.07.2021, 1.

Müller-Quade, J., Meister, G., Holz, T., Houdeau, D., Rieck, K., Rost, P. et al. (2019): Künstliche Intelligenz und IT-Sicherheit. Bestandsaufnahme und Lösungsansätze. Whitepaper.

Nakagawa, Y., Shaw, R. (2004): Social Capital: A Missing Link to Disaster Recovery, International Journal of Mass Emergencies and Disasters, 22, 5–34.

NATO (1949): Der Nordatlantikvertrag, online abrufbar unter: https://www.nato.int/cps/en/natohq/official_texts_17120.htm?selectedLocale=de, letzter Zugriff: 23.09.2021.

Neumann, H. (2021): Baufirmen geht das Material aus, online abrufbar unter: https://www.tagesschau.de/wirtschaft/unternehmen/baustoffmangel-bauwirtschaft-stillstand-101.html, letzter Zugriff: 04.07.2021.

Nissen, R. (nn): Evaluation, online abrufbar unter: https://wirtschaftslexikon.gabler.de/definition/evaluation-32471, letzter Zugriff: 10.07.2021.

Ohder, C. (2017): Nachbarschaftliche Hilfenetzwerke im Katastrophenfall, in C. Kopke, W. Kühnel (Hg), Demokratie, Freiheit und Sicherheit (S. 47–61).

Olteanu, A., Vieweg, S., Castillo, C. (2015): What to Expect When the Unexpected Happens. CSCW '15, in: Proceedings of the 18th ACM Conference on Computer Supported Cooperative Work und Social Computing, 994–1009, https://doi.org/10.1145/2675133.2675242.

Pankratz, A., Haritz, M., Samimy, W., Bentler, C., Schippers, D., Gutsmiedl, A., Knoch, T., Richwin, R., Becker, K., Pasch, P., Rizzoli, E., Medinger, M., Martini, S., Müller-Tischer, J., Steffen, M. (2018): Tagungsband LÜKEX 18: 3. Thementag: Risiko- und Krisenmanagement, Bundesamt für Bevölkerungsschutz und Katastrophenhilfe (BBK).

Patel, S. S., Rogers, M. B., Amlôt, R., Rubin, G. J. (2017): What Do We Mean by ›Community Resilience‹? A Systematic Literature Review of How It Is Defined in the Literature, PLOS Currents Disasters, 1.

Paulsen, N. (2020): Social-Media-Nutzung steigt durch Corona stark an, online abrufbar unter: https://www.bitkom.org/Presse/Presseinformation/Social-Media-Nutzung-steigt-durch-Corona-stark-an, letzter Zugriff: 13.01.2022.

Paxton, R. O. (2006): Anatomie des Faschismus, München.

Pettigrew, T. F., Tropp, L. R. (2006): A meta-analytic test of intergroup contact theory, Journal of Personality and Social Psychology, 90, 751–783.

Petzold, M. B., Plag, J. und Ströhle, A. (2020), Umgang mit psychischer Belastung bei Gesundheitsfachkräften im Rahmen der COVID-19-Pandemie, in: Der Nervenarzt, Nr. 5, 2020, 91.Jg, Seite 417-421.

Pfahl-Traughber, A. (2020), Linksextremismus in Deutschland. Eine kritische Bestandsaufnahme. (2. Aufl.).. .Springer, Wiesbaden.

Pöhler, J., Bauer, M. W., Schomaker, R. M., und Ruf, V. (2020), Kommunen und COVID-19: Ergebnisse einer Befragung von Mitarbeiter*innen deutscher Kommunalverwaltungen im April 2020, online abrufbar unter:https://www.uni-speyer.de/fileadmin/Forschung/Veroeffentlichungen/Arbeitshefte/Arbeitsheft239.pdf, letzter Zugriff: 13.01.2022.

Prokopf, C. (2020): Handeln vor der Katastrophe als politische Herausforderung. Mehr Vorsorge durch die Governance von Risiken, in: Sicherheit und Gesellschaft, Freiburger Studien des Centre for Security and Society, Bd. 13, Baden Baden, 55 ff.

Queck, A., Gonner, H. (2016): Informationsmanagement im Krisenstab, in: G. Hofinger, R. Heimann (Hg): Handbuch Stabsarbeit, Berlin Heidelberg, 183–190.

Rat der Europäischen Union (2021): Europäisches Klimagesetz: Rat und Parlament erzielen vorläufige Einigung, online abrufbar unter: https://www.consilium.europa.eu/de/press/press-releases/2021/

Literatur- und Quellenverzeichnis

05/05/european-climate-law-council-and-parliament-reach-provisional-agreement/, letzter Zugriff: 12.01.2022.

Robert Koch-Institut (RKI) (2020): Auswirkungen der COVID-19-Pandemie und der Eindämmungsmaßnahmen auf die psychische Gesundheit von Kindern und Jugendlichen, online abrufbar unter: https://www.rki.de/DE/Content/Gesundheitsmonitoring/Gesundheitsberichterstattung/GBE¬DownloadsJ/Focus/JoHM_04_2020_Psychische_Auswirkungen_COVID-19.pdf?__blob=publica¬tionFile, letzter Zugriff: 13.01.2022.

Renn, O., Wiegandt, K. (Hg) (2014): Das Risikoparadox: Warum wir uns vor dem Falschen fürchten, Frankfurt.

Resilienz durch Sozialen Zusammenhalt – Die Rolle von Organisationen (ResOrt 2021): Homepage, online abrufbar unter: www.projekt-resort.de, zuletzt abgerufen am: 15.06.2021.

Reuter, C., Kaufhold, M.-A. (2018): Fifteen years of social media in emergencies: A retrospective review and future directions for crisis Informatics, Journal of Contingencies and Crisis Management, 26(1), 41–57.

Reuter, C., Kaufhold, M., Spielhofer, T., Hahne, A. (2018): Soziale Medien und Apps in Notsituationen: Eine repräsentative Studie über die Wahrnehmung in Deutschland, BBK Bevölkerungsschutz(2), 22–24.

Reuter, C., Kaufhold, M.-A., Schmid, S., Spielhofer, T., Hahne, A. S. (2019): The impact of risk cultures: Citizens' perception of social media use in emergencies across Europe, Technological Forecasting and Social Change, 148.

Richter, N. (2021): Die Fehler ans Licht, Süddeutsche Zeitung, 21.06.2021 (139), 4.

Riecken, M. (2014): Erfolgskritische Faktoren der angewandten Krisenkommunikation, in: A. Thießen (Hg): Handbuch Krisenmanagement, 2. Auflage, Wiesbaden, 319 ff.

Risklayer GMBH (2022): Homepage, online abrufbar unter: http://www.risklayer.com/de/, letzter Zugriff: 12.01.2022.

Ritter J. (2020): Zahnlos am Anschlag. Unterfinanziert und eingeschüchtert in der Corona-Krise: die Mitarbeiter der Weltgesundheitsorganisation gehen auf dem Zahnfleisch, FAZ, 20.07.2020, 3.

Riva et al. (2007): Affective Interactions using Virtual Reality: The Link between Presence and Emotions, CyberPsychology und Behavior 20/1.

Redaktionsnetzwerk Deutschland (RND) (2021): Minister rechtfertigen späte Auszahlung von Novemberhilfen, online abrufbar unter: https://www.rnd.de/wirtschaft/minister-rechtfertigen-spate-auszahlung-von-novemberhilfen-ESUYXALUHFHKTGNTP5DIJ5DTCA.html, letzter Zugriff: 13.6.2021.

Robert Koch Institut (RKI) (2020 a und 2021 a) : COVID-19: Fallzahlen in Deutschland und weltweit, online abrufbar unter: https://www.rki.de/DE/Content/InfAZ/N/Neuartiges_Coronavirus/Fallzah¬len.html, Zugriff 03.09.2020 und 2021.

Robert Koch Institut (RKI) (2021 b): STIKO-Empfehlung zur COVID-19-Impfung, online abrufbar unter: https://www.rki.de/DE/Content/Infekt/Impfen/ImpfungenAZ/COVID-19/Impfempfehlung-Zus¬fassung.html, letzter Zugriff: 12.01.2022.

Roggenkamp, T., Herget, J. (2015): Historische Hochwasser der Ahr – Die Rekonstruktion von Scheitelabflüssen ausgewählter Ahr-Hochwasser, Heimatjahrbuch Kreis Ahrweiler 2015, 150 ff.

Runte, J., Karutz, H., Neumeier, H. (2021): Kompetenzentwicklung und -diagnostik in der Ausbildung ehrenamtlicher Führungskräfte im Bevölkerungsschutz, Crisis Prevention, 64-66.

Sampson, R. J. (2012): Great American City. Chicago and the Enduring Neighborhood Effect. University of Chicago Press.

Sauter, W., Staudt, A. K. (2016): Kompetenzmessung in der Praxis – Mitarbeiterpotentiale erfassen und analysieren.

Schäfer, S. K. et.al. (2020): Risiko und Schutzfaktoren psychischer Gesundheit bei Einsatzkräften, NeuroTransmitter Nr. 31, 2020, 34-38.

Schäfer, S., Erke, M., Peter, J. (2021): Bewältigung der Corona-Pandemie: ASB-Ausbildung von Impfhelfern, Im Einsatz 28, S. 36–39.

Literatur- und Quellenverzeichnis

Schlosser, F. (2021): Mobilität in Deutschland, online abrufbar unter: https://www.covid-19-mobility.org/de/reports/first-report-general-mobility/, letzter Zugriff: 13.6.2021.

Schmidt, J.-H., Taddicken, M. (Hg) (2017): Handbuch Soziale Medien, Springer Fachmedien Wiesbaden.

Schneier, B. (2018): Click Here To Kill Everybody, New York.

Schneider, U. (2014): Antifaschismus. Köln.

Schneiderbauer, S et. al. (2016): Resilienz als Konzept in Wissenschaft und Praxis, in: Fekete, A., Hufschmidt, G.: Atlas der Verwundbarkeit, Köln/Bonn, 22-25.

Schnur, O. (2020): Kiez und Corona. Nachbarschaft im Krisen-Modus – ein Kommentar. Vhw.

Schönthaler, K., von Andrian-Werburg, S. (2015): Evaluierung der DAS – Berichterstattung und Schließung von Indikatorenlücken, Climate Change, 13

Schrott, L. (2021):»Wir brauchen mehr Katastrophenvorsorge« Der Leiter der Arbeitsgruppe Geomorphologie und Umweltsysteme an der Uni Bonn über notwendige Konsequenzen aus der Jahrhundertflut, General Anzeiger Bonn, 26.07.2021, Interview.

Schultz, F., Utz, S., Göritz, A. (2011): Is the medium the message? Perceptions of and reactions to crisis communication via twitter, blogs and traditional media, Public Relations Review, 37(1), 20–27.

Schulze, K., Lorenz, D. F., Wenzel, B. (2016): Verhalten der Bevölkerung in Katastrophen: Potenziell hilfsbereit, Notfallvorsorge, 1, 21–28.

Schuster (2021): Interview mit Armin Schuster: Bevölkerungsschutz mit Vorbereitung und Vorsorge anstatt Vorhersagen, geführt von Heike Lange und Melanie Prüser, iCrisis Prevention 2/2021, 20-24.

Schütte, P., Frommer, J., Schönefeld, M., Schulte, Y., Werner, A. (2021): Herausforderungen für Organisationen im Spannungsfeld Migration und Sicherheit – Am Beispiel der Flüchtlingssituation 2015/2016.

Schütte, P., Schulte, Y., Schönefeld, M., Fiedrich, F. (Hg) (2022): Krisenmanagement am Beispiel der Flüchtlingslage 2015/2016. Akteure, Zusammenarbeit und der Umgang mit Wissen. Springer VS Wiesbaden.

Schweizer Pflichtversicherung (2021): So funktioniert die Schweizer Pflichtversicherung. Die Eidgenossen schaffen es ohne Staatshilfen durch die Flut. Modell verbindet Prävention und bezahlbare Prämien, FAZ; 5.8.2021, 21.

Seel, K. A. (1983): Die Ahr und ihre Hochwässer in alten Quellen, online abrufbar unter: https://www.kreis-ahrweiler.de/kvar/VT/hjb1983/hjb1983.25.htm, letzter Zugriff: 29.07.2021.

Soldt, R. (2021): Phönix aus der Flut. Vor fünf Jahren wurde Braunsbach in Baden-Württemberg durch ein Extremwetterereignis zerstört. Die Bürger haben den Ort wieder aufgebaut, FAZ, 26.07.2021, 3.

Spahn, J. (2021): Krankenhausbelegung wird Maßstab. Schwellenwerte für Corona-Einschränkungen sollen regional festgelegt werden, FAZ, 27.08.2021, 1.

Spieth, W., Hellermann, N. (2020): Not kennt nicht nur ein Gebot – Verfassungsrechtliche Gewährleistungen im Zeichen von Corona-Pandemie und Klimawandel, NVwZ 2020, 1405.

Spiewok, B., Kling, A. (2020): Krisenstäbe als lernende Organisation – nicht nur zu Corona-Zeiten!, Notfallvorsorge 4/2020. 14-17.

Staib J. (2021): Einfach weggespült. Der Landkreis Ahrweiler in Rheinland-Pfalz ist über Nacht zum Katastrophengebiet geworden. Die Fluten haben alles mit sich gerissen, selbst die Brücken über den sonst kleinen Flüssen. Mindestens 19 Personen kamen ums Leben, bis zu 70 Personen werden noch vermisst. Wohl am schlimmsten hat es die kleine Ortschaft Schuld getroffen, FAZ, 16.07.2021, 3.

Staib J. (2021 a): Und plötzlich war das Tal ein See. Auch die Seitentäler der Ahr wurden vom Hochwasser verwüstet. Dort sorgen sich Menschen nun, dass von den Hilfsgeldern bei Ihnen kaum etwas ankommt, Kirchsahr, FAZ, 22.07.2021, 3.

Statista (2021): Wieviel Vertrauen haben Sie in die Bundesregierung angesichts der Corona-Pandemie?, online abrufbar unter: https://de.statista.com/statistik/daten/studie/1221212/umfrage/ent¬

Literatur- und Quellenverzeichnis

wicklung-des-vertrauens-in-die-bundesregierung-waehrend-der-corona-krise/, letzter Zugriff: 13.6.2021.

Stockmann, R., Meyer, W. (2014): Evaluation. Eine Einführung.

Stölzel, T. (2021): Neue Studie: Historische Extremhochwasser der Ahr wurden ignoriert, online abrufbar unter: https://www.wiwo.de/my/technologie/umwelt/flutkatastrophe-neue-studie-historische-extremhochwasser-der-ahr-wurden-ignoriert/27448400.html?ticket=ST-863708-T4NSO6KlgqSn5qLP3if2-ap5, letzter Zugriff: 13.01.2022.

Stratmann, K. (2021): Alarmstufe Rot fürs Klima – Weltklimarat warnt vor Kontrollverlust. Das Beratergremium rechnet mit häufigeren Extremwetterereignissen. Klimaschützer und Politiker zeigen sich ebenfalls alarmiert – und appellieren an die deutschen Parteien, online abrufbar unter: https://www.handelsblatt.com/politik/international/extremwetter-alarmstufe-rot-fuers-klima-weltklimarat-warnt-in-neuem-bericht-vor-kontrollverlust/27495732.html?ticket=ST-4318116-zjB7aAlnNcWPPtbeAobg-ap5, letzter Zugriff: 09.08.2021.

Strauß, H. (2021): Das Signal ist gesendet. Zur Entscheidung der Gesundheitsminister, Generalanzeiger 23.09.2021, 2.

Sudowe, H., Hackstein, A. (2020): Die Lehrleitstelle: Didaktische Konzepte und technische Anforderungen, BOS-Leitstelle Aktuell 3/2020. 38-41.

Thießen, M (2021): Auf Abstand. Eine Gesellschaftsgeschichte der Coronapandemie, Frankfurt.

Thom, D., Kruger, R., Ertl, T., Bechstedt, U., Platz, A., Zisgen, J., Volland, B. (2015): Can twitter really save your life? A case study of visual social media analytics for situation awareness, in 2015 IEEE Pacific Visualization Symposium (PacificVis) IEEE, 183–190.

Thomas, A. J. (2009): The Lambeth Cholera Outbreak of 1848–1849: The Setting, Causes, Course and Aftermath of an Epidemic in London.

Thunberg, G, (2019): Ich will, dass ihr in Panik geratet! Meine Reden zum Klimaschutz, Frankfurt.

Tutt, L. (2020): PSNV unter den Bedingungen einer Pandemie, Im Einsatz, 27. Jg., 2020, 366-369.

Tutt, L. (2019): Psychosoziale Notfallversorgung – Einsatzoptionen und Einsatzindikationen, Im Einsatz 26. Jg., 2019, 298-301.

Üblacker, J. (2019): Digital vermittelte Vernetzungsabsichten und Ressourcenangebote in 252 Kölner Stadtvierteln, in: R. G. Heinze, S. Kurtenbach, Üblacker (Hg): Digitalisierung und Nachbarschaft, Nomos, 183–190.

Umweltbundesamt (UBA) (2011): Weiterentwicklung der DAS, onöine abrufbar unter: https://www.umweltbundesamt.de/themen/klima-energie/klimafolgen-anpassung/anpassung-auf-bundesebene/weiterentwicklung-der-das#fortschrittsbericht-zur-klimaanpassung, letzter Zugriff: 28.07.2021.

Umweltbundesamt (UBA) (2017): Leitfaden für Klimawirkungs- und Vulnerabilitätsanalysen. Empfehlungen der Interministeriellen Arbeitsgruppe Anpassung an den Klimawandel der Bundesregierung, online abrufbar unter: https://www.umweltbundesamt.de/sites/default/files/medien/377/publikationen/uba_2017_leitfaden_klimawirkungs_und_vulnerabilitatsanalysen.pdf, letzter Zugriff: 3.8.2021.

UP KRITIS (2021): Lessons-learned: Krisenvorsorge und Krisenbewältigung COVID-19 im Kontext des Schutzes KRITIS. Themenarbeitskreis »Szenariobasierte Krisenvorsorge« des UP KRITIS.

Voßschmidt, S. (2022):, Triage und Grundgesetz in Coronazeiten, in: Freudenberg, D., Daun, A., Jäger, T.: Politisches Krisenmanagement, Bd. 3(im Erscheinen).

Voßschmidt, S., Karsten A. (2019): Resilienz und Kritische Infrastrukturen, Stuttgart.

Wahl, S., Gerhold, L. (2021): Katastrophenkommunikation und soziale Medien im Bevölkerungsschutz: Kommunikation von Lageinformationen im Bevölkerungsschutz im internationalen Vergleich (KOLIBRI), Abschlussdatum: 30. Juni 2019, in: Forschung im Bevölkerungsschutz: Band 27. Bundesamt für Bevölkerungsschutz und Katastrophenhilfe.

Wanner, H. (2016): Klima und Mensch. Eine 12'000-jährige Geschichte, Bern.

Wehner, M. (2021), Die Partei, die niemand mehr braucht, FAZ, 06.08.2021, 1.

Weltklimarat (2021): Weltklimarat warnt vor Kontrollverlust bei Erderwärmung. 1,5-Grad-Ziel womöglich nicht erreichbar. Schulze: Planet schwebt in Lebensgefahr, FAZ, 10.08.2021, 1.

Literatur- und Quellenverzeichnis

World Health Organization (WHO) (2020): WHO Director-General's opening remarks at the media briefing on COVID-19, online abrufbar unter: https://www.who.int/director-general/speeches/detail/who-director-general-s-opening-remarks-at-the-media-briefing-on-covid-19—11-march-2020, letzter Zugriff: 03.07.2021.

Wikipedia: Triage, online abrufbar unter: https://de.wikipedia.org/wiki/Triage, zuletzt bearbeitet am 11. Januar 2022 um 12:53 Uhr, letzter Zugriff: 13.01.2022.Wikipedia: Asiatische Grippe, online abrufbar unter: www.de.m.wikipedia.org_Asiatische-Grippe, zuletzt bearbeitet am 18. Juli 2021 um 22:02 Uhr, letzter Zugriff: 11.01.20221.

Wikipedia: Hongkong Grippe, online abrufbar unter: www.de.m.wikipedia.org_Hongkong-Grippe, zuletzt bearbeitet am 22. November 2021 um 11:50 Uhr, letzter Zugriff: 11.01.2022.

Wikipedia: European Flood Awareness System , online abrufbar unter: https://de.wikipedia.org/wiki/European_Flood_Awareness_System, zuletzt bearbeitet am 16. August 2021 um 14:40 Uhr, letzter Zugriff: 17.01.2022.

Weyh, F. (2020): Die große Toilettenpapierkrise. Hamsterkäufe und Lieferketten im Kapitalismus, online abrufbar unter: https://www.deutschlandfunkkultur.de/die-grosse-toilettenpapierkrise-hamsterkaeufe-und.976.de.html?dram:article_id=489998, letzter Zugriff: 13.6.2021.

World Health Organization (WHO) (2020): Novel Coronavirus(2019-nCoV). Situation Report – 13, online abrufbar unter: https://www.who.int/docs/default-source/coronaviruse/situation-reports/20200202-sitrep-13-ncov-v3.pdf?sfvrsn=195 f4010_6, letzter Zugriff: 13.01.2022.Frankfurter Allgemeine Zeitung (FAZ) (2021 e): Zahlreiche Tote nach Unwettern. Dutzende Menschen im Westen Deutschlands noch vermisst. Merkel: Orte durchleben Katastrophe, FAZ 16.07.2021, 1.

Zeller, F. (2017): Soziale Medien in der empirischen Forschung, in J.-H. Schmidt, M. Taddicken (Hg): Handbuch Soziale Medien Springer Fachmedien Wiesbaden, 389–408.

Žiga, D.: Wirksamkeit des BCM während der COVID-19-Pandemie, September 2020.

Zima, P., V. (2017): Was ist Theorie?: Theoriebegriff und Dialogische Theorie in den Kultur- und Sozialwissenschaften (2. überarb. Aufl.).

Autorinnen und Autoren

Nicole Bernstein ist seit 1987 Polizeibeamtin im Bundesgrenzschutz/bei der Bundespolizei und wurde in unterschiedlichen Führungs-, Stabs- und Lehrverwendungen eingesetzt. 2010 bis 2014 war sie als Dozentin an der Akademie für Krisenmanagement, Notfallplanung und Zivilschutz (AKNZ) tätig. Seit 2015 ist sie hauptamtlich Lehrende an der Hochschule des Bundes für öffentliche Verwaltung Fachbereich Bundespolizei. Ehrenamtlich ist sie in der Deutschen Gesellschaft zur Förderung von Social Media und Technologie im Bevölkerungsschutz (DGSMTech e. V.) engagiert. Sie hält regelmäßig Vorträge über die Nutzung von Social Media für verschiedene Zielgruppen mit individuellen Schwerpunktsetzungen und aktuellen Beispielen, um Chancen und Risiken der Nutzung derselben anschaulich darzustellen. Zu ihren Veröffentlichungen zählt u. a. der Anti-Stress-Trainer für Polizisten (ISBN 978-3-658-12474-8).

Tobias Brodala ist nach Ausbildung und Verwendung an mehreren Standorten der Bundeswehr für ein ziviles Studium in seine Heimatregion zurückgekehrt. Im Anschluss arbeitete er in der Gefahrenabwehr für eine obere Bundesbehörde. Als Berater liegt sein Fokus auf der interprofessionellen Harmonisierung der polizeilichen mit der nicht-polizeilichen Gefahrenabwehr für das Management komplexer lebensbedrohlicher Einsatzlagen. Seine aktuellen Forschungsgegenstände liegen im psychologischen Spannungsfeld geplanter Mehrfachtötungen und dem Phänomen zwischenmenschlicher Gewalt. Mit seiner Firma bereitet er behördliche und privatwirtschaftliche Klienten sowie Hilfsorganisationen auf die Handhabung von Gewaltstraftaten vor.

CoronaVis wird von Doktorand:innen der Forschungsgruppen »Datenanalyse und Visualisierung« (DBVIS) sowie »Visual Computing« der Universität Konstanz unentgeltlich und in der Freizeit entwickelt. Beide Gruppen haben einen starken Fokus auf das Forschungsfeld Data Science gelegt und darin bereits langjährige Erfahrungen und Expertise. Wolfgang Jentner und Juri Buchmüller, beides Mitarbeiter des Lehrstuhls DBVIS, haben in dem Projekt die technische bzw. organisatorische Leitung übernommen.

Ramian Fathi studierte Sicherheitstechnik (M.Sc.) an der Bergischen Universität Wuppertal und arbeitet als wissenschaftlicher Mitarbeiter und Doktorand unter der

Autorinnen und Autoren

Leitung von Univ.-Prof. Dr.-Ing. Frank Fiedrich am Lehrstuhl für Bevölkerungsschutz, Katastrophenhilfe und Objektsicherheit. Er untersucht in einem von der Deutschen Forschungsgemeinschaft geförderten Forschungsprojekt die Möglichkeiten der digitalen Einsatzunterstützung in der Gefahrenabwehr. Ramian Fathi ist Leiter des Virtual Operations Support Teams (VOST) der Bundesanstalt Technisches Hilfswerk (THW) und Vizepräsident der Deutschen Gesellschaft zur Förderung von Social Media und Technologie im Bevölkerungsschutz (DGSMTech e. V.).

Prof. Dr.-Ing. Frank Fiedrich studierte Wirtschaftsingenieurwesen an der TH Karlsruhe und promovierte dort zum Thema entscheidungsunterstützende Systeme und agentenbasierte Simulation für das Katastrophenmanagement. Er war er Assistenzprofessor am Institute for Crisis Disaster and Risk Management ICDRM der George Washington University in Washington DC, wo er unter anderem in Projekten mit der Federal Emergency Management Agency (FEMA) und dem Amerikanischen Roten Kreuz zu Themen des Freiwilligenmanagements und zu Planungsmodellen für katastrophenhafte Erdbeben forschte. Seit 2009 leitet er das Fachgebiet Bevölkerungsschutz, Katastrophenhilfe und Objektsicherheit an der Bergischen Universität Wuppertal. Seine Forschungsinteressen umfassen unter anderem den Einsatz von Informations- und Kommunikationstechnologien für das Katastrophen- und Krisenmanagement, Schutzkonzepte für Kritische Infrastrukturen und Großveranstaltungen, Stabsarbeit und interorganisationale Zusammenarbeit sowie urbane Resilienz. Frank Fiedrich ist Vorsitzender des Vereins zur Förderung der Sicherheit von Großveranstaltungen (VFSG e. V.) und Ehrenmitglied der International Association for Information Systems in Crisis Response and Management (ISCRAM).

Dr. rer. pol. Dr. iur. Dirk Freudenberg M. A., Oberst d. Res., war an mehreren Auslandseinsätzen der Bundeswehr u. a. in Abordnung zur Bundespolizei (GPPT) zur Beratung/Ausbildung des afghanischen stv. Innenministers und der Abteilung »Strategy and Policy« im Themengebiet »Krisenmanagement und Krisenkommunikation« sowie zur ressort- und ebenenübergreifenden strategischen Führungsausbildung beteiligt. Er ist Dozent an der Bundesakademie für Bevölkerungsschutz und Zivile Verteidigung (BABZ früher AKNZ) und arbeitet im Bundesamt für Bevölkerungsschutz und Katastrophenhilfe (BBK) im Referat »Risiko- und Krisenmanagement – National«. Er ist Lehrbeauftragter an mehreren Hochschulen und hat umfangreich zur Sicherheitspolitik veröffentlicht.

Astrid Geschwendt ist seit 2018 Senior Beraterin bei der Controllit AG in Hamburg. Sie berät national und international agierende Unternehmen (Verkehr, Banken,

Autorinnen und Autoren

Versicherungen, Energie- und Lebensmittelversorgung, Produktionsunternehmen, Behörden und andere) in den Bereichen Business Continuity Management und Krisenmanagement. Nach ihrem Studium der Germanistik und Geschichte war sie jahrelang verantwortlich für das BCM und Krisenmanagement der airberlin. Zunächst arbeitete sie dort als stellvertretende Kabinenleitung auch in der Funktion als Trainerin für Flugbegleiter:innen und Pilot:innen. Neben ihrer Personal- und Führungsverantwortung etablierte sie die Themenkreise Kommunikation, Security, Safety, Quality, Compliance, Audits und Krisenmanagement im operativen Fachbereich. Als SMHO übernahm Sie dann das Krisen- und Business Resilience Management der ABgroup (Deutschland- Österreich- Schweiz) inklusive der Fürsorgeteams. 2018 erfolgte die Zertifizierung zur Wirtschafts-Mediatorin.

Anja Kleinebrahn studierte Geographie und Politikwissenschaften an der Universität Osnabrück und Risikoprävention und Katastrophenmanagement an der Universität Wien. Seit 2013 unterstützt sie an der Bundesakademie für Bevölkerungsschutz und Zivile Verteidigung (BABZ) als Gastdozentin bei der Durchführung von operativ-taktischen Stabsübungen. Während ihrer Tätigkeit im Generalsekretariat des Deutschen Roten Kreuzes beschäftigte sie sich mit der Einbindung von freiwilligen Helfer:innen in die klassischen Strukturen des Bevölkerungsschutzes. Anschließend war sie für knapp fünf Jahre im Forschungsbereich der Berliner Feuerwehr sowie für einige Zeit bei der Katastrophenforschungsstelle (KFS) tätig. Seit Beginn der COIVD-19-Pandemie arbeitet sie bei der Feuerwehr Mülheim an der Ruhr im Sachgebiet KRITIS und der Koordinierungsgruppe des Stabes. Seit 2016 ist sie Vorstandsmitglied der Deutschen Gesellschaft zur Förderung von Social Media und Technologie im Bevölkerungsschutz (DGSMTech e. V.) und seit 2020 Mitglied im Virtual Operation Support Team (VOST) des THW.

Dr. Tim Lukas ist Soziologe und Akademischer Rat im Fachgebiet Bevölkerungsschutz, Katastrophenhilfe und Objektsicherheit an der Bergischen Universität Wuppertal. Dort leitete er das BMBF-Projekt »Resilienz durch sozialen Zusammenhalt – Die Rolle von Organisationen (ResOrt)«. Derzeit koordiniert er das durch das BBK geförderte Forschungsprojekt »Entwicklung eines Sozialkapital-Radars für den sozialraumorientierten Bevölkerungsschutz (Sokapi-R)«. Die Schwerpunkte seiner Arbeit liegen in der Stadt- und Kriminalsoziologie sowie in der sozialwissenschaftlichen Katastrophenforschung.

Matthias Rosenberg ist Vorstand und Unternehmensberater bei der Controllit AG in Hamburg. Das Unternehmen ist auf die Themen Business Continuity Management,

Autorinnen und Autoren

IT Service Continuity Management und Krisenmanagement spezialisiert. Seinen beruflichen Werdegang begann er nach seinem Studium der Betriebswirtschaft bei der Info AG in Hamburg – damals einer der ersten ARZ-Anbieter in Deutschland. Rosenberg arbeitet seit mehr als 20 Jahren im BCM/ITSCM sowie Krisenmanagement und ist als Dozent für das Thema BCM an mehreren Hochschulen tätig. Fakultativ engagiert sich Rosenberg als Repräsentant in Deutschland für das Business Continuity Institute. Neben zahlreichen Publikationen ist er auch Geschäftsführer und Trainer bei der BCM Academy, die er im Jahr 2007 gegründet hat.

Malte Schönefeld, M.A., ist Politikwissenschaftler und wissenschaftlicher Mitarbeiter am Lehrstuhl für Bevölkerungsschutz, Katastrophenhilfe und Objektsicherheit der Bergischen Universität Wuppertal. Zuletzt bis Ende 2021 tätig im Forschungsprojekt »Sicherheitskooperationen und Migration« mit Schwerpunkt auf einer Aufarbeitung des Wissensmanagements der an der Flüchtlingslage 2015/16 beteiligten Akteur:innen. Nun tätig in den beiden DFG-Forschungsprojekten »NORMALISE« (»Non-Pharmaceutical Interventions and Social Context Analysis for Safe Events«) sowie »KoViK« (»Kommunalverwaltungen im Krisenmodus«), die sich beide in unterschiedlichen Settings mit dem Umgang mit und dem Weg aus der COVID-19-Lage befassen. Schwerpunkte hierbei: die Analyse der interorganisationalen Zusammenarbeit privater, kommunaler und weiterer öffentlicher Akteur:inne mit Sicherheitsbezug.

Yannic Schulte, M.Sc., ist Sicherheitsingenieur. Er studierte Sicherheitstechnik an der Bergischen Universität Wuppertal. Seit 2018 ist er wissenschaftlicher Mitarbeiter am Lehrstuhl für Bevölkerungsschutz, Katastrophenhilfe und Objektsicherheit der Bergischen Universität Wuppertal. Er arbeitet zurzeit im BMBF-Forschungsprojekt »Sicherheitskooperationen und Migration (SiKoMi)« sowie den DFG-Projekten »NORMALISE« (»Non-Pharmaceutical Interventions and Social Context Analysis for Safe Events«) und »KoViK« (»Kommunalverwaltung im Krisenmodus«). Schwerpunkte sind unterschiedliche Aspekte der Sicherheitsproduktion in organisationsübergreifenden Settings. Er promoviert im Bereich der interorganisationalen Zusammenarbeit in der grenzüberschreitenden Gefahrenabwehr.

Dr. Patricia M. Schütte ist promovierte Sozialwissenschaftlerin. Sie studierte in Bochum Sozialpsychologie und Romanische Philologie im Bachelor und Sozialwissenschaft im Master. Seit 2016 ist sie wissenschaftliche Mitarbeiterin am Lehrstuhl Bevölkerungsschutz, Katastrophenhilfe und Objektsicherheit der Bergischen Universität Wuppertal. Derzeit ist sie für das BMBF-Projekt »Sicherheitskooperationen

Autorinnen und Autoren

und Migration (SiKoMi)« sowie die DFG-Projekte »NORMALISE« (»Non-Pharmaceutical Interventions and Social Context Analysis for Safe Events«) und »KoViK« (»Kommunalverwaltung im Krisenmodus«) verantwortlich und erforscht in diesen Vorhaben zusammen mit ihren Kolleg:innen diverse Aspekte der Sicherheitsproduktion in unterschiedlichen Sicherheitssettings und Akteurskonstellationen.

Francesca Sonntag studierte Rettungsingenieurwesen an der Technischen Hochschule Köln (Bachelor) sowie Sicherheitstechnik an der Bergischen Universität Wuppertal (Master) und arbeitet als wissenschaftliche Mitarbeiterin und Doktorandin an der Bergischen Universität Wuppertal am Lehrstuhl Bevölkerungsschutz, Katastrophenhilfe und Objektsicherheit. Sie untersucht in einem durch das Bundesministerium für Bildung und Forschung geförderten Forschungsprojekt die interorganisationale Zusammenarbeit im Kontext des Risiko- und Krisenmanagements in Bahnhöfen und Haltestellen. Außerdem erforscht Sonntag die Möglichkeiten der Nutzung von Social Media und neuen Informations- und Kommunikationstechnologien in der Gefahrenabwehr und im Katastrophen- und Krisenmanagement, respektive zur Erstellung eines psychosozialen Lagebildes und engagiert sich im Virtual Operations Support Team (VOST) der Bundesanstalt Technisches Hilfswerk.

Eva Stock arbeitet seit 2016 im Bundesamt für Bevölkerungsschutz und Katastrophenhilfe im Bereich Schutz Kritischer Infrastrukturen. Ihr inhaltlicher Schwerpunkt liegt auf der Zusammenarbeit zwischen Behörden und Betreiber:innen Kritischer Infrastrukturen im Integrierten Risikomanagement sowie den Sektoren Wasser und Ernährung. Stock studierte »European Studies« an der Universität Maastricht und schloss ihr Studium mit dem Master of Science in »International Development« an der Universität Edinburgh ab. Anschließend arbeitete sie in der Entwicklungszusammenarbeit zu den Themen »Anpassung an den Klimawandel« sowie »Risiko- und Krisenmanagement« und war für die GIZ in Deutschland und in der Mongolei tätig.

Kathrin Stolzenburg leitet an der Bundesakademie für Bevölkerungsschutz und Zivile Verteidigung das Referat »Grundlagen der Aus- und Fortbildung, Qualitätsmanagement«. Seit 2009 ist sie in wechselnden Funktionen im BBK angestellt; vor ihrem Wechsel an die BABZ im Bereich KRITIS. Sie hat Geoökologie an der Universität Potsdam studiert.

Bo Tackenberg (M. A.) ist Soziologe und wissenschaftlicher Mitarbeiter im Fachgebiet Bevölkerungsschutz, Katastrophenhilfe und Objektsicherheit an der Bergischen Universität Wuppertal. Seit August 2021 arbeitet er im BBK-Forschungsprojekt

Autorinnen und Autoren

»Entwicklung eines Sozialkapital-Radars für den sozialraumorientierten Bevölkerungsschutz (Sokapi-R)«. In seiner Dissertation beschäftigt er sich städtevergleichend mit den sozialräumlichen Bedingungen von Community Resilience. Sein Forschungsinteresse gilt darüber hinaus methodischen Fragen an der Schnittstelle von Stadt- und Kriminalsoziologie.

Prof. Dr. Lars Tutt lehrt seit 2017 Betriebswirtschaftslehre der Öffentlichen Verwaltung an der Hochschule des Bundes in Brühl. Er ist zudem regelmäßig als Dozent an der BABZ des BBK tätig. Ehrenamtlich engagiert er sich als Leitender Notfallseelsorger im Kreis Viersen, im Kuratorium der Stiftung Notfallseelsorge, im Vorstand der Stiftung Katastrophen-Nachsorge und als Helfer im THW-VOST.

Dr. Daniela Vogt studierte Politische Wissenschaften, Geographie und Ethnologie und promovierte am Zentrum für Europäische Integrationsforschung (ZEI) in Bonn. Sie arbeitete als Wissenschaftsredakteurin, Autorin und Journalistin. Mittlerweile arbeitet sie im öffentlichen Dienst; u. a. war sie rund zwei Jahre im Bundesamt für Bevölkerungsschutz und Katastrophenhilfe (BBK) tätig; aus dieser Zeit entstand das Buch »Schutz von Kulturgut « (ISBN 978-3-17-038626-6).

Dr. Ina Wienand arbeitet seit 2010 im Bundesamt für Bevölkerungsschutz und Katastrophenhilfe im Bereich Schutz Kritischer Infrastrukturen und ist dort Expertin für die Sektoren Wasser und Ernährung sowie für die Umsetzung der Wassersicherstellung. Sie studierte Diplom-Geographie an der Rheinischen Friedrich-Wilhelms-Universität in Bonn und erreichte den Master of Geographical Information System Science an der Universität in Salzburg. Frau Dr. Wienand promovierte zum Thema Risikomanagement in der Wasserversorgung. Nach fünfjähriger Tätigkeit am WHO Kollaborationszentrum des Universitätsklinikums in Bonn und den damit verbundenen internationalen Erfahrungen, kann sie jetzt am BBK ihre Expertise im Bereich KRITIS u. a. in diversen Projekten sowie durch umfangreiche Gremien- und Dozententätigkeit einbringen.

Denis Žiga ist seit 2014 Berater bei der Controllit AG in Hamburg. Er berät national und international agierende Unternehmen in den Bereichen Business Continuity Management und Krisenmanagement und unterstützt diese als Projektmanager bei der Implementierung und der Weiterentwicklung von Notfallkonzepten und Managementsystemen. Während seiner militärischen Karriere bei der Militärpolizei, studierte er Risiko- und Sicherheitsmanagement in Bremen an der Hochschule für Öffentlichen Verwaltung. Er absolvierte zahlreiche Lehrgänge, die ihn als Ermittler,

Autorinnen und Autoren

Auditor für Managementsysteme und Spezialist in der Notfallplanung befähigen. Žiga ist Vorsitzender des ASIS Germany e. V. und engagiert sich zudem beim weltweit größten Sicherheitsverband ASIS International in diversen Ausschüssen und Gremien.

Julia Zisgen studierte Soziologie, Politikwissenschaften und Öffentliches Recht an der Universität Freiburg. Nach ihrem Magisterabschluss arbeitete sie als Projektreferentin beim Bundesamt für Bevölkerungsschutz und Katastrophenhilfe (BBK). Dort betreute sie das BMBF-geförderte Forschungsprojekt »Visual Analytics for Security Applications« (VASA) u. a mit dem Schwerpunkt die Möglichkeiten von Social Media im Bevölkerungsschutz speziell für Lagebewusstsein, Koordination von Helfer:innen, Hilfen für die betroffene Bevölkerung sowie Krisenkommunikation. Sie bearbeitet bei der KfW Bankengruppe als Referentin Business Continuity Management (BCM) Themen wie Notfallplanung, Testen und Üben sowie Notfall- und Krisenmanagement. Zisgen ist Gründungsmitglied und ehemalige Präsidentin der Deutschen Gesellschaft zur Förderung von Social Media und Technologie im Bevölkerungsschutz (DGSMTech e. V.).

Stefan Voßschmidt/
Andreas Karsten (Hrsg.)

Resilienz und Kritische Infrastrukturen

Aufrechterhaltung von Versorgungstrukturen im Krisenfall

2020. 369 Seiten. 26 Abb., 10 Tab. Kart. € 39,–
ISBN 978-3-17-035433-3

Die gegenseitigen Abhängigkeiten zwischen Versorgungsinfrastrukturen – beispielsweise bei einem Stromausfall – können im Krisenfall nicht nur die reguläre Versorgung einschränken, sondern auch die Notversorgungsmechanismen erschweren. Das Buch verdeutlicht die gegenseitigen Abhängigkeiten verschiedener Infrastrukturen, beschreibt mögliche kritische Strukturen und die Folgen eines Ausfalls einzelner Elemente für das öffentliche Leben. Anhand ausgewählter Beispielszenarien werden die Herausforderungen von Krisenereignissen und ihre Bewältigung diskutiert. Anschauliche Anregungen zur Steigerung der Resilienz runden den Titel ab.

Andreas Karsten, Diplom-Physiker und Branddirektor a. D. ist Berater bei der Controllit AG in Hamburg. Zuvor arbeitete für fünf Jahre in den Vereinigten Arabischen Emiraten als Strategic Advisor for Crisis Management & Resilience. Stefan Voßschmidt, Jurist, ist im Bundesamt für Bevölkerungsschutz und Katastrophenhilfe (BBK) als Dozent tätig. Beide Herausgeber sind Mitglieder der Deutschen Gesellschaft zur Förderung von Social Media und Technologien im Bevölkerungsschutz (DGSMTech) und haben mehrfach im Bereich Bevölkerungsschutz veröffentlicht.

Digital-Ausgabe erhältlich in der BRANDSchutz-App und als E-Book.
Leseproben und weitere Informationen:
www.kohlhammer-feuerwehr.de